高压输变电基础钢筋混凝土防腐

陈迅捷　钱文勋　欧阳幼玲　韦华　编著

东南大学出版社
SOUTHEAST UNIVERSITY PRESS
·南京·

内容摘要

本书通过大量试验数据和分析，揭示了在氯盐、硫酸盐、碳化、冻融循环和杂散电流等不同腐蚀环境中，变电站和输变线路基础钢筋混凝土劣化进程和腐蚀破坏机理；描述了在各种单因素腐蚀环境和多重耦合因素腐蚀环境中，钢筋混凝土耐久性的影响因素和改善措施；提出了提高钢筋混凝土耐久性的混凝土优化配伍。在试验研究中，有很多重要发现和技术创新，可为变电站和输变线路工程建设提供有力的技术支撑和安全保障。

图书在版编目(CIP)数据

高压输变电基础钢筋混凝土防腐 / 陈迅捷等编著
.—南京：东南大学出版社，2016.11
ISBN 978-7-5641-6863-6

Ⅰ.①高… Ⅱ.①陈… Ⅲ.①高压输电线路—钢筋混凝土—电线防腐 Ⅳ.①TM62

中国版本图书馆 CIP 数据核字(2016)第 285313 号

高压输变电基础钢筋混凝土防腐

出版发行	东南大学出版社
出 版 人	江建中
社　　址	南京市四牌楼 2 号
邮　　编	210096
网　　址	http://www.seupress.com
经　　销	全国各地新华书店
印　　刷	江苏凤凰数码印务有限公司
开　　本	700 mm×1000 mm　1/16
印　　张	13
字　　数	286 千字
版　　次	2016 年 11 月第 1 版
印　　次	2016 年 11 月第 1 次印刷
书　　号	ISBN 978-7-5641-6863-6
定　　价	45.00 元

前　言

自2001年起，南京水利科学研究院和江苏省电力设计院合作开展了“连云港田湾核电站220 kV输变线路铁塔基础防腐试验研究”“射阳220 kV输变线路基础高性能混凝土灌注桩技术服务”“盐碱地区输电线路铁塔基础钢筋混凝土防腐措施试验研究”“连云港灌云县110 kV风电接入线路铁塔钢筋混凝土基础防腐蚀技术开发”“盐碱环境中变电站建设的抗腐蚀技术研究”“连云港虹洋热电联产工程混凝土防腐技术研究”等多项试验研究、技术开发和工程应用课题。另外，南京水利科学研究院还承接了“南京地铁工程高性能混凝土试验研究”“深圳地铁11号线地下结构耐久性专题研究”“中电投新疆五家渠电厂一期工程防腐试验研究”“沿海工程混凝土裂缝对结构耐久性影响与对策试验研究”和“提升沿海水闸混凝土耐久性成套技术研究”等相关课题试验研究工作。在试验研究中，有很多重要发现和技术创新，并为变电站和输变线路工程建设提供了有力的技术支撑和安全保障。本书为上述相关研究工作的总结。

作者通过大量试验数据和分析，揭示了在氯盐、硫酸盐、杂散电流、冻融循环等不同腐蚀环境中，变电站和输变线路基础钢筋混凝土劣化进程和腐蚀破坏机理；描述了在各种单因素腐蚀环境和多重耦合因素腐蚀环境中，钢筋混凝土耐久性的影响因素和改善措施；提出了提高钢筋混凝土耐久性的混凝土优化配伍；试验论证了在腐蚀环境中，受拉应力和裂缝对钢筋混凝土耐久性的影响与对策。

本书共分六章，其中第1章“高压输变电线路基础钢筋混凝土腐蚀环境”、第3章“内陆淡水环境和盐碱环境钢筋混凝土抗腐蚀耐久性”由钱文勋撰写；第2章“沿海环境钢筋混凝土抗氯离子侵蚀耐久性”由欧阳幼玲撰写；第4章“钢筋混凝土抗杂散电流腐蚀耐久性”由陈迅捷撰写；第 5 章“高耐久混凝土设计和工程实例”由钱文勋和韦华合作撰写；第 6 章“混凝土耐久性寿命的综合评估”由韦华撰写。

本书的编著和出版，得到了南京水利科学研究院出版基金的资助。东南大学出版社对本书的出版给予了大力支持，在此一并表示感谢。

限于编著者水平及时间有限，不足之处在所难免，热忱期待读者批评指正。

作者

2016 年 10 月

目　录

1 高压输变电线路基础钢筋混凝土腐蚀环境

我国盐碱化地主要分布在华北平原、东北平原、西北内陆地区和滨海地区，其中西北盐碱地区和沿海地区为钢筋混凝土腐蚀破坏的重灾区。随着国家西部大开发战略的实施，“西电东送”是其标志性工程。高压输电是目前国家电网主要采用的电能输送形式，高压输电线路不可避免地经过这些地区。为保障输电线路的长期安全，需解决输电线路基础的耐久性问题。东部沿海地区作为用电负荷中心区，一直大量使用污染相对较重的火电。为治雾霾，国家目前已开始考虑远距离大容量输电技术的可行性，部分特高压线路也已陆续开工建设，这对输电线路基础的耐久性也提出了更高的要求。

1.1 腐蚀破坏状况

随着特高压输电工程的实施，输电线路选址不可避免地落于含盐量极高的盐碱地区，例如我国西北的青海盐湖含盐量达 341 g/L，新疆盐湖含盐量 269 g/L，西藏盐湖含盐量 196 g/L，内蒙古盐湖含盐量 279 g/L。盐湖卤水中 Cl^- 浓度最高的为青海湖，达 204 g/L，SO_4^{2-} 浓度最高的为内蒙古盐湖，达 36 g/L[1]。我国沿海地区的地下水和土壤中同样富含氯盐和硫酸盐，其中江苏连云港近海地区地下水中 Cl^- 浓度达 30 g/L，SO_4^{2-} 浓度达 3 g/L[2]。

江苏沿海地区输变线路基础防腐设计工作开展较早，本章主要以江苏沿海地区为例，针对输电线路基础混凝土的腐蚀状况进行调研分析，抛砖引玉，供类似工程钢筋混凝土防腐蚀设计和应用参考借鉴。

江苏省海岸线长合计约 1 040 km，沿海经过赣榆县、连云港市区、灌云县、响水县、滨海县、射阳县、大丰市、东台市、如东市、通州市和启东市共 11 个县市。沿海有大量高盐碱含量的土地、滩涂、盐池和河流分布于该地区，对途经该地区的输电线路铁塔基础钢筋混凝土耐久性有较大影响。沿海地区气候变化范围大，气温变化范围 −18～43 ℃，相对湿度变化范围 15%～100%。地形复杂，沿海滩涂面积大，且包含晒盐池、海水养殖池等高盐碱水域，同样也包含农田、淡水养殖池等盐碱土地和水域，在同一地区存在不同腐蚀环境等级。结合工程的地勘结果，江苏沿海地区钢筋混凝土可能遇到的腐蚀作用包含有碳化、冻融、氯离子引起钢筋锈蚀和硫酸盐侵蚀破坏等。

参考《混凝土结构耐久性设计与施工指南》[3]，根据结构所处的环境按其对钢筋和混凝土材料的不同腐蚀作用机理分为5类，见表1-1。钢筋混凝土环境作用等级按其对钢筋混凝土结构的侵蚀程度分为6级，见表1-2。江苏沿海地区可能接触的环境类别、环境分类及环境作用等级见表1-3。因硫酸盐腐蚀环境作用的环境等级分类见表1-4。当钢筋混凝土结构处于表1-3中多项化学物质同时作用的环境时，应根据具体情况取其中单项作用最高的等级或再提高一级作为钢筋混凝土结构所处环境的作用等级，以考虑多项作用共同发生时可能加重的后果。

表1-1　环境分类

类别	名称
Ⅰ	碳化引起钢筋锈蚀的一般环境
Ⅱ	反复冻融引起混凝土冻蚀破坏
Ⅲ	海水氯化物引起钢筋锈蚀的近海或海洋环境
Ⅳ	除冰盐等其他氯化物引起钢筋锈蚀环境
Ⅴ	其他化学物质引起混凝土腐蚀的环境（其中土和水中的化学腐蚀环境为V_1，盐结晶环境为V_3）

表1-2　环境作用等级

作用等级	作用程度的定性描述	作用等级	作用程度的定性描述
A	可忽略	D	严重
B	轻度	E	非常严重
C	中度	F	极端严重

表1-3　环境类别及作用等级

环境类别	环境条件		等级
一般冻融环境	微冻地区，混凝土高度饱水		Ⅱ-C
	严寒和寒冷地区，混凝土中度饱水		Ⅱ-C
	严寒和寒冷地区，混凝土高度饱水		Ⅱ-D
近海或海洋环境	大气区	轻度盐雾区 离平均水位15 m以上的海上大气区，离涨潮岸线100 m外至300 m内的陆上室外环境	Ⅲ-D
		重度盐雾区 离平均水位15 m以内的海上大气区，离涨潮岸线100 m内的陆上室外环境	Ⅲ-E

续表

环境类别	环境条件		等级
近海或海洋环境	水位变化区和浪溅区，非炎热地区		Ⅲ-E
	土中区	非干湿交替	Ⅲ-D
		干湿交替	Ⅲ-E
除冰盐等其他氯化物环境	较低氯离子浓度（c=100～500 mg/L）		Ⅳ-C
	较高氯离子浓度（c=501～5 000 mg/L）		Ⅳ-D
	高氯离子浓度（c>5 000 mg/L），或干湿交替引起积累		Ⅳ-E
盐结晶环境	轻度盐结晶		V_3-E
	重度盐结晶（大温差、频繁干湿交替）		V_3-F

表 1-4　盐碱腐蚀环境分类及其作用等级

腐蚀作用等级	V_1-C	V_1-D	V_1-E
水中 SO_4^{2-}/(mg/L)	200～1 000	1 000～4 000	4 000～10 000
土中 SO_4^{2-}/(mg/kg)	300～1500	1 500～6 000	6 000～15 000
水中 Mg^{2+}/(mg/L)	300～1 000	1 000～3 000	3 000～4 500

依据美国 ACI318-05 和 ACI201.2R-08 标准，按 SO_4^{2-} 浓度的不同将硫酸盐对混凝土的腐蚀分为四级，见表 1-5。而欧洲 EN206-1—2000 标准中，则按 SO_4^{2-} 浓度的不同将硫酸盐对混凝土的腐蚀分为三级，见表 1-6。

表 1-5　硫酸盐对混凝土的腐蚀等级（美国 ACI318 和 ACI201.2R 标准）

腐蚀作用等级	可忽略(Class 0)	中等(Class 1)	严重(Class 2)	非常严重(Class 3)
水中可溶性 SO_4^{2-}/(mg/L)	0～150	150～1 500	1 500～10 000	>10 000
土中可溶性 SO_4^{2-}/%	0～0.1	0.10～0.20	0.20～2.0	>2.0

表 1-6　硫酸盐对混凝土的腐蚀等级（欧洲 EN206-1 标准）

腐蚀作用等级	轻度(XA1)	中度(XA2)	高度(XA3)
地下水中 SO_4^{2-}/(mg/L)	200～500	500～3 000	3 000～6 000
土中 SO_4^{2-}/(mg/kg)	2 000～3 000	3 000～12 000	12 000～24 000

通过比较可见，国内规范划分的作用等级相对美国标准略显严格，尤其是在严重和非常严重等级的设置上。而与欧洲标准相比，如果国内 C、D 和 E 三个等级与之轻度、中度和高度一一对应，则在地下水中硫酸盐对混凝土腐蚀作用等级设置上，国内标准相对宽松，而在土中硫酸盐对混凝土腐蚀作用等级上国内标准相对严格。

本次江苏沿海地区输电线路铁塔基础钢筋混凝土腐蚀环境调查基于上述国内等级分类原则，结合不同类型基础混凝土多年运行的结果，划分江苏沿海地区输电线路铁塔基础钢筋混凝土腐蚀环境等级。

1.1.1 江苏沿海腐蚀调查方案

（1）调查范围

沿赣榆县、连云港市区、灌云县、滨海县、射阳县、大丰市、东台市、如东市、通州市和启东市共10个县市进行现场调查。每个市县根据离海岸线距离选取3～6个不同特点的取样检测点。

（2）调查内容

气候、温湿度变化状况；不同深度土样盐碱含量；水样盐碱含量；钢筋混凝土工程建造年限、钢筋混凝土和接地钢材腐蚀破坏状况调查。

（3）调查方法与步骤

采用资料搜集、现场原位检测和室内试验分析相结合的方法进行，具体检测内容如表1-7所示。

表1-7 江苏沿海基础混凝土调查步骤

1	资料搜集	气候、温湿度变化状况调查
		钢筋混凝土工程建造年限及设计强度等级调查
2	现场原位检测	环境土（水）样盐碱含量取样检测
		混凝土强度回弹检测
		调查接地钢材腐蚀状况
		混凝土中性化深度检测
		混凝土中不同深度盐碱含量取样检测
		钢筋混凝土钢筋锈蚀状况检测
3	室内试验	试验室检测水样、土样和混凝土样中氯离子浓度
		试验室检测水样、土样和混凝土样中硫酸根离子浓度

1.1.2 现场调查

1.1.2.1 连云港

连云港市位于江苏省海岸线的最北端，沿海市县包含连云港市区、赣榆县和灌云县。常年平均气温14.1℃，冬季常年平均气温1.7℃，历史最低气温−17.0℃，夏季常年平均气温25.6℃，最高气温38.5℃；相对湿度最低低于15%，最高高于95%，平均为70%。

(1) 连云港市区

连云港市主要调查田湾核电站输变线路铁塔基础钢筋混凝土腐蚀环境和腐蚀状况。田湾核电站输变线路由海边向内陆延伸，经过河流、盐池、农田、水塘等多种环境，铁塔基础采用了普通钢筋混凝土、高性能钢筋混凝土、丙乳砂浆保护、环氧玻璃丝布包裹等多种防腐措施，现场调查内容丰富、意义明显。田湾核电站输变线路见图1-1(a)。

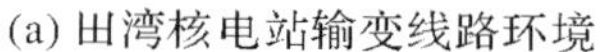

(a) 田湾核电站输变线路环境

(b) 水位变动区的环氧包裹层破裂

图1-1　田湾核电输变线路

首先取样调查建成满5年、离海50 m处在水中500 kV田湾5215线塔基钢筋混凝土腐蚀状况[图1-1(b)]，混凝土和钢套筒表面有环氧玻璃丝布涂层保护，基本完好，环氧玻璃丝布涂层边角有少许剥落，混凝土中性化深度小于5 mm，混凝土回弹强度尚可。混凝土和接地钢筋完好，同时取土样、水样、混凝土样。

同样取样调查建成5年、离海200 m处在盐田中500 kV田湾5217线塔基钢筋混凝土腐蚀状况(图1-2)，混凝土表面有环氧玻璃丝布涂层保护，基本完好。混凝土和接地钢筋完好，同时取土样、水样、混凝土样。

(a) 盐田中塔基

(b) 接地钢筋完好

图1-2　离海200 m处500 kV田湾5217线

取样调查建成满 6 年、离海 500 m 处在晒盐池中换土回填条件下 220 kV 运核线塔基高性能钢筋混凝土腐蚀状况[图 1-3(a)]，混凝土中性化深度 15 mm[图 1-3(b)]，回弹检测混凝土抗压强度为 21.0 MPa。土层下混凝土完好，无腐蚀。取晒盐池和换土区土样各 1 份，不同深度混凝土样 3 份。接地钢筋完好。

(a) 盐田池中输变线路

(b) 混凝土中性化深度

图 1-3　离海 500 m 处在晒盐池中换土回填条件下 220 kV 运核线

取样调查 5 年前建、在干枯盐池中 500 kV 田伊 5217 线塔基钢筋混凝土腐蚀状况[图 1-4(a)]，混凝土表面有环氧玻璃丝布涂层保护，环氧玻璃丝布涂层边角有少许剥落，混凝土中性化深度小于 5 mm。取晒盐池表层、深 50 cm 和换土区土样各 1 份，盐田水样 1 份，不同深度混凝土样 2 份。另取旁边被严重腐蚀破坏的电线杆[图 1-4(b)]混凝土样 1 份。接地钢筋基本完好。

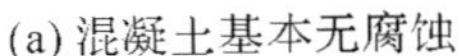

(a) 混凝土基本无腐蚀

(b) 电杆腐蚀破坏

图 1-4　在干枯盐池中 500 kV 田伊 5217 线

取样调查建成 6 年、离海岸线约 5 km 处在农田中 220 kV 运核线塔基高性能钢筋混凝土腐蚀状况[图 1-5(a)]，混凝土中性化深度 2 mm，土层下混凝土完好，无腐蚀。回弹检测混凝土抗压强度为 46.0 MPa。取土样 1 份,水渠中水样 1 份,不同深度混凝土样 2 份。接地钢筋基本完好。

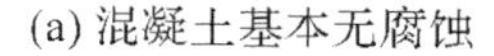

(a) 混凝土基本无腐蚀

(b) 接地钢筋锈蚀情况

图 1-5 离海岸线约 5 km 处在农田中 220 kV 运核线

取样调查建成近 10 年、离海岸线约 3 km 处在农田中 110 kV 云城线塔基普通钢筋混凝土腐蚀状况(图 1-6),混凝土中性化深度 3 mm,回弹检测混凝土抗压强度为 60.0 MPa。土层下混凝土完好,无腐蚀。取土样 1 份,不同深度混凝土样 2 份。接地钢筋基本完好。

(a) 普通混凝土塔基

(b) 土层下混凝土无腐蚀

图 1-6 离海岸线约 3 km 处在农田中 110 kV 云城线

此外,取样调查离海岸线约 12 km 处水塘水样和农田土样各 1 份。

(2) 赣榆县

在近海滩涂区(离海 200 m)内取土样 1 份、通海河口水样 1 份。20 世纪 70 年代建造的钢筋混凝土挡潮闸和同年代建造小桥严重腐蚀(图 1-7)。混凝土中性化深度达 50 mm,取混凝土样 1 份。

在赣榆县宋庄(离海岸线约 6 km 处)和离海岸线约 12 km 处取土样和水样各 1 份。其中混凝土中性化深度约 25～30 mm。

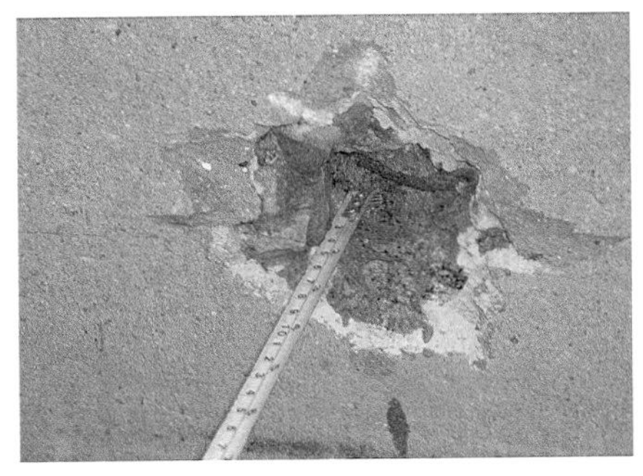

(a) 混凝土碳化严重

(b) 钢筋混凝土严重腐蚀

图 1-7　赣榆县近海滩涂及钢筋混凝土挡潮闸和桥

(3) 灌云县

在燕尾港距海边 1 km 处取土样 1 份、水样 1 份。离海岸线约 6 km 处取样调查新建 35 kV 堆燕线塔基普通钢筋混凝土腐蚀状况[图 1-8(a)]。混凝土外表完好。取土样和水样。

离海岸线约 16 km 处取样调查建成 3 年的小南沟桥普通钢筋混凝土腐蚀状况[图 1-8(b)]。混凝土基本完好，混凝土中性化深度约 5 mm，回弹检测桥横梁混凝土抗压强度 57.8 MPa，取土样和水样。

(a) 燕尾港入海口

(b) 小南沟桥

图 1-8　灌云县基础混凝土调查

1.1.2.2　盐城

盐城市所属海岸线长约 582 km，占江苏省海岸线总长度的 56%。沿海包含响水县、滨海县、射阳县、大丰市、东台市 5 个市县。盐城市历史最低气温 −14.3℃，最高气温 38.5℃，平均气温 14.5℃；相对湿度最低低于 15%，最高高于 95%，平均为 77%。

(1) 滨海县

在滨海废黄河入海口灯塔钢筋混凝土基础取样检测(图 1-9)。建成约 3 年，混凝土基本完好，混凝土中性化深度约 10 mm，回弹检测灯塔基础混凝土抗压强度 25.9 MPa。取不同深度混凝土样 2 份。

在离海岸 100 m 处滩涂取土样和水样各 1 份。

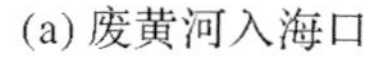

(a) 废黄河入海口

(b) 入海口灯塔

图 1-9 滨海县废黄河入海口

在滨海港镇友谊村(离海岸线约 5 km 处)建成 25 年的混凝土结构取样调查，混凝土底梁破坏较严重。取土样和水样。

(2) 射阳县

射阳县临海镇附近，离海岸线约 15 km 处，在农田取土样和田渠取水样各 1 份。

距射阳港海边 2 km 处取样，检测建成 3 年、110 kV 临海线塔基普通钢筋混凝土腐蚀状况(图 1-10)。混凝土基本完好，混凝土中性化深度约 1 mm，回弹检测混凝土抗压强度 48.5 MPa。接地钢筋基本完好。取不同深度混凝土样 2 份，取田埂土样 1 份，盐池水样 1 份。

(a) 临海线塔基

(b) 混凝土和接地钢筋基本完好

图 1-10 射阳港距海边 2 km 处 110 kV 临海线

在射阳港距海边 4 km 处取样检测已建 3 年的 220 kV 港振 2676 线塔基普通钢筋混凝土腐蚀状况(图 1 - 11)。混凝土基本完好,混凝土中性化深度约 2 mm,回弹检测混凝土抗压强度 44.4 MPa,接地钢筋基本完好;同地段取样检测已建 3 年的 220 kV 港振 4622 线塔基普通钢筋混凝土灌注桩腐蚀状况(图 1 - 11)。混凝土基本完好,混凝土中性化深度约 5 mm,回弹检测混凝土抗压强度 49.0 MPa,接地钢筋基本完好。此两处取不同深度混凝土样 2 份。取田埂土样和水样。

(a) 港振线塔基

(b) 混凝土和接地钢筋完好

图 1 - 11　射阳港距海边 4 km 处 220 kV 港振线

在射阳港距海边 4 km 处取样检测已建 10 年的 220 kV 港裕线塔基普通钢筋混凝土拉线墩腐蚀状况(图 1 - 12)。混凝土基本完好,混凝土碳化深度小于 5 mm,回弹检测混凝土抗压强度 34.8 MPa。钢筋拉线明显锈蚀。取不同深度混凝土样 2 份。取农田土样 1 份。

(a) 港裕线塔基拉线墩

(b) 混凝土中性化深度

图 1 - 12　射阳港距海边 4 km 处 220 kV 港裕线

在射阳港距海边 4 km 处取样检测已建 3 年的 220 kV 港海 4621 线塔基高性能钢筋混凝土灌注桩在水池中腐蚀状况(图 1 - 13)。混凝土浇注质量较差,混凝土表层明显有泥浆混入，但内部较密实。水位变动区混凝土有腐蚀迹象，混凝土中性化深度约 5 mm，回弹检测混凝土抗压强度 22.6 MPa。土下混凝土完好。灌注桩上部端头回弹检测混凝土抗压强度 47.8 MPa。取不同深度混凝土样 2 份，地面下20 mm处混凝土样 1 份。取池中干枯土样 1 份，池中水样 1 份。接地钢筋略有锈蚀。

(a) 高性能混凝土塔基

(b) 混凝土内部密实完好

图 1-13　射阳港距海边 4 km 处 220 kV 港海 4621 线 10 号灌注桩塔基

在射阳港距海边约 2 km 处取样检测已建 3 年 220 kV 港海 4621 线塔基高性能钢筋混凝土灌注桩在水池中腐蚀状况(图 1-14)。水位变动区混凝土有腐蚀迹象，混凝土中性化深度约 5 mm，回弹检测混凝土抗压强度 16.9 MPa。灌注桩上部端头回弹检测混凝土抗压强度 27.8 MPa。在水位变动区土层表面，有一处混凝土中夹有大量土块，说明混凝土灌注桩浇注未按施工规范要求，混凝土浇注高出水面约 50 cm 后将表层的疏松混凝土和混入混凝土表层的泥块清除，而是直接浇注至桩顶高程。在混凝土灌注桩取不同深度混凝土样 2 份。取池中干土样 1 份，池中水样 1 份。接地钢筋基本完好。

(a) 港海线塔基

(b) 水位变动区有腐蚀迹象

图 1-14　射阳港距海边 2 km 处 220 kV 港海 4621 线 6 号灌注桩塔基

在射阳港距海边 2 km 处取样检测已建 3 年 220 kV 港振线塔基普通钢筋混凝土灌注桩在水池中腐蚀状况(图 1-15)。水位变动区混凝土有腐蚀迹象,混凝土中性化深度约 10 mm,回弹检测混凝土抗压强度 18.7 MPa。灌注桩上部端头回弹检测混凝土抗压强度 32.3 MPa。取不同深度混凝土样 2 份。取池边土样 1 份,池中水样 1 份。接地钢筋基本完好。

(a) 港振线灌注桩塔基

(b) 水位变动区有腐蚀迹象

图 1-15 射阳港距海边 2 km 处 220 kV 港振 4622 线

在射阳港距海边约 15 km 处取样已建 3 年 220 kV 港潮 4621 线塔基高性能钢筋混凝土灌注桩在农田中腐蚀状况(图 1-16)。混凝土完好,混凝土中性化深度为零,回弹检测混凝土抗压强度 51.7 MPa。取不同深度混凝土样 2 份。取农田土样 1 份,附近沟渠中水样 1 份。接地钢筋完好。

(a) 港潮线塔基

(b) 混凝土基本完好

图 1-16 射阳港距海边 15 km 处 220 kV 港潮 4621 线

在射阳港距海边约 15 km 处取样已建 3 年 220 kV 港振 2676 线塔基普通钢筋混凝土灌注桩在农田中腐蚀状况(图 1－17)。混凝土完好,混凝土中性化深度约 2 mm,回弹检测混凝土抗压强度 34.4 MPa。取不同深度混凝土样 2 份。取农田土样 1 份。接地钢筋完好。

(a) 混凝土和接地钢筋基本完好

(b) 混凝土中性化深度

图 1－17 射阳港距海边 15 km 处 220 kV 港振 2676 线

(3) 大丰市

位于王港闸往南海堤公路旁,距海边约 5 km 处取样检测大丰风力发电输电线路塔基混凝土灌注桩(新建)环境腐蚀条件(图 1－18)。取塔基边滩涂土样 1 份,附近沟渠中水样 1 份。

图 1－18 距海边 5 km 处风力输电线路

图 1－19 距海边 2 km 处风力发电变电站

在大丰风力发电变电站附近,距海边约 2 km 处风力发电机组施工现场(图 1－19)取滩涂土样 1 份,养殖池中水样 1 份。

大丰距海边约 15 km 处取农田土样 1 份,养殖池中水样 1 份。未发现可供检测的钢筋混凝土结构。

(4) 东台市

东台市海滨镇仓东项目区新建风力发电 1 号机组附近,距海边约 2 km 处取滩涂土样 1 份,入海河中水样 1 份;在花林线公路距海边约 5 km 处取林地土样 1 份。

在东台市潘堡村，距海边约 15 km 处取样检测已建 5 年的小康桥混凝土腐蚀状况（图 1 - 20）。混凝土桥梁基本完好，桥墩与水面交接处有部分剥落，混凝土中性化深度约 5 mm，回弹检测混凝土抗压强度 41.0 MPa。取不同深度混凝土样 2 份。取桥下农田土样 1 份，桥下河中水样 1 份。

(a) 水位变动区腐蚀破坏迹象

(b) 桥墩混凝土中性化深度

图 1 - 20　东台市距海边约 15 km 处小康桥

1.1.2.3　南通

南通市位于江苏省海岸线的最南端，沿海市县包含如东市、通州市和启东市，经济较为发达。历年平均气温为 15 ℃，月最低平均气温 2.5 ℃（1 月份），极端最低气温－10.8 ℃，月最高平均气温 27.3 ℃（7 月份），极端最高气温 38.2 ℃；相对湿度最低低于 15%，最高高于 95%，平均为 81%。

（1）如东市

距海边约 5 km 处，在麦田中已建 17 年的 35 kV 丰开线塔基混凝土灌注桩取样检测[图 1 - 21(a)]。塔基上部方墩开裂，混凝土表面粗糙，空气中混凝土中性化深度 8～10 mm，埋土中混凝土中性化深度为零。回弹检测混凝土抗压强度 38.7 MPa，满足混凝土设计强度 C20 的要求。接地钢筋基本完好。取土中、土表面和空气中的不同深度的混凝土样 6 个，取麦田表层土和 60 cm 深土样 2 个。

距海边约 5 km 处的 35 kV 丰开线塔基旁，同年代建造的钢筋混凝土桥栏杆腐蚀剥落严重，桥侧面横梁有钢筋锈蚀剥落[图 1 - 21(b)]。取样检测桥立柱混凝土中性化深度约 6 mm。回弹检测立柱和横梁混凝土强度，横梁 32.5 MPa，立柱 19.4 MPa。取混凝土立柱表层和内部混凝土样 2 个。取桥下水样 1 个。

取样检测距海边约 500 m 处在风力发电变电站门外已建 2 年 110 kV 义北线 745 塔基 C30 混凝土（图 1 - 22）。混凝土基本完好。接地钢筋完好。混凝土中性化深度为零，回弹检测混凝土强度 60.0 MPa。取混凝土表层样 1 个，附近芦苇地下 40 cm 深土样和水样各 1 个。

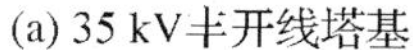

(a) 35 kV丰开线塔基

(b) 钢筋混凝土桥栏杆

图 1-21　35 kV 丰开线塔基和钢筋混凝土桥

(a) 风力发电变电站和输电线路

(b) 混凝土和接地钢筋完好

图 1-22　110 kV 义北线 745 塔基

最后，在如东县距海边约 15 km 处 S223 省道边取田埂深 20 cm 下土样 1 个，沟渠中水样 1 个。

(2) 通州/海门

在近海沿海海堤下滩涂取土样 1 份，此处正建风力发电机组(图 1-23)。在小海闸出水口取水样 1 份。小海闸钢筋混凝土腐蚀破坏严重。取近海养殖池中水样 1 份。

(a) 滩涂准备建风力发电机组

(b) 小海闸出海口

图 1-23　通州市沿海海堤下滩涂和养殖池

位于通州市东余镇距海边约 5 km 处，取田埂 40 cm 深土样和池塘中水样各 1 份。同样，在通州市东余镇距海边约 13 km 处新建输电线路塔基边取土样 1 份，附近池塘中水样 1 份。

已建 3 年的 35 kV 乐四 314 线在海门市，检测塔基距海边约 18 km。在混凝土灌注桩塔基取样检测(图 1 - 24)，混凝土和接地钢筋基本完好，混凝土中性化深度 5～6 mm，回弹检测混凝土强度偏低，为 11.6 MPa。

(a) 混凝土中性化深度和回弹强度检测

(b) 混凝土和接地钢筋基本完好

图 1 - 24　海门 35 kV 乐四 314 线塔基

(3) 启东市

启东市寅阳镇东寅兴东桥边距海岸 1～2 km，在建华能风电工程。取滩涂(原鱼池)土样 1 份，取滩涂沟渠中水样 1 份。

寅阳镇距海岸约 6 km，取样检测已建 11 年的 35 kV 希寅 322 线混凝土灌注桩塔基(图 1 - 25)。混凝土和接地钢筋完好，混凝土中性化深度为零，回弹检测混凝土强度 60.0 MPa。取土壤与空气交接处混凝土表层样 1 份，土样和池塘水样各 1 份。

(a) 混凝土中性化深度

(b) 混凝土和接地钢筋完好

图 1 - 25　35 kV 希寅 322 线混凝土灌注桩塔基

启东市向阳镇南变电所距海岸约 7 km，取样检测菜地中已建 10 年的 35 kV 向阳 335 线混凝土灌注桩塔基(图 1 - 26)。灌注桩和上墩方柱混凝土表面粗糙，施工质量差，混凝土中性化深度约为 2 mm，回弹检测混凝土强度 16.0 MPa。接地钢筋表面锈蚀。取土壤与空气交接处混凝土表层样 1 份，取土样 1 份，取沟渠中水样 1 份。

(a) 向阳335线塔基

(b) 接地钢筋表面锈蚀

图 1-26　35 kV 向阳 335 线混凝土灌注桩塔基

在启东滨海工业园内(原黄海盐场)江洲路末端，距海岸 1 km 范围内，在原盐池地中取土样 1 份，在防浪堤内边河中取水样 1 份。

在启东市吕四港镇南距海岸约 6 km 处，取样检测在菜地中已建 20 年的110 kV 包吕 721 线混凝土灌注桩塔基(图 1-27)。混凝土施工质量较差，部分混凝土骨料外露。混凝土灌注桩上部暴露空气段混凝土中性化深度 4～5 mm，混凝土灌注桩埋土中段混凝土中性化深度为零，回弹检测混凝土强度 23.3 MPa。接地钢筋表面锈蚀。取混凝土灌注桩上部暴露空气段和埋土中段混凝土样各 1 份，取菜地30 cm 深土样 1 份，取附近沟渠中水样 1 份。

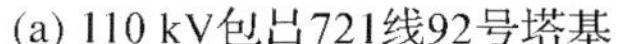

(a) 110 kV包吕721线92号塔基

(b) 接地钢筋锈蚀

图 1-27　110 kV 包吕 721 线 92 号混凝土灌注桩塔基

在茅家港变电所外，距海岸约 3 km 处，取样检测已建 20 年的 35 kV 茅家港 331 线 25 号混凝土灌注桩塔基(图 1-28)。混凝土表面完好，混凝土中性化深度约为 4 mm，回弹检测混凝土强度 36.1 MPa。接地钢筋表面无锈蚀。取混凝土表层样 1 份，取土样 1 份，取沟渠中水样 1 份。

(a) 塔基混凝土中性化深度

(b) 接地钢筋完好

图 1-28　35 kV 茅家港 331 线混凝土灌注桩塔基

同时在茅家港南在建的大唐潮汐发电厂外海边滩涂取土样和海水样各 1 份。

1.1.3　现场样品测试分析

1.1.3.1　环境水样检测结果

环境水样依据《水工混凝土水质分析试验规程》(DL/T 5152—2001)[4]检测水样 pH 值、氯离子浓度和硫酸根离子浓度，依据《混凝土结构耐久性设计与施工指南》(CCES 01—2004)判定环境作用等级。

环境水样检测结果见表 1-8。水样 pH 值均在 6.5～7.5 范围内。

表 1-8　环境水样检测分析结果

地点	取水样部位	距海岸线距离/m	氯离子浓度/(mg/L)	硫酸根离子浓度/(mg/L)	环境作用等级
赣榆	通海河口	200	4 910	758	Ⅲ-E、V_1-C
	闸塘口	5 000	7 250	1 000～3 000	Ⅳ-E、V_1-D
	河水	12 000	400	<50	Ⅳ-C
连云港	海边内河	50	9 130	1 000～3 000	Ⅲ-E、V_1-D
	盐池	500	12 700	2 280	Ⅳ-E、V_1-D
	水渠	5 000	600	<50	Ⅳ-D
	水塘	12 000	110	<50	Ⅳ-C
灌云	水沟	1 000	830	50～200	Ⅳ-D
	水渠	6 000	2 140	50～200	Ⅳ-D
	河水	16 000	460	50～200	Ⅳ-C

续表

地点	取水样部位	距海岸线距离/m	氯离子浓度/(mg/L)	硫酸根离子浓度/(mg/L)	环境作用等级
滨海	滩涂边沟	100	940	50～200	Ⅳ-D
	水渠	5 000	230	＜50	Ⅳ-C
	水渠	17 000	310	＜50	Ⅳ-C
射阳	养殖池	2 000	740	50～200	Ⅳ-D
	养殖池	3 000	400	50～200	Ⅳ-C
	养殖池	5 000	800	50～200	Ⅳ-D
	沟渠	5 000	80	＜50	Ⅱ-C
	沟渠	15 000	260	＜50	Ⅳ-C
大丰	养殖池	2 000	9 790	1 000～2 000	Ⅳ-E、V_1-D
	沟渠	5 000	2 650	200～1 000	Ⅳ-D、V_1-C
东台	入海河水	2 000	5 740	200～1 000	Ⅳ-E、V_1-C
	河水	15 000	2 030	50～200	Ⅳ-D
如东	沟渠	1 000	2 330	50～200	Ⅳ-D
	河水	5 000	720	50～200	Ⅳ-D
	沟渠	15 000	370	＜50	Ⅳ-C
通州	滩涂水	500	12 580	2 174	Ⅳ-E、V_1-D
	养殖池	500	10 730	1 000～3 000	Ⅳ-E
	池塘	＞5 000	＜300	＜50	Ⅳ-C
启东	滩涂沟渠	1 000	11 330	1 000～3 000	Ⅳ-E、V_1-D
	海堤内河	1 000	1 710	50～200	Ⅳ-D
	沟渠	＞3 000	＜300	＜50	Ⅳ-C

根据上述检测结果，按照距离海岸线不同距离(以＜1 000 m、1 000～5 000 m和＞10 000 m为三个区段)，绘制不同地段环境水中的氯离子浓度分布图，见图1-29。可知，氯离子浓度随着环境所在地离海岸线增加不断减小，而其环境作用等级也从非常严重逐渐降为中等，趋势显著，个别地区不再考虑氯盐和硫酸盐侵蚀作用。

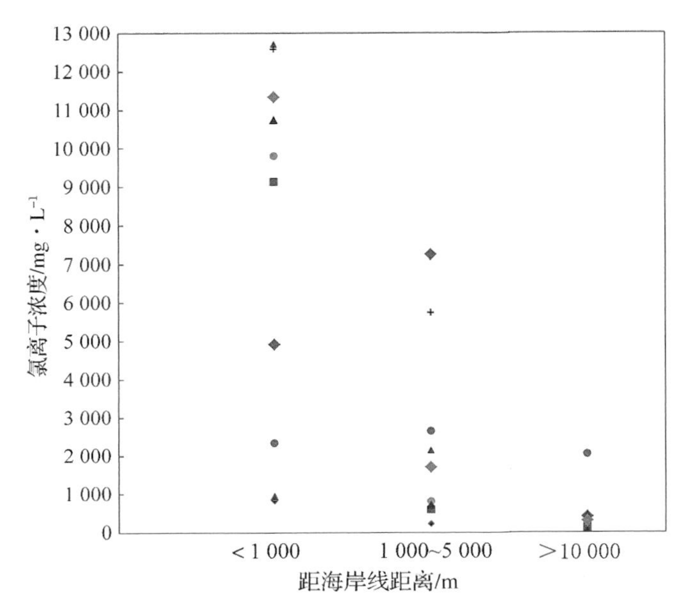

图 1-29 距海岸线不同距离的环境水中氯离子浓度

1.1.3.2 环境土样检测结果

环境土样依据《水电水利工程岩土化学分析试验规程》(DL/T 5357—2006)[5]检测土样氯离子浓度和硫酸根离子浓度，依据《混凝土结构耐久性设计与施工指南》(CCES 01—2004)判定环境作用等级。

环境土样氯离子浓度检测结果见表 1-9。土样中硫酸根离子浓度均小于 250 mg/kg。

表 1-9 环境土样检测分析结果

地点	取土样部位	距海岸线距离/m	氯离子浓度/(mg/kg)	环境作用等级
赣榆	滩涂	200	4 790	Ⅳ-D
	闸塘边	5 000	160	Ⅳ-C
	河边	12 000	210	Ⅳ-C
连云港	盐池表层	200	2 940	Ⅳ-D
	盐池换土	200	70	Ⅱ-C
	盐池表层	500	1 830	Ⅳ-D
	盐池表层	500	8 660	Ⅳ-E
	农田	3 000～12 000	30～90	Ⅱ-C

续表

地点	取土样部位	距海岸线距离/m	氯离子浓度/(mg/kg)	环境作用等级
灌云	荒地	1 000	2 860	Ⅳ-D
	农田	6 000	890	Ⅳ-D
	河边	16 000	160	Ⅳ-C
滨海	滩涂	100	4 790	Ⅳ-D
	农田	5 000	100	Ⅳ-C
	农田	17 000	10	Ⅱ-C
射阳	养殖池	2 000	230	Ⅳ-C
	养殖池	3 000	140	Ⅳ-C
	田埂	3 000	340	Ⅳ-C
	田埂	5 000	230	Ⅳ-C
	农田	15 000	10	Ⅱ-C
大丰	滩涂	2 000	3 400	Ⅳ-D
	海堤内	5 000	4 400	Ⅳ-D
东台	滩涂	2 000	6 440	Ⅳ-E
	林场/农田	5 000～15 000	510～630	Ⅳ-C
如东	芦苇地深层(40 cm 以下)	1 000	630	Ⅳ-C
	农田表层	5 000～15 000	50～130	Ⅳ-C
通州	滩涂	500	2 270	Ⅳ-D
	田埂	5 000～13 000	80～100	Ⅱ-C
启东	滩涂(南)	1 000	1 170～3 510	Ⅳ-D
	菜地	3 000～8 000	90	Ⅱ-C

根据上述检测结果，按照距离海岸线不同距离(以<1 000 m、1 000～5 000 m和>10 000 m为三个区段)，绘制不同地段土壤中的氯离子浓度分布图，见图1-30。可知，氯离子浓度随着环境所在地离海岸线增加不断减小，而其环境作用等级也从非常严重逐渐降为中度，趋势显著，甚至个别地区不再考虑氯盐侵蚀作用。

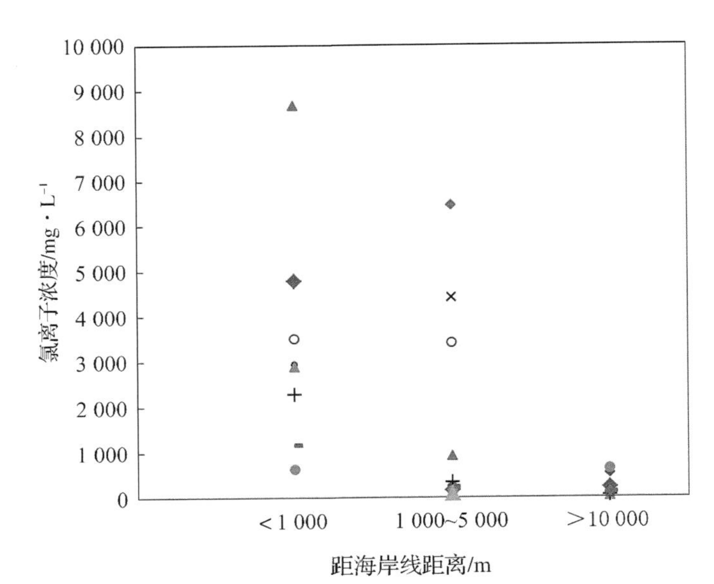

图 1－30　距海岸线不同距离的土壤中氯离子浓度

1.1.3.3　混凝土样检测结果分析

混凝土样依据《水运工程混凝土试验规程》(JTJ 270—1998)[6]检测混凝土中砂浆水溶性氯离子浓度，检测结果见表 1－10。

国内外大量试验、研究和工程实践表明，混凝土中氯离子浓度在 0.3～0.6 kg/m³ 范围内有引起钢筋锈蚀的可能，相当于砂浆重量的0.025%～0.050%。

表 1－10　混凝土样中砂浆氯离子浓度检测结果

地点	取样构件	距海岸线距离/m	部位和取样深度	中性化深度/mm	抗压强度/MPa	砂浆氯离子浓度/%
连云港市区	已建 5 年田湾 5215 线塔基	50	空气中横梁，表层 5 mm 内	2～3	环氧玻璃丝布包裹	0.010
	已建 6 年运核线塔基	500	土表面以上 20 cm 处，表层 5 mm 内	15	21.0	0.015
		500	土表面以上 20 cm 处，内层 5～15 mm			0.027
		500	土表面以上 20 cm 处，内层 15～30 mm			0.009
	已建 5 年田湾 5217 线塔基	200	地表交接面，表层 5 mm 内	0	环氧玻璃丝布包裹	0.034
		200	地表交接面，内层>5 mm			0.017

续表

地点	取样构件	距海岸线距离/m	部位和取样深度	中性化深度/mm	抗压强度/MPa	砂浆氯离子浓度/%
连云港市区	混凝土电线杆	200	空气中，表层 10 mm			0.060
	已建 6 年运核线塔基	5 000	地表交接面，表层 5 mm 内	1.5	46.0	0.001
		5 000	地表交接面，内层>5 mm			0.003
	已建 10 年云城线塔基	3 000	土表面以上 20 cm 处，表层 5 mm 内	2.5	60.0	0.032
		3 000	土表面以上 20 cm 处，内层 5～20 mm			0.034
赣榆	已建 30 多年挡潮闸	200	空气中横梁，0～50 mm	50		0.036
滨海	已建 3 年滨海港海边灯塔基础	100	空气中，表层 0～10 mm	10	25.9	0.243
		100	空气中，内层 10～30 mm			0.311
射阳	已建 3 年临海线塔基	2 000	地表交接面，表层 5 mm 内	1	48.5	0.015
		2 000	地表交接面，内层>5 mm			0.011
	已建 3 年港振 2676 线塔基	4 000	土层下 15 cm，表层 5 mm 内	2	44.4	0.002
		4 000	土层下 15 cm，内层>5 mm			0.003
	已建 10 年港裕线拉线墩	4 000	土表面以上 20 cm 处，表层 5 mm 内	0	34.8	0.106
		4 000	土表面以上 20 cm 处，内层>5 mm			0.096
	已建 3 年港海 4621 线塔基 1	4 000	土层下 10 cm，表层 5 mm 内	0	47.8	0.006
		4 000	水位变化区，表层 5 mm 内	5	22.6	0.002
		4 000	水位变化区，内层 5～10 mm			0.006

续表

地点	取样构件	距海岸线距离/m	部位和取样深度	中性化深度/mm	抗压强度/MPa	砂浆氯离子浓度/%
射阳	已建3年港海4621线塔基2	2 000	水位变化区，表层5 mm内	5	16.9	0.007
		2 000	水位变化区，内层5～10 mm			0.008
	已建3年港振4622线塔基	2 000	地表交接面，表层10 mm内	10	18.7	0.006
		2 000	地表交接面，内层＞10 mm			0.026
	已建3年港潮4621线塔基	15 000	地表交接面，表层0～5 mm	0	51.7	0.078
		15 000	地表交接面，内层＞5 mm			0.009
	已建3年港振2676线塔基	15 000	地表交接面，表层0～5 mm	1.5	34.4	0.002
		15 000	地表交接面，内层5～20 mm			0.002
东台	已建5年小康桥	15 000	空气中桥下立柱，表层0～5 mm	5	41.0	0.024
		15 000	空气中桥下立柱，内层＞5 mm			0.015
如东	已建17年丰开线塔基	5 000	空气中方墩，表层0～8 mm	10	24.4	0.001
		5 000	空气中方墩，内层8～20 mm			0.015
		5 000	地表交接面，表层0～5 mm	0	38.7	0.027
		5 000	地表交接面，内层5～20 mm			0.001
		5 000	地表下20 cm，表层0～5 mm			0.030
	已建17年工业园区桥立柱	5 000	空气中立柱，表层0～5 mm	6	19.4	0.032
		5 000	空气中立柱，内层5～20 mm			0.094
	已建2年义北754线塔基	500	地表交接面，表层0～5 mm	0	60.0	0.098

续表

地点	取样构件	距海岸线距离/m	部位和取样深度	中性化深度/mm	抗压强度/MPa	砂浆氯离子浓度/%
海门	已建3年乐四314线塔基	18 000	地表交接面，表层0～5 mm	5.5	11.6	0.068
启东	已建11年希寅322线塔基	6 000	地表交接面，表层0～5 mm	0	60.0	0.001
	已建10年向阳335线塔基	8 000	地表交接面，表层0～5 mm	2	16.0	0.003
	已建20年包吕721线塔基	6 000	空气中，表层0～5 mm	5	23.3	0.001
		6 000	地表交接面，表层0～5 mm			0.008
	已建20年茅家港331线塔基	3 000	空气中，表层0～5 mm	4	36.1	0.001

室内测试结果表明，江苏沿海地区除启东外，近海5 km范围内，混凝土中氯离子浓度均达到可能引起钢筋锈蚀的临界值（相当于砂浆重量的0.025%），值得一提的是，在射阳地区离海15 km处塔基混凝土中氯离子浓度也超过临界值（如港潮4621线，砂浆氯离子浓度达0.078%）。

氯离子在混凝土中是渗入积蓄和反向扩散的过程。随着混凝土所处环境氯离子浓度的变化，氯离子时而进入混凝土内层，时而向外扩散。处在盐碱环境下，氯离子的渗入导致混凝土内外层氯离子浓度不断增加。而当处于淡水环境时，表层混凝土中的氯离子反向向外扩散，造成表层混凝土氯离子浓度低于内层。在连云港、射阳和如东地区均有此现象，这与电塔基础处于养殖池区域有关。

此外，氯离子在混凝土内外层中浓度的不同与混凝土表层的碳化深度关系密切。统计此次数据可以发现，在连云港地区，当碳化深度超过1.5 mm时，混凝土内部氯离子浓度均高于表层，而表层未碳化的混凝土内部氯离子浓度低于表层（如已建5年的田伊5217线塔基）；同样是在射阳地区，当碳化深度超过2 mm时，混凝土内部氯离子浓度均高于表层，而表层未碳化的混凝土内部氯离子浓度低于表层（已建10年的港裕线拉线墩）；在如东地区，同样是有碳化的混凝土内部氯离子浓度高于表层的，未碳化的混凝土内部氯离子浓度低于表层（如已建17年的丰开线塔基）。

1.2　腐蚀因素分析

1.2.1　环境作用等级对混凝土腐蚀分析

江苏省沿海地区属于微冻地区，同时属于炎热干湿交替环境，还需考虑混凝土抗冻融等其他耐久性能。根据调查取样结果，江苏沿海地区环境作用等级包含 C 级至 E 级，腐蚀环境包含碳化、冻融、氯盐侵蚀和化学腐蚀（以硫酸盐为主）等，因此需要根据实际环境条件确定主要因素，因地制宜制定相应的防腐蚀技术措施。

《混凝土结构耐久性设计与施工指南》(CCES 01—2004）中提出了 100 年、50 年和 30 年三种设计使用年限下，针对不同环境作用等级的结构耐久性设计内容，见表 1-11。

表 1-11　不同环境作用等级下耐久性设计内容

耐久性设计内容	混凝土材料			结构构造、裂缝控制和施工要求			使用阶段定期检测			防腐蚀附加措施		
环境作用等级＼使用年限	100	50	30	100	50	30	100	50	30	100	50	30
A	●			●								
B	●	●		●	●		▲					
C	●	●	●	●	●	●	●	▲				
D	●	●	●	●	●	●	●	●	▲	▲		
E	●	●	●	●	●	●	●	●	●	▲	▲	▲
F	●	●	●	●	●	●	●	●	●	●	▲	▲

表中符号意义：●—需要；▲—可能需要。

综合各类环境的作用等级，江苏沿海腐蚀因素以防氯盐侵蚀作用为主，部分考虑抗硫酸盐侵蚀作用。环境作用等级典型地点和混凝土构件见表 1-12。

表 1-12　环境作用等级典型地点和混凝土构件

环境作用等级	地点	典型混凝土构件
B	离海岸线 6 km 外农田、菜地	连云港市 220 kV 运核线塔基、启东市 35 kV 向阳 335 线混凝土灌注桩塔基等
C	离海岸线 2～5 km 范围内淡水养殖池、河岸及农田	射阳县 220 kV 港海 4621 线塔基、射阳县 220 kV 港振 2676 线塔基等
D	海堤内滩涂、荒地	如东市 110 kV 义北线 745 线塔基、赣榆县钢筋混凝土挡潮闸和小桥等
E	入海河、盐池高地、离涨潮岸线 50 m 内的陆上室外环境	连云港市 500 kV 田湾 5217 线塔基、东台市风力发电 1 号机组基础等

从检测结果可见，当环境作用等级为 B 级和 C 级时，对钢筋混凝土的腐蚀程度相对较轻。但混凝土仍需采用引气、高密实混凝土，并确保一定的钢筋保护层厚度，目的是为提高钢筋混凝土抗冻耐久性和抗碳化耐久性。例如，在如东市距海边约

5 km 处的 35 kV 丰开线塔基旁已建 17 年的钢筋混凝土桥横梁和栏杆，所处环境作用等级同样为 C 级，但由于混凝土密实性不高、钢筋保护层厚度不够(不到 10 mm)，碳化严重，栏杆混凝土由于钢筋锈蚀剥落严重，桥侧面横梁有钢筋锈蚀剥落明显[见图 1－21(b)]。而同处相同环境的同年代建造的 35 kV 丰开线塔基钢筋混凝土质量完好[见图 1－21(a)]。

当环境作用等级达到或超过 D 级时，钢筋混凝土结构面临较为严酷的腐蚀环境。对于沿海地区来说，氯离子侵蚀是最主要的腐蚀破坏原因，当同时存在冻融破坏和硫酸盐腐蚀破坏共同作用时，钢筋混凝土腐蚀破坏加剧，必须采取有效防护措施。

赣榆县入海河口钢筋混凝土挡潮闸附近小桥处于 D 级环境作用等级，20 世纪 70 年代建造，已严重腐蚀破坏(见图 1－7)。混凝土中性化深度达 50 mm，砂浆中氯离子浓度达 0.036%，桥栏杆已锈蚀断裂。如东市距海边约 500 m 处风力发电变电站门外土中 110 kV 义北线 745 线塔基 C30 混凝土(见图 1－22)同样处于 D 级环境作用等级，刚运行 2 年，钢筋混凝土外表基本完好，混凝土中性化深度为零，回弹检测混凝土强度 60.0 MPa，但表层砂浆中氯离子浓度达 0.098%，若无防范措施，钢筋混凝土塔基将产生腐蚀破坏。

连云港市离海 200 m 处在盐田中 500 kV 田湾 5217 线塔基钢筋混凝土处于 E 级环境作用等级，已建 5 年，混凝土表面有环氧玻璃丝布涂层保护，基本完好(见图 1－2)。处于同一环境作用等级的盐池田埂上的电线杆腐蚀破坏严重(见图 1－4)。滨海县废黄河入海口灯塔钢筋混凝土基础处于 E 级环境作用等级，约 2004 年建，混凝土基本完好，混凝土中性化深度约 10 mm，回弹检测灯塔基础混凝土抗压强度 25.9 MPa，但混凝土内部 30 mm 深处的砂浆氯离子浓度已达 0.311%，若无防护措施内部钢筋已锈蚀破坏(见图 1－9)。

连云港市离海 50 m 处在水中 500 kV 田湾 5215 线塔基钢筋混凝土同样处于 E 级环境作用等级。混凝土和钢套筒表面有环氧玻璃丝布涂层保护，但 5 年后，在水位变动区环氧玻璃丝布涂层已破裂[见图 1－1(b)]。

1.2.2 钢筋混凝土防腐方案

钢筋混凝土防腐蚀措施主要针对防氯盐侵蚀。《混凝土结构耐久性设计规范》(GB/T 50476—2008)[7]中指出，“对含有较高浓度氯盐的地下水、土，可不单独考虑硫酸盐的作用”，所以大部分已建工程不考虑抗硫酸盐侵蚀的防腐措施。值得说明的是，目前采用的高性能混凝土，主要采用的是大掺量掺和料技术(以矿渣粉和粉煤灰为主)，不仅具有很好的抗氯盐侵蚀作用，且其抗硫酸盐性能优异。

针对氯盐环境对钢筋混凝土的耐久性影响，目前工程上采取的技术措施及其经济性如下：

(1) 提高混凝土设计标准

该方案通过大幅度提高混凝土的设计标号，增加钢筋保护层厚度，以提高混凝土的密实性等，减缓 Cl^- 向混凝土内部扩散。但该方案将会使混凝土的收缩变形、水化热都进一步增加，从而增加了混凝土的内部缺陷。同时，混凝土的成本及工程的综合造价提高，其技术与经济的效益比很低。

(2) 混凝土外涂层防护

常用的涂层材料可有效地阻止氯离子侵入混凝土内部，延长海港工程混凝土结构的耐久性。但这类涂料存在老化寿命方面的问题。通常其有效作用 8～10 年，最长不超过 15 年。再次涂刷时还存在混凝土表面不易清理等问题。采用有机硅类新型涂层同样存在有效寿命的问题，且其成本也较高。

(3) 阴极保护

此方案为传统方法，正常实施下可靠性较好。存在问题是，在有效保护期间，系统需要经常维护，稳定性不高，使用成本较高。现多用于那些构造简单的钢结构工程。

(4) 涂层钢筋

采用经环氧粉末处理的涂层钢筋制作海工混凝土构件，理论上能起到防止钢筋锈蚀的作用。但若钢筋涂层存在局部缺陷时，钢筋的腐蚀破坏速度反而大大加快。以目前的施工条件，实际工程中无法避免钢筋涂层的损坏，且无法在现场进行弥补。涂层钢筋的造价非常高，约为普通钢筋的两倍以上。另外，涂层钢筋的握裹力较普通钢筋相对降低 35%，这将使结构的整体力学性能有所降低。

(5) 内掺阻锈剂

大多数阻锈剂为易溶无机盐类，掺阻锈剂存在平衡掺量控制的问题。根据设计耐久性年限要求所需掺量的计算方法目前还不完善。另外，钢筋周围的阻锈剂浓度与混凝土内部的浓度相平衡，这都造成实际有效掺量难以控制的问题。另一方面，在水环境下，无机盐还存在溶出的问题，导致混凝土内部实际浓度下降。海工结构中，阻锈剂通常作为辅助措施，从而增加工程造价。

(6) 海工高性能混凝土

海工高性能混凝土是针对海洋环境中混凝土结构腐蚀破坏特点而设计的，具有很高的抗 Cl^- 侵蚀能力。其以高炉矿渣微粉、粉煤灰、调整剂等掺和料及水泥为主要胶凝材料配制混凝土。其中的调整剂成分将控制混凝土通常存在的各种缺陷，保证了混凝土极高的耐久性。这种混凝土无需再另外辅以其他抗腐蚀技术措施，如外涂层保护、掺缓蚀剂、涂层钢筋等。这是目前性价比最好的一种海港工程建筑物防腐蚀方案。

目前在西欧，大掺量矿渣水泥用量占到水泥总用量的 1/5。许多欧洲国家规定(如英国规范 BS 6349 第一部分和 BS 5328 第一部分等)，硅酸盐水泥用于海港工程钢筋混凝土时，一定要掺大量(占水泥用量的 70%以上)粒化高炉矿渣。而在荷兰等一些国家，矿渣掺量达 65%～70%的矿渣水泥占水泥销售总量的 60%，几乎各种混凝土结构都采用这种水泥。粉煤灰因为具备良好的微集料效应和火山灰效应，其同样具有良好的抗氯离子渗透性能。

连云港市田湾核电站输变线路铁塔基础钢筋混凝土采用了多种钢筋混凝土防护措施。有普通钢筋混凝土基础、高性能钢筋混凝土基础、高性能钢筋混凝土外包丙乳砂浆或丙乳混凝土、钢筋混凝土包裹环氧玻璃丝布涂层保护、盐池换土等措施。

盐池高填土可以使钢筋混凝土基础的环境作用等级下降，采用换土的方式又可降低钢筋混凝土基础埋在土中的环境作用等级（由 D～E 级降低至 B～C 级）。

钢筋混凝土外包裹环氧玻璃丝布涂层保护可以减缓腐蚀破坏 5 年以上，但随着使用时间的延长，由于紫外线老化破坏，环氧玻璃丝布涂层已出现边角和水位变动区破裂现象。

丙烯酸酯共聚乳液（简称丙乳）是南京水利科学研究院科研成果直接转化而成的产品，曾获国家科技进步三等奖及水利电力部科技进步二等奖，是电力工业部“八五”推广项目。丙乳是一种高分子聚合物的水分散体，加入水泥砂浆后为聚合物水泥砂浆，该砂浆具有优异的粘结、抗裂、抗冻、防渗、防腐、抗氯离子渗透、耐磨、耐老化等性能，适用于水电、港口工程、公路、桥梁、冶金、化工、工业与民用建筑等钢结构和钢筋混凝土结构的防渗、防腐护面和修补工程。

丙乳砂浆或丙乳混凝土可作为防腐蚀的附加措施，有效防护在 E 级环境作用下的钢筋混凝土腐蚀破坏。连云港市离海 50 m 处在水中 500 kV 田湾 5215 线塔基钢筋混凝土横梁环氧玻璃丝布涂层边角破坏处表层丙乳砂浆中氯离子浓度仅为 0.010%。

高性能钢筋混凝土基础与普通钢筋混凝土基础防腐效果对比见图 1-31。连云港市 2001 年建离海 500 m 处在晒盐池中换土回填条件下 220 kV 运核线塔基高性能钢筋混凝土基础土与空气交接面处于 E 级环境作用等级（见图 1-3）；连云港市离海岸线约 3 km 处，在农田中已建 10 年的 110 kV 云城线 30 号塔基普通钢筋混凝土基础土与空气交接面处于 C 级环境作用等级（见图 1-6）。但 220 kV 运核线 24 号塔基高性能钢筋混凝土内部砂浆氯离子浓度明显低于 110 kV 云城线 30 号塔基普通钢筋混凝土内部砂浆氯离子浓度，且有内部突变降低的现象，与室内研究结果吻合。

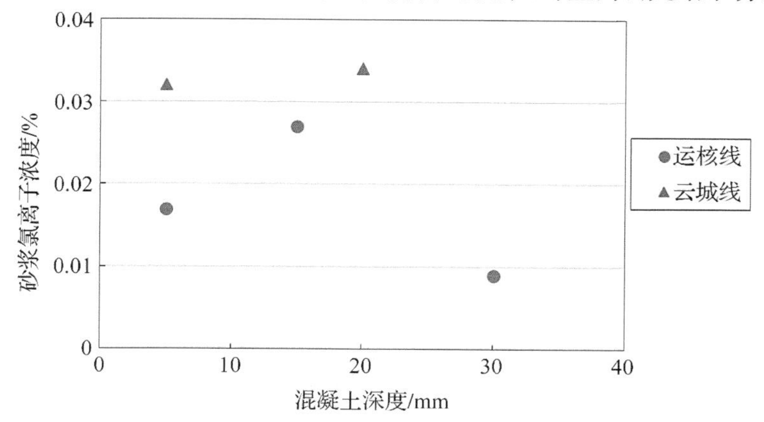

图 1-31　不同深度混凝土内部砂浆氯离子浓度

1.2.3 江苏沿海地区环境作用等级划分

1.2.3.1 连云港市

根据检测结果，并依据《混凝土结构耐久性设计与施工指南》(CCES 01—2004)中环境作用等级划分方法，连云港市沿海地区(包含连云港市、赣榆县和灌云县)环境作用等级划分见表1-13。

表1-13 连云港市沿海地区环境作用等级划分

距海岸线距离	钢筋混凝土所处位置	部位	环境作用等级
0～1 000 m	海水、通海河水、海边滩涂、盐池	水中	Ⅳ-C
		水位变动区	Ⅳ-E
		空气中	Ⅲ-E
	荒地、滩涂高地、盐池高地	土中	Ⅳ-D
		土和空气交界处	Ⅳ-E
		空气中	Ⅲ-E
1 000～6 000 m	通海河水	水中	Ⅳ-C
		水位变动区	Ⅳ-E
		空气中	Ⅲ-E
	内河水、鱼塘	水位变动区	Ⅳ-D
		水中、空气中	Ⅳ-C
	农田	土和空气交界处	Ⅳ-D
		土中、空气中	Ⅱ-C
＞6 000 m	河水、鱼塘	水位变动区	Ⅳ-C
		水中、空气中	Ⅱ-C
	农田	全部	Ⅱ-C

1.2.3.2 盐城市

盐城市沿海地区(包含响水县、滨海县、射阳县、大丰市、东台市)环境作用等级划分见表1-14。

表 1-14 盐城市沿海地区环境作用等级划分

<table>
<tr><th>距海岸线距离</th><th>钢筋混凝土所处位置</th><th>部位</th><th>环境作用等级</th></tr>
<tr><td rowspan="6">0～2 000 m</td><td rowspan="3">海水、通海河水、海边滩涂、盐池、海水养殖池</td><td>水中</td><td>Ⅳ-C</td></tr>
<tr><td>水位变动区</td><td>Ⅳ-E</td></tr>
<tr><td>空气中</td><td>Ⅲ-E</td></tr>
<tr><td rowspan="3">荒地、滩涂高地、盐池高地</td><td>土中</td><td>Ⅳ-C</td></tr>
<tr><td>土和空气交界处</td><td>Ⅳ-D</td></tr>
<tr><td>空气中</td><td>Ⅲ-D</td></tr>
<tr><td rowspan="7">2 000～5 000 m</td><td rowspan="3">通海河水</td><td>水中</td><td>Ⅳ-C</td></tr>
<tr><td>水位变动区</td><td>Ⅳ-E</td></tr>
<tr><td>空气中</td><td>Ⅲ-E</td></tr>
<tr><td rowspan="2">内河水、淡水养殖池</td><td>水位变动区</td><td>Ⅳ-D</td></tr>
<tr><td>水中、空气中</td><td>Ⅳ-C</td></tr>
<tr><td rowspan="2">农田</td><td>土和空气交界处</td><td>Ⅳ-C</td></tr>
<tr><td>土中、空气中</td><td>Ⅱ-C</td></tr>
<tr><td rowspan="6">>5 000 m</td><td rowspan="3">通海河水</td><td>水中</td><td>Ⅳ-C</td></tr>
<tr><td>水位变动区</td><td>Ⅳ-D</td></tr>
<tr><td>空气中</td><td>Ⅱ-C</td></tr>
<tr><td rowspan="2">内河水、鱼塘</td><td>水位变动区</td><td>Ⅳ-D</td></tr>
<tr><td>水中、空气中</td><td>Ⅱ-C</td></tr>
<tr><td>农田</td><td>全部</td><td>Ⅱ-C</td></tr>
</table>

1.2.3.3 南通市

南通市沿海地区(包含如东市、通州市和启东市)环境作用等级划分见表 1-15。

表 1-15 南通市沿海地区环境作用等级划分

<table>
<tr><th>距海岸线距离</th><th>钢筋混凝土所处位置</th><th>部位</th><th>环境作用等级</th></tr>
<tr><td rowspan="6">0～2 000 m</td><td rowspan="3">海水、通海河水、海边滩涂</td><td>水中</td><td>Ⅳ-C</td></tr>
<tr><td>水位变动区</td><td>Ⅳ-E</td></tr>
<tr><td>空气中</td><td>Ⅲ-E</td></tr>
<tr><td rowspan="3">荒地、滩涂高地</td><td>土中</td><td>Ⅳ-C</td></tr>
<tr><td>土和空气交界处</td><td>Ⅳ-D</td></tr>
<tr><td>空气中</td><td>Ⅲ-D</td></tr>
</table>

续表

距海岸线距离	钢筋混凝土所处位置	部位	环境作用等级
2 000～5 000 m	河水、淡水养殖池	水中	Ⅳ-C
		水位变动区	Ⅳ-D
		空气中	Ⅲ-D
	农田	土和空气交界处	Ⅳ-C
		土中、空气中	Ⅱ-C
>5 000 m	河水、鱼塘	水中	Ⅳ-C
		水位变动区	Ⅳ-D
		空气中	Ⅱ-C
	农田	全部	Ⅱ-C

距海岸线距离是根据现场取样检测结果粗略划分，用于说明环境作用等级范围。连云港市为海洋冲刷岸线，海岸滩涂较少；而盐城市为海洋淤积岸线，海岸滩涂面积较大，有部分滩涂、盐池距海岸线距离已超过 2 000 m。通海河水由于取样时间的不同，不能真实反映由于涨落潮引起的河水中盐碱含量变化，通海河水流域范围的钢筋混凝土结构的环境作用等级应从严掌握。

值得注意的是，水位变动区由于受干湿交替作用影响，对钢筋混凝土腐蚀程度加大，环境作用等级相应提高；土和空气交接处同样存在干湿交替作用影响，相应提高环境作用等级。

1.2.4 小结

(1) 江苏省海岸线长，且地形复杂，用途广泛。在同一地区存在从 B 级到 E 级多种环境作用等级。根据现场取样检测分析，近海岸滩涂、盐池等环境作用等级达 E 级；距海岸线 2 000～5 000 m 范围内的农田环境作用等级通常为 C 级，淡水养殖池环境作用等级为 D 级；距海岸线 5 000 m 以外地区除通海河水流域范围外，环境作用等级一般为 B 级至 C 级。

(2) 环境作用等级为 B 级和 C 级时，盐碱腐蚀危害较轻，但需考虑钢筋混凝土抗碳化腐蚀破坏。当环境作用等级为 D 级至 E 级时，必须提高钢筋混凝土抗盐碱腐蚀性能，还应考虑海水环境氯离子侵蚀和硫酸盐腐蚀的共同作用。

(3) 江苏省沿海地区属于微冻地区，不论有无盐碱腐蚀危害，均须采用抗冻混凝土。当有盐碱腐蚀危害时，应提高钢筋混凝土抗盐碱冻融循环腐蚀性能。

(4) 江苏省沿海地区温差和湿度变化范围较大，在水位变动区和土与空气交接处钢筋混凝土腐蚀破坏程度加剧，环境作用等级相应提高。

(5) 适当的防腐措施可以提高钢筋混凝土抗盐碱腐蚀耐久性。盐池高填土可以使钢筋混凝土基础的环境作用等级下降，采用换土的方式可显著降低钢筋混凝土基础在土中的环境作用等级。钢筋混凝土外包裹环氧玻璃丝布涂层保护可以减缓腐蚀破坏 5 年以上。丙乳砂浆或丙乳混凝土可有效防护 E 级环境作用下的钢筋混凝土腐蚀破坏。高性能钢筋混凝土较普通钢筋混凝土有较高的抗盐碱腐蚀性能。

1.3　针对腐蚀环境的耐久性设计

1.3.1　耐久性基本设计

钢筋混凝土受氯离子侵蚀产生锈胀破坏，一直是海港工程结构在耐久性方面存在的严重问题，备受行业的关注。根据国内 40 多年来调查资料可以发现，海港工程钢筋混凝土结构通常在 10～15 年，短则 5～8 年间即会发生钢筋锈胀腐蚀破坏。为此，往往需花费大量资金(约为建设经费的 40%)用于建后的维修。20 世纪 70 年代以后，交通部已三次对海港工程结构的工程技术规范进行修订。每次修订都对海港工程钢筋混凝土的耐久性提出了更高的要求。2001 年实施的《海港工程混凝土结构防腐蚀技术规范》对海港工程建筑物的耐久性提出了明确的技术指标，并作为强制性技术要求加以规范。2012 年交通运输部又颁布了《海港工程高性能混凝土质量控制标准》(JTS 257 - 2—2012)[8]，通过对原材料质量、混凝土配合比确定的控制以及施工过程中生产和合格性控制，确保高性能和内容质量符合耐久性的设计要求。

针对沿海地区的氯盐对钢筋混凝土的腐蚀和硫酸盐对混凝土的腐蚀作用，现有国内行业或国家规范已作一定的划分，但划分的标准和具体的要求各标准不尽相同。

2008 年颁布实施的《工业建筑防腐蚀设计规范》(GB 50046—2008)[9]目前广泛应用于电力行业基础钢筋混凝土的设计，该规范针对不同腐蚀环境等级提出了基础防腐用混凝土的设计基本要求，设计思路明确，但具体应用受限。《岩土工程勘察规范》(GB 50021—2008)[10]和《混凝土结构耐久性设计规范》(GB/T 50476—2008)中较为明确地划分氯盐和硫酸盐环境下的作用等级，并提出混凝土耐久性设计要求。《岩土工程勘察规范》和《混凝土结构耐久性设计规范》针对具体的腐蚀介质浓度划分环境作用等级略有不同，但总体基本一致；已实施的《工业建筑防腐蚀设计规范》中对桩基础混凝土的结构设计有基本的要求，而《混凝土结构耐久性设计规范》针对不同腐蚀环境有明确的混凝土设计指标，操作性较强，可供试验设计参考。

根据已有的各类地勘资料，江苏沿海地区基础混凝土所处的环境主要以氯盐和硫酸盐腐蚀介质为主，考虑强、中和弱腐蚀等级，按 50 年设计使用年限，具体氯化物环境、化学腐蚀环境(硫酸盐腐蚀)腐蚀等级划分和相应的基础混凝土设计要求见表 1 - 16 和表 1 - 17。

表 1－16　氯化物环境腐蚀等级划分及混凝土设计要求

序号	氯化物浓度		GB/T 50476—2008*				GB 50046—2008	GB 50021
	水中/(mg/L)	土中/(mg/kg)	环境作用等级	强度等级	最大水胶比	保护层/mm	强度等级、水胶比和保护层	腐蚀等级
1	≥100,≤500 干湿交替	≥150,≤750 干湿交替	Ⅳ－C	C40	0.42	45	强度等级不低于 C40,水胶比不大于 0.40,保护层厚度不小于 45 mm	弱
2	>500,≤5 000 干湿交替	>750,≤7 500 干湿交替	Ⅳ－D	C40 ≥C45	0.42 0.40	55 50		中
3	>5 000 干湿交替	>7 500 干湿交替	Ⅳ－E	C45 ≥C50	0.40 0.36	60 55		强

* 注:①GB/T 50476 中注明海水冰冻环境时宜采用引气混凝土,当采用引气混凝土时表中混凝土强度等级可降低一个等级,相应水胶比提高 0.05。

②GB/T 50476 中注明预制构件的保护层厚度可比规定减少 5 mm。

表 1－17　化学腐蚀环境(硫酸盐腐蚀)腐蚀等级划分及混凝土设计要求

序号	SO_4^{2-} 浓度		GB/T 50476—2008*				GB 50046—2008	GB 50021
	水中/(mg/L)	土中/(mg/kg)	环境作用等级	强度等级	最大水胶比	保护层/mm	强度等级、水胶比和保护层	腐蚀等级
1	200～1 000 干湿交替	300～1 500 干湿交替	Ⅴ－C	C40 ≥C45	0.45 0.40	40 35	强度等级不低于 C40,水胶比不大于 0.40,保护层厚度不小于 45 mm	弱
2	1 000～4 000 干湿交替	1 500～6 000 干湿交替	Ⅴ－D	C45 ≥C50	0.40 0.36	45 40		中
3	4 000～10 000 干湿交替	6 000～15 000 干湿交替	Ⅴ－E	C50 ≥C55	0.36 0.36	45 40		强

* 注:GB/T 50476 中注明预制构件的保护层厚度可比规定减少 5 mm。

《混凝土结构设计规范》(GB 50010—2010)[11]对腐蚀环境下结构混凝土材料的耐久性同样提出了要求,见表 1－18。根据表中环境等级的划分,江苏沿海地区参照三 b 等级盐渍土或海岸环境,其最大水胶比和最低强度等级要求与《工业建筑防腐蚀设计规范》和《混凝土结构耐久性设计规范》一致。

表 1－18　结构混凝土材料的耐久性要求(GB 50010—2010)

环境等级	条件	最大水胶比	最低强度等级	备注
三 a	严寒和寒冷地区冬季水位变动区;海风环境	0.45(0.50)	C35(C30)	应使用引气剂,可采用括号中参数
三 b	盐渍土环境;海岸环境	0.40	C40	

注:预应力构件的混凝土其最低强度等级宜按规定提高两个等级。

针对我国西北盐碱地区的腐蚀环境，应按照氯化物环境、化学腐蚀环境（硫酸盐腐蚀）划分，以干湿交替区为重要控制点，同时还应重点考虑西北寒冷或严寒地区的冻融问题。根据《混凝土结构耐久性设计规范》规定，对含有较高浓度氯盐的地下水、土，可不单独考虑硫酸盐的作用。但高水压条件下，应提高相应的环境作用等级。

1.3.2 耐久性控制指标参数

结合现行国家或行业的规范要求，针对氯盐和硫酸盐强、中和弱腐蚀环境等级，可提出混凝土的配合比设计方案。在工程应用过程中，如何检验设计方案，确保其耐久性满足设计年限，同时便于现场应用时的质量控制，必须有明确的耐久性控制指标参数。

现行不同规范的耐久性指标参数设定不尽相同。如《混凝土结构耐久性设计规范》(GB/T 50476—2008)中，除强度等级和最大水胶比要求外，还在混凝土的抗氯离子侵入性指标方面作出要求。《混凝土结构设计规范》(GB 50010—2010)中则提出混凝土材料中氯离子浓度的最大限值。

1.3.2.1 抗氯离子侵入性指标

根据《工业建筑防腐蚀设计规范》(GB 50046—2008)和《混凝土结构耐久性设计规范》(GB/T 50476—2008)的要求，腐蚀环境下混凝土的强度等级不低于C40，水胶比不大于0.40。除强度等级和最大水胶比要求外，GB/T 50476—2008还在混凝土的抗氯离子侵入性指标方面作出要求，具体见表1-19。

表1-19 混凝土的抗氯离子侵入性指标

设计使用年限	100年		50年	
作用等级	D	E	D	E
28 d龄期氯离子扩散系数 D_{RCM}/($\times10^{-12}$ m^2/s)	≤7	≤4	≤10	≤6

同时，《海港工程高性能混凝土质量控制标准》(JTS 257—2—2012)对混凝土氯离子扩散系数和电通量均作出了规定，见表1-20。

表1-20 高性能混凝土氯离子渗透性最高限值

混凝土氯离子渗透性	钢筋混凝土	预应力混凝土
电通量法/C	1 000	800
扩散系数/($\times10^{-12}$ m^2/s)	4.5	4.0

从表1-19和表1-20可以看出，不同规范对混凝土抗氯离子渗透性能中的氯离子扩散系数的指标要求有所不同。本方案根据从严原则，氯离子扩散性能指标要求参考《海港工程高性能混凝土质量控制标准》(JTS 257—2—2012)。

另一方面，由于JTS 257—2—2012只限定了氯离子扩散系数和电通量的最高值，因此，为了具体划分，同时参考了《混凝土耐久性检验评定标准》(JGJ/T 193—2009)[12]中有关混凝土抗氯离子渗透性能等级划分，见表1-21～表1-23。

表1-21 混凝土抗氯离子渗透性能等级划分(RCM法)

等级	RCM-Ⅰ	RCM-Ⅱ	RCM-Ⅲ	RCM-Ⅳ	RCM-Ⅴ
氯离子迁移系数 D_{RCM}/($\times 10^{-12}$ m²/s)	$D_{RCM} \geqslant 4.5$	$3.5 \leqslant D_{RCM} < 4.5$	$2.5 \leqslant D_{RCM} < 3.5$	$1.5 \leqslant D_{RCM} < 2.5$	$D_{RCM} < 1.5$

表1-22 混凝土抗氯离子渗透性能等级划分(电通量法)

等级	Q-Ⅰ	Q-Ⅱ	Q-Ⅲ	Q-Ⅳ	Q-Ⅴ
电通量 Q_s/C	$Q_s \geqslant 4\,000$	$2\,000 \leqslant Q_s < 4\,000$	$1\,000 \leqslant Q_s < 2\,000$	$500 \leqslant Q_s < 1\,000$	$Q_s < 500$

表1-23 等级代号与混凝土耐久性水平推荐意见

等级代号	Ⅰ	Ⅱ	Ⅲ	Ⅳ	Ⅴ
混凝土耐久性水平推荐意见	差	较差	较好	好	很好

《混凝土结构设计规范》(GB 50010—2010)中提出混凝土中氯离子浓度限值要求，按照设计使用年限为50年的混凝土结构，其混凝土材料宜符合表1-24的要求。

表1-24 结构混凝土材料的耐久性指标要求(GB 50010—2010)

环境等级	条件	最大氯离子含量/%	最大碱含量/(kg/m³)
三a	严寒和寒冷地区冬季水位变动区；海风环境	0.15	3.0
三b	盐渍土环境；海岸环境	0.10	

1.3.2.2 抗硫酸盐侵蚀指标

抗硫酸盐等级指标目前在《铁路混凝土结构耐久性设计规范》(TB 10005—2010)[13]中作出了具体要求，见表1-25。表中的环境作用等级Y2、Y3、Y4可分别对应本书表1-3中的环境作用等级Ⅴ-C、Ⅴ-D、Ⅴ-E，评价指标以56 d的实验结果为准。

表 1-25 盐类结晶破坏环境下混凝土抗硫酸盐结晶破坏性能

评价指标	环境作用等级	设计使用年限		
		100 年	60 年	30 年
抗硫酸盐结晶破坏等级(56 d)	Y1	≥KS90	≥KS60	≥KS60
	Y2	≥KS120	≥KS90	≥KS90
	Y3	≥KS150	≥KS120	≥KS120
	Y4	≥KS150	≥KS120	≥KS120

注:混凝土抗硫酸盐结晶干湿循环次数应按 GB/T 50082 规定的抗硫酸盐侵蚀试验方法进行检验。

1.3.2.3 其他耐久性指标参数

在其他性能方面,《海港工程高性能混凝土质量控制标准》(JTS 257—2—2012)还针对高性能混凝土掺和料的掺量控制范围作出了要求,见表 1-26,可供耐久性方案设计参考。

表 1-26 单掺一种掺和料时掺量控制范围(按胶凝材料质量百分比计)

胶凝材料中水泥品种	掺和料品种及掺量/%		
	粒化高炉矿渣粉	粉煤灰	硅灰
PⅠ或PⅡ型硅酸盐水泥	50～80	25～40	3～8
P·O 型普通硅酸盐水泥	40～70	20～35	3～8

混凝土常规耐久性指标参数抗冻和抗渗等级见表 1-27 和表 1-28。

表 1-27 混凝土抗冻等级选定标准(JTS 257—2—2012)

建筑物所在地区	钢筋混凝土及预应力混凝土
严重受冻地区(最冷月平均气温低于−8℃)	F350
受冻地区(最冷月平均气温为−4～−8℃)	F300
微冻地区(最冷月平均气温为 0～−4℃)	F250

表 1-28 混凝土抗渗等级选定标准(GB 50046—2008)

耐久性要求	腐蚀性等级弱、中	腐蚀性等级强
抗渗等级	≥P8	≥P10

参考文献

[1] 余红发,孙伟,武卫锋,等.普通混凝土在盐湖环境中的抗卤水冻蚀性与破坏机理研究[J].硅酸盐学报,2003,31(8):763-769.

[2] 钱文勋,陈迅捷,欧阳幼玲,等.连云港虹洋热电联产工程混凝土防腐蚀技术研究报告[R].南京:南京水利科学研究院,2013.

[3] CCES 01—2004 混凝土结构耐久性设计与施工指南[S].北京:中国建筑工业出版社,2006.

[4] DL/T 5152—2001 水工混凝土水质分析试验规程[S].北京:中国电力出版社,2001.

[5] DL/T 5357—2006 水电水利工程岩土化学分析试验规程[S].北京:中国电力出版社,2006.

[6] JTJ 270—98 水运工程混凝土试验规程[S].北京:人民交通出版社,1999.

[7] GB/T 50476—2008 混凝土结构耐久性设计规范[S].北京:中国建筑工业出版社,2009.

[8] JTS 257-2—2012 海港工程高性能混凝土质量控制标准[S].北京:人民交通出版社,2012.

[9] GB 50046—2008 工业建筑防腐蚀设计规范[S].北京:中国计划出版社,2008.

[10] GB 50021—2008 岩土工程勘察规范[S].北京:中国建筑工业出版社,2009.

[11] GB 50010—2010 混凝土结构设计规范[S].北京:中国建筑工业出版社,2010.

[12] JGJ/T 193—2009 混凝土耐久性检验评定标准[S].北京:中国建筑工业出版社,2009.

[13] TB 10005—2010 铁路混凝土结构耐久性设计规范[S].北京:中国铁道出版社,2011.

2 沿海环境钢筋混凝土抗氯离子侵蚀耐久性

在钢筋混凝土结构服役期间所处的各种侵蚀环境中，氯盐环境下造成的钢筋锈蚀是引发钢筋混凝土结构耐久性劣化最主要和最普遍的原因。

本章主要介绍了沿海环境中氯离子腐蚀钢筋混凝土结构的机理、氯离子腐蚀混凝土中钢筋的影响因素以及钢筋混凝土抗氯离子扩散性能评价方法和对大掺量掺和料混凝土氯离子渗透快速试验的校正，并介绍了钢筋混凝土抗氯离子侵蚀的主要措施和机理。

2.1 氯离子引起钢筋混凝土劣化的机理

Cl^-的侵入对钢筋混凝土有如下 4 种不良作用：

(1) 破坏钢筋的钝化膜，引起混凝土中钢筋的腐蚀；

(2) 降低了 $Ca(OH)_2$ 的溶解度，从而降低了孔溶液的 pH 值；

(3) 因氯盐的吸湿性，增加了混凝土的含水率；

(4) 增大了混凝土的电导率。

混凝土中 Cl^- 的这 4 种不良作用将引起钢筋混凝土性能的劣化。

2.1.1 氯离子侵入机制

Cl^-一般通过 4 种途径进入到混凝土中：(a) 由混凝土原材料带入；(b) 扩散作用；(c) 毛细管作用；(d) 有压渗透作用。氯离子由外部环境侵入到混凝土中主要为扩散、毛细管作用和渗透 3 种方式。扩散是因为溶液中 Cl^- 的浓度梯度而产生的；毛细管作用是因为毛细孔中不饱和孔溶液的表面张力产生的；而渗透是由于在水的压力差作用下，Cl^- 侵入到混凝土中。一般情况下，Cl^- 侵入到混凝土中时，这三种方式是同时存在的。其中，Cl^- 在毛细作用下侵入到混凝土中的速度是最快的。对钢筋混凝土而言，毛细作用下 Cl^- 的侵入方式主要发生在混凝土表层的 2 mm 左右；Cl^- 在混凝土内部的迁移主要为扩散；当存在水压差时，则 Cl^- 以压力渗透的方式进入混凝土。毛细管作用主要发生在干燥混凝土中，随着混凝土中水含量的增加，扩散作用逐渐占主导；在完全水饱和混凝土中，扩散是唯一的传输途径。Cl^- 在混凝土中的传输主要受暴露面与非暴露面含水率差的控制。混凝土内部 Cl^- 的传输的加速或受阻均取决于混凝土正、背面的含水率差。对最外层的混凝土区域而言，毛细管作

用是 Cl^- 的主要传输方式,在混凝土内部越深,扩散越是主要的传输方式。

因此,Cl^- 在干湿循环条件下混凝土试件中的侵蚀速度快于浸泡条件下混凝土中的 Cl^- 侵蚀速度。Cl^- 在非饱水混凝土中的传输是扩散和毛细管吸收等不同作用的综合效果,尤其在干湿交替作用下,氯化物被带进混凝土中的主要机制是混凝土毛细管孔隙的吸收作用,其传输速度远大于饱水混凝土里外 Cl^- 浓度差引起的离子扩散速度[1]。同时,干湿循环条件下,表层混凝土内 Cl^- 含量比饱水条件下表层混凝土内 Cl^- 含量高得多。这是由于浸泡阶段,表层干燥混凝土因毛细作用迅速吸入大量的溶液;在干燥阶段,水分由内向外传输并在混凝土表面蒸发,从而使 Cl^- 在表面积累造成的。这也是为什么干湿交替区是混凝土中 Cl^- 含量最高,也是腐蚀最严重的部位的原因所在。

当 Cl^- 侵入混凝土中以后,Cl^- 以 3 种方式存在[2][3]:一种是 Cl^- 与水泥中 C_3A 的水化产物水化铝酸钙反应生成低溶性的单氯铝酸钙 $3CaO-Al_2O_3-CaCl_2-10H_2O$,即 Friede 盐,称为 Cl^- 的化学结合;另一种是 Cl^- 被吸附到水泥胶凝材料的水化产物中,即被水泥水化产物内表面吸收,称为 Cl^- 的物理吸附;第 3 种是 Cl^- 以游离的形式存在于混凝土的孔溶液里。混凝土对 Cl^- 的化学结合与物理吸附的能力统称为混凝土对 Cl^- 的结合能力。一般认为只有以游离形式存在的 Cl^- 才会对钢筋造成腐蚀。因此,混凝土结合 Cl^- 能力有重要意义。Cl^- 在传输迁移过程中会有一部分被混凝土中的胶凝材料的水化消耗或者被吸附,在一定程度上也会降低 Cl^- 的迁移速度。Cl^- 的结合能力取决于水泥的类型和矿物掺和料,特别是对于掺有矿渣、粉煤灰和硅灰等活性矿物掺和料的复合胶凝体系,其结合 Cl^- 能力显著增加。

2.1.2 氯离子临界含量

通常来说,Cl^- 侵入到钢筋混凝土中,只有当到达钢筋表面的 Cl^- 含量超过一阈值时才会引发腐蚀过程。这是因为当钢筋表面的 Cl^- 达到一定值后,钢筋的钝化膜才会发生破坏,钢筋开始腐蚀。这时的 Cl^- 含量称之为临界 Cl^- 浓度含量。

Cl^- 临界浓度含量取决于不同因素,如混凝土结合 Cl^- 能力、含水率、混凝土保护层中氧气的获得能力、pH 值等。有研究认为[4],Cl^- 的临界含量为水泥质量的 0.4%或临界的 Cl^-/OH^- 比例为 0.6。由于混凝土的 pH 值随混凝土的组成而变化,并且受碳化影响,Cl^- 的固定或单一的阈值是不可能得到的。相关文献调查认为,使钢筋发生腐蚀的总 Cl^- 含量是水泥质量的 0.2%~0.5%。许多国家的经验表明,Cl^- 含量(用水泥质量分数表示)与腐蚀风险存在下面的关系:

(1) 质量分数$<$0.2%,低腐蚀风险;

(2) 质量分数为 0.4%,小腐蚀风险;

(3) 质量分数$>$1.0%,高腐蚀风险。

同时,用水泥质量分数来表示 Cl^- 含量的情况下,随着水泥用量的增多,允许的

Cl^- 含量的绝对值也是增加的，因此，也有用混凝土中 Cl^- 含量来表示。有关调查分析表明[5]，单方混凝土中水泥用量小的时候，Cl^- 临界含量也即材料中允许的 Cl^- 含量为 0.6 kg/m^3 左右；含有环境扩散进入的 Cl^- 临界含量为 1.2 kg/m^3。

2.1.3 氯离子引起钢筋锈蚀机理

钢筋的腐蚀过程其实是一个电化学反应过程，其反应式如下：

在阳极区：$2Fe \longrightarrow 2Fe^{2+} + 4e^-$

在阴极区：$O_2 + 2H_2O + 4e^- \longrightarrow 4OH^-$

$$2Fe + O_2 + 2H_2O \longrightarrow 2Fe(OH)_2 \longrightarrow Fe_2O_3 \text{ 和 } Fe_3O_4\text{（铁锈）}$$

钢筋发生电化学腐蚀必须具备以下四个条件[6]：

(1) 钢筋表面具有电化学不均匀性，即区分为电位较负的阳极区和电位较正的阴极区，它们之间具有电位差；

(2) 在阳极区与阴极区之间，电解质溶液电阻较小；

(3) 在阳极区，钢筋表面处于活化状态，钢筋易进行氧化反应；

(4) 在阴极区，钢筋表面有足够的氧化剂(通常是水与氧)。

钢筋混凝土中，以上几个条件一般都存在，但钢筋一般并不发生腐蚀，原因就在于处在混凝土高碱性孔液环境下的钢筋表面形成了一层致密的钝化保护膜，阻止了腐蚀的发生，所以钝化膜的破坏，即“去钝化”，是混凝土中钢筋发生腐蚀的先决条件。

引起混凝土结构中的钢筋钝化膜破坏，进而发生腐蚀的原因主要有三种：混凝土碳化、Cl^- 侵入以及酸性介质使混凝土中性化[7]，其中 Cl^- 造成的钢筋脱钝是引起腐蚀的最普遍和最严重的原因之一。当混凝土与含氯介质接触时，由于 Cl^- 具有极强的穿透能力，Cl^- 会通过混凝土的毛细孔到达钢筋表面。当钢筋表面的 Cl^- 含量达到临界值时，钢筋钝化膜就会局部破坏而使钢筋表面活化，为钢筋腐蚀提供了动力学条件。当钢筋附近的混凝土中存在有氧气和水时，钢筋就开始腐蚀。

目前国内外学者对 Cl^- 引起钢筋钝化膜破坏的机理还没有统一的认识，主要的理论有三种：①认为 Cl^- 比其他离子更容易穿透钝化膜，使氧化膜呈胶体状分散；②认为 Cl^- 优先于氧和 OH^- 被钢筋吸附，促进了金属离子的水化溶解；③认为在阳极区，Cl^- 与 OH^- 争夺钢筋腐蚀产生的亚铁离子(Fe^{2+})，形成易溶的 $FeCl_2 \cdot H_2O$，并从钢筋阳极区向含氧量较高的混凝土孔隙液迁移，与孔隙液中或阴极区的 OH^- 生成 $Fe(OH)_2$。$Fe(OH)_2$ 沉积于阳极区周围，同时放出 H^+ 和 Cl^-，Cl^- 又向阳极区迁移，使阳极区周围孔液局部酸化，Cl^- 再带出更多的 Fe^{2+}。在这个过程中，Cl^- 并不构成腐蚀产物，未被消耗，如此反复对腐蚀仅起催化作用，其化学反应过程如下：

$$Fe^{2+} + 2Cl^- + 4H_2O \longrightarrow FeCl_2 \cdot 4H_2O$$

$$FeCl_2 \cdot 4H_2O \longrightarrow Fe(OH)_2 \downarrow + 2Cl^- + 2H^+ + 2H_2O$$

2.2 影响氯离子在混凝土中扩散的因素

本节主要从混凝土材料组成、混凝土所处环境以及裂缝这三方面因素，探讨了它们对氯离子在混凝土中扩散所产生的影响。

2.2.1 原材料的影响

一般而言，水泥用量、减水剂、含气量以及集料类型对氯离子扩散的影响都可以忽略，但是水胶比以及胶凝材料组成与氯离子的扩散密切相关。

2.2.1.1 水胶比的影响

目前，我国各大工程进行耐久性设计所依据的规范，如《混凝土结构耐久性设计规范》(GB/T 50476—2008)等，针对耐久性设计的主要措施就是提高混凝土强度等级、限制最大水胶比和加大混凝土保护层厚度。因此，本书选取 0.36、0.38 和 0.40 三种不同水胶比，掺加 20%粉煤灰和 40%矿渣，研究探讨了水胶比对混凝土抗氯离子耐久性能的影响。

1. 工作性能

不同水胶比混凝土的坍落度、塑性黏度等工作性能见表 2-1。高流动度混凝土的塑性黏度采用冰岛产 BML 混凝土流变仪检测。表中的试验结果表明，虽然通过配合比优化调整，不同水胶比混凝土均可达到大致相同的坍落度，但反映浆体流动阻力的塑性黏度却不同。在试验的水胶比范围内，随着水胶比的增大，混凝土的塑性黏度是降低的。过高的设计强度和过低的水胶比将使设计混凝土的工作性下降，从而导致施工操作性困难，不可避免地带来施工缺陷，造成构件的实际耐久性能下降；高流动度是高性能混凝土必备的技术指标。如何实现高耐久混凝土的设计目标很大程度上取决于施工质量，强调混凝土的工作性能是保障施工质量的关键。

表 2-1 不同水胶比混凝土的工作性能

试件编号	胶凝材料配伍掺量/%	水胶比	含气量/%	坍落度/mm	塑性黏度/Pa·s
YSD36	40C+20F+40S	0.36	4.7	190	118
YSD38	40C+20F+40S	0.38	4.5	190	66
YSD40	40C+20F+40S	0.40	4.6	195	47

注：表中“C”、“F”、“S”分别代表普硅水泥、磨细高炉矿渣和粉煤灰。

2. 力学性能

不同水胶比混凝土的力学性能见表 2-2。而混凝土的抗压强度与胶水比的关系见图 2-1。

表 2-2　不同水胶比混凝土的力学性能

试件编号	抗压强度/MPa			
	7 d	28 d	56 d	90 d
YSD36	36.1	47.9	60.8	64.9
YSD38	31.5	46.1	53.7	57.3
YSD40	28.8	42.3	49.6	51.8

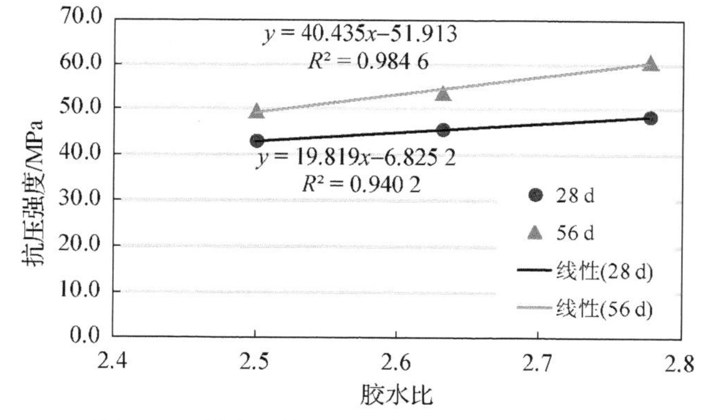

图 2-1　混凝土抗压强度与胶水比的关系曲线

表 2-2 和图 2-1 的结果表明，随着胶水比的增加，混凝土的抗压强度随之增大；随着龄期的增长，混凝土的抗压强度随之增加。由抗压强度与胶水比的关系曲线可知，掺和料在 20%粉煤灰加 40%矿渣的掺量配伍条件下，C35 混凝土若要达到 28 d 42.4 MPa 的配制强度，则混凝土的水胶比为 0.41；C50 混凝土若要达到 28 d 57.4 MPa 的配制强度，则混凝土的水胶比为 0.35。

3. 变形性能

从恒温条件下的干燥收缩研究了水胶比对混凝土变形性能的影响。不同水胶比混凝土的干缩变形试验结果见表 2-3 和图 2-2。

表 2-3　不同水胶比混凝土的干缩变形性能

试件编号	干缩率/$\times10^{-6}$						
	1 d	3 d	7 d	14 d	28 d	60 d	90 d
YSD36	80	162	267	321	405	436	459
YSD38	72	147	220	301	397	428	447
YSD40	55	102	206	269	361	420	437

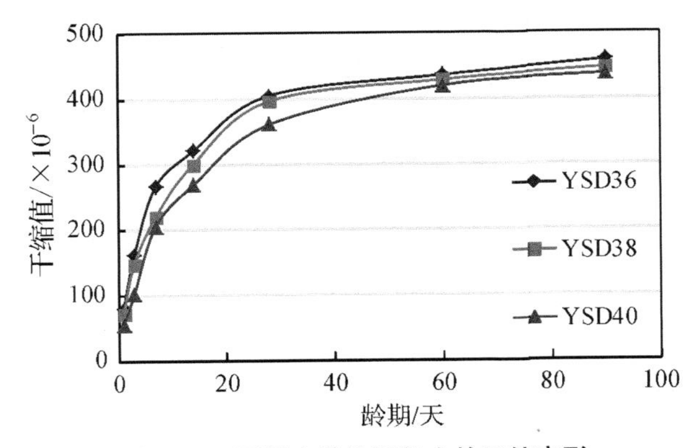

图 2-2 不同水胶比混凝土的干缩变形

由表 2-3 和图 2-2 的试验结果可知，随着水胶比的减小，混凝土的干燥收缩随之增加。

4. 绝热温升

不同水胶比混凝土的绝热温升试验结果见图 2-3。采用天津天宇 HR-2A 混凝土热物理参数测定仪测试。

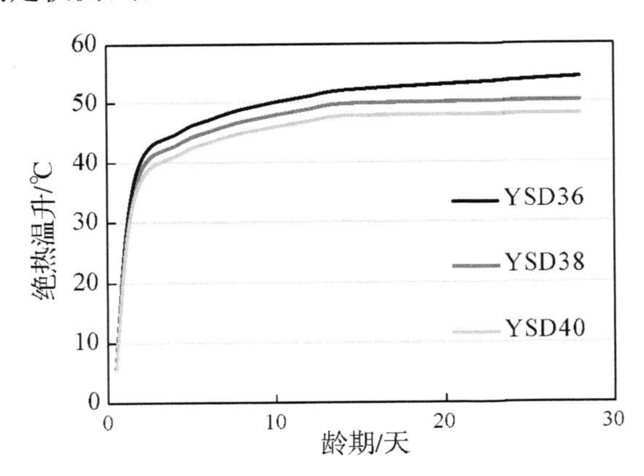

图 2-3 不同水胶比混凝土的绝热温升曲线

试验结果表明，随着水胶比的减小，混凝土的绝热温升值是增加的。

5. 抗氯离子侵蚀耐久性能

不同水胶比混凝土的抗氯离子渗透性能的试验结果见表 2-4。

表 2-4 不同水胶比混凝土的抗腐蚀耐久性能

试件编号	氯离子扩散系数(RCM法)/($\times10^{-12}m^2/s$)	
	标养 28 d	标养 56 d
YSD36	2.65	1.39
YSD38	3.37	1.68
YSD40	3.56	1.84

从表 2-4 的试验结果可知，随着水胶比的增加，混凝土抗氯离子渗透性能是随之下降的。

根据《混凝土结构耐久性设计规范》(GB/T 50476—2008)，处于氯盐Ⅳ-E 非常严重环境作用等级下的混凝土，最大水胶比限制为 0.36；若要满足 100 年的设计耐久性要求，其 28 d 龄期混凝土氯离子扩散系数 $D_{RCM}<4\times10^{-12}m^2/s$。而根据《铁路混凝土结构耐久性设计规范》(TB 10005—2010)，处于氯盐 L-3 环境作用等级下的混凝土，最大水胶比限制为 0.36；若要满足 100 年的设计耐久性要求，其 56 d 龄期混凝土氯离子扩散系数 $D_{RCM}<3\times10^{-12}m^2/s$。本研究结果表明，对于胶凝材料配伍为 20%粉煤灰+40%矿渣的引气混凝土(含气量 4%～5%)而言，水胶比小于等于 0.40 即可满足处于氯盐Ⅳ-E 非常严重或氯盐 L-3 环境作用等级下 100 年的设计耐久性要求的氯离子扩散系数。

6. 小结

从以上不同水胶比混凝土性能结果可知，除了必要的水胶比控制外，更重要的是从腐蚀机理出发，采用掺和料抑制离子扩散技术设计配合比，而非一味地强调高强度等级。长期暴露试验结果和欧洲海洋工程规程也已表明，加入大掺量并且细度适当较粗的掺和料，当混凝土强度仅在 C30 左右时即可满足海洋环境下长期耐久性的要求。相反，过高的设计强度和过低的水胶比，将使设计混凝土的工作性能下降，从而导致施工操作性困难，不可避免地带来施工缺陷，造成构件的实际耐久性能下降。另一方面，过高的混凝土设计强度势必将增加胶凝材料用量，导致水化热增加，增加温控难度；同时混凝土产生较大的自收缩，这对混凝土抗裂性非常不利。混凝土一旦出现裂缝，耐久性也就无从保证。

2.2.1.2 胶凝材料组成的影响

考虑 1 种粉煤灰(妈湾电厂)和 1 种矿渣(唐山钢铁厂)，4 种不同胶材组成(15%粉煤灰+35%矿渣、20%粉煤灰+40%矿渣、25%粉煤灰+35%矿渣和 60%矿渣)，采用 0.40 的水胶比研究探讨了胶材组成对混凝土性能的影响。

1. 工作性

不同胶材组成对混凝土工作性能的影响见表 2-5。

表 2－5　不同胶材组成混凝土的工作性能

试件编号	胶凝材料组成/%	水胶比	单位用水量/(kg/m³)	含气量/%	坍落度/mm	塑性黏度/Pa·s
YSD400	100C	0.40	157	4.9	190	85
YSD401	50C+15F+35S		152	4.6	175	—
YSD40	40C+25F+35S		150	4.5	185	—
YSD402	40C+20F+40S		150	4.6	180	47
YSD403	40C+60S		154	4.8	170	>190

注：表中"C"、"S"、"F"分别代表普硅水泥、磨细高炉矿渣和粉煤灰。

表 2－5 的结果表明，在相同的水胶比条件下，随着掺和料的增加，混凝土的单位用水量减少；而且随着掺和料中粉煤灰掺量的增加，混凝土的单位用水量减少。也就是说，掺和料特别是粉煤灰可以提高混凝土的工作性能。单掺矿渣较双掺混凝土拌和物的塑性黏度明显增加，混凝土工作性能降低。

2. 力学性能

不同胶凝材料组成混凝土的力学性能分别见表 2－6 和图 2－4。

表 2－6　不同胶凝材料组成混凝土的力学性能

试件编号	抗压强度/MPa			
	7 d	28 d	56 d	90 d
YSD400	45.1	50.0	54.5	—
YSD401	29.8	42.0	51.3	54.8
YSD40	28.8	42.3	49.6	54.8
YSD402	28.7	42.2	50.2	54.5
YSD403	31.2	47.8	54.7	55.7

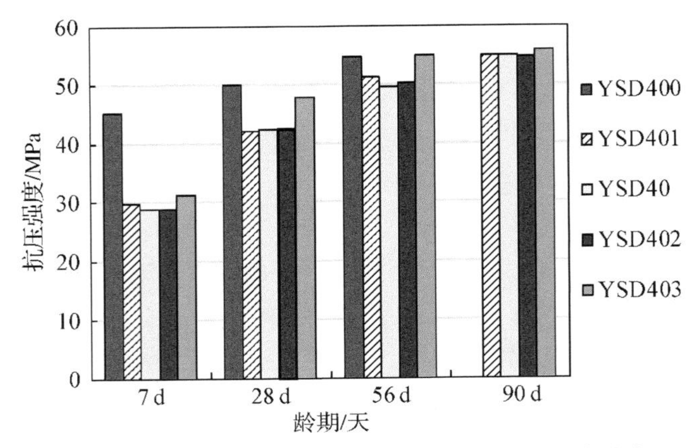

图 2－4　不同胶凝材料组成对混凝土抗压强度的影响

从表 2-6 和图 2-4 中可知，随着掺和料的增加，混凝土的强度特别是早期强度明显降低，而且随着掺和料中粉煤灰掺量的增加，混凝土的早期强度也有所降低。但到后期(90 d)，与普通混凝土 9615 相比，掺加掺和料的混凝土强度有所发展，掺和料的掺量及其组成对抗压强度的影响趋于不明显。

3. 变形性能

不同胶凝材料组成混凝土的干缩变形试验结果见表 2-7 和图 2-5。

表 2-7 不同胶凝材料组成混凝土的干缩变形性能

试件编号	干缩率/$\times10^{-6}$						
	1 d	3 d	7 d	14 d	28 d	60 d	90 d
YSD401	25	102	217	262	374	431	446
YSD40	55	102	206	269	361	420	437
YSD402	23	106	199	253	360	420	423
YSD403	48	148	252	300	396	457	470

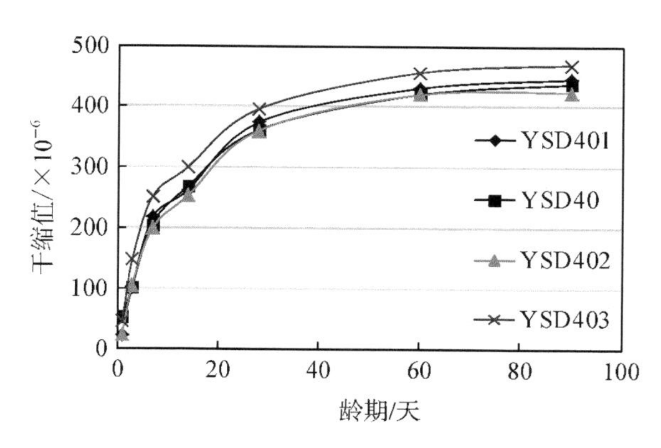

图 2-5 不同胶凝材料组成混凝土的干缩变形随龄期变化的关系曲线

由表 2-7 和图 2-5 可见，相同水胶比条件下，双掺矿渣和粉煤灰的混凝土较单掺矿渣的混凝土干缩变形明显减小，且随着掺和料中粉煤灰掺量的增加，干缩变形减小。

4. 耐久性能

不同胶凝材料组成混凝土的抗氯离子扩散性能见表 2-8。

由于粉煤灰活性相对较低，标养 28 d 的混凝土的耐久性能主要受矿渣掺量的影响，矿渣掺量与氯离子扩散系数的关系曲线见图 2-6。

表 2-8　不同胶凝材料组成混凝土的耐久性能

试件编号	氯离子扩散性能 氯离子扩散系数(RCM法)/($\times10^{-12}$ m^2/s)	
	标养 28 d	标养 56 d
YSD400	9.90	7.50
YSD401	3.60	2.26
YSD40	3.56	1.84
YSD402	3.69	2.15
YSD403	3.26	1.71

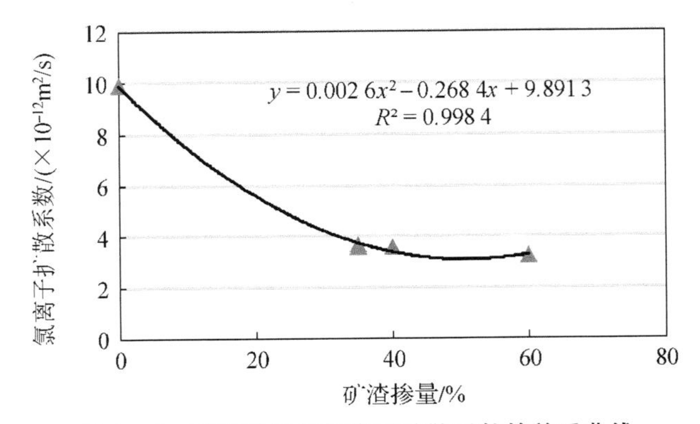

图 2-6　矿渣掺量与氯离子扩散系数的关系曲线

由表 2-8 的结果可知，掺加粉煤灰和矿渣掺和料极大地提高了混凝土的抗氯离子扩散性能；单掺矿渣的混凝土比双掺粉煤灰和矿渣的混凝土抗氯离子扩散性能要好；而双掺粉煤灰和矿渣的混凝土中，20%粉煤灰加 40%矿渣的组成抗氯离子扩散性能最好。

由图 2-6 矿渣掺量与氯离子扩散系数的关系曲线可知，在 60%的掺量范围内，随着矿渣掺量的增加，混凝土的氯离子扩散系数是明显减小的。对于标养 28 d 的 0.40 水胶比的混凝土而言，氯离子扩散系数若要低于 4×10^{-12} m^2/s，则胶凝材料中矿渣的掺量不应少于 30%。

5. 小结

从以上不同胶凝材料组成混凝土的性能结果可知，胶凝材料掺加粉煤灰和磨细高炉矿渣虽然降低了混凝土的早期强度，但是掺加粉煤灰和矿渣极大地提高了混凝土的抗氯离子扩散性能。虽然在相同掺量条件下，单掺矿渣的混凝土比双掺粉煤灰和矿渣的混凝土抗氯离子扩散性能要好，但是掺加粉煤灰，同时还可以提高混凝土的工作性，减少干燥收缩。因此，在胶凝材料中双掺粉煤灰和矿渣，混凝土不但可以获得优异的抗氯离子扩散性能，而且综合性能也得到提高。

2.2.2 环境的影响

我国的大陆海岸线由南到北有近两万多千米，由于气候等条件的差异造成地区间的沿海钢筋混凝土结构的破坏速度和破坏程度不同。东南沿海的钢筋混凝土结构破坏的主要原因是海水中氯离子及硫酸根离子对结构的侵蚀；北方的沿海钢筋混凝土结构破坏的主要原因是结构的冻融破坏和氯离子及硫酸盐侵蚀[8]。

2.2.2.1 *南方沿海环境*

由于东南沿海的钢筋混凝土结构破坏的主要原因是海水中氯离子及硫酸根离子对结构的侵蚀，因此，采用三组水胶比分别为 0.35、0.45 和 0.55 的普通混凝土，三组水胶比分别为 0.35、0.40 和 0.45 的大掺量磨细矿渣耐腐蚀混凝土共 6 组配合比，研究了硫酸盐的存在对混凝土中氯离子扩散的影响。混合溶液的浓度为 3.5%氯化钠加 5%硫酸镁。

1. 试验方法

试验的试件尺寸为 100 mm×100 mm×200 mm。试件除了一个 100 mm×200 mm的侧面供外界盐离子渗透外，其余五个表面均用环氧树脂封住。试件在养护至 28 天的前 2 天拿出在(80±5) ℃下烘 48 小时，然后冷却放盐溶液中浸泡(15±0.5)小时，浸泡结束后风干 1 小时，再放入烘箱，在(80±5) ℃下烘 6 小时，最后拿出冷却 2 小时。整个循环过程为 24 小时，即 1 天 1 个干湿循环。

100 mm×100 mm×200 mm 的试件经过一定的干湿循环后，钻取不同深度混凝土砂浆粉末样品，测定混凝土砂浆中水溶性氯离子含量。

2. 试验配合比

配制数种不同水胶比的普通混凝土及大掺量磨细矿渣耐腐蚀混凝土。试验配合比见以上结果，选择 XF-FG2 组即磨细矿渣掺量 40%、粉煤灰掺量 15%的双掺方案，开展耐腐蚀混凝土抗氯盐腐蚀性能试验，对比试验选择的水胶比和胶凝材料方案如表 2-9。

表 2-9 混凝土配合比及拌和物性能

试件编号	胶凝材料配伍掺量/%	砂率/%	水胶比	坍落度/mm	含气量/%
P35	100C	40	0.35	180	3.9
P45	100C	43	0.45	190	3.5
P55	100C	45	0.55	195	3.2
S35	45C+15F+40S	40	0.35	180	3.2
S40	45C+15F+40S	42	0.40	170	3.0
S45	45C+15F+40S	43	0.45	180	3.4

注：表中“C”表示水泥；“F”表示粉煤灰；“S”表示磨细矿渣。

3. 试验结果分析

硫酸盐对混凝土中氯离子扩散性能的影响试验结果见表 2-10 和图 2-7。

表 2-10 不同混凝土在氯盐加硫酸盐溶液中的氯离子扩散性能试验结果

试件编号	侵蚀循环/次	不同取样深度下水溶性 Cl^- 含量/%(以砂浆重量计)				
		0～10 mm	10～20 mm	20～30 mm	30～40 mm	40～50 mm
P35	30	0.049	0.018	0.009	0.007	0.002
	90	0.175	0.062	0.024	0.019	0.008
P45	30	0.157	0.036	0.036	0.018	0.013
	90	0.416	0.090	0.058	0.036	0.051
S35	30	0.119	0.004	0.004	0.002	0.002
	90	0.269	0.011	0.005	0.002	0.002
S40	30	0.197	0.007	0.004	0.002	0.002
	90	0.257	0.013	0.007	0.004	0.002
S45	30	0.242	0.027	0.009	0.007	0.002
	90	0.275	0.027	0.009	0.007	0.002

表 2-10 和图 2-7 中的氯离子扩散性能试验结果表明，对于同种混凝土，随着水胶比的增加，氯离子的扩散浓度随之增加。而耐腐蚀混凝土与普通混凝土相比，氯离子主要聚集在混凝土表层，浓度相对较高，而混凝土内部的氯离子较少；普通混凝土内部氯离子浓度明显高于耐腐蚀混凝土，即使 0.35 水胶比的普通混凝土，其内部氯离子浓度也比水胶比 0.45 的耐腐蚀混凝土高。也就是说，氯离子不易侵蚀进入耐腐蚀混凝土内部。

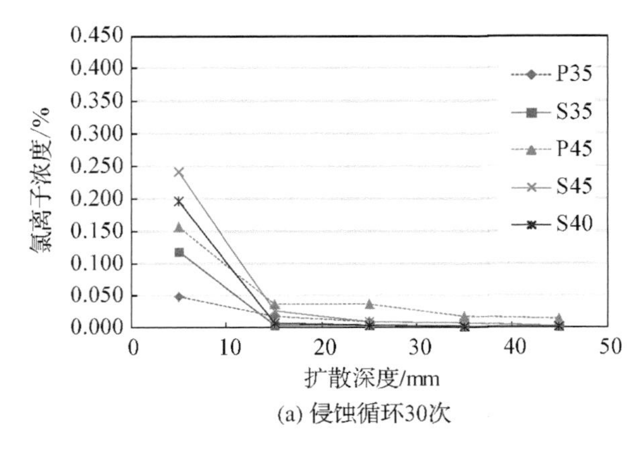

(a) 侵蚀循环30次

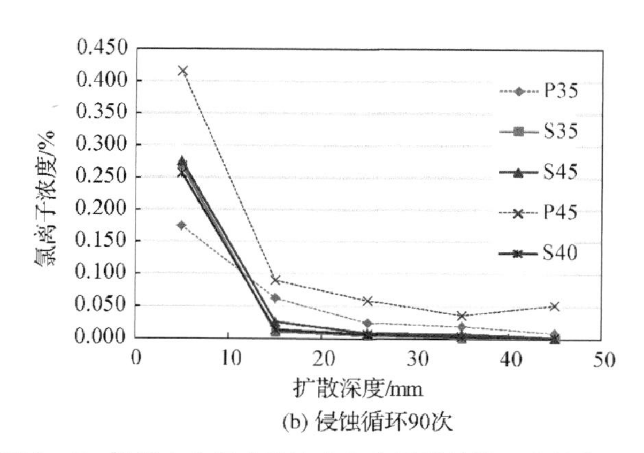

(b) 侵蚀循环90次

图 2-7 混凝土在复合溶液中氯离子随扩散深度的变化规律

混凝土在单一氯盐和在氯盐和硫酸盐复合溶液中氯离子的扩散规律对比见图 2-8。图中“Ⅰ”代表单一氯盐溶液，为饱水条件；“Ⅱ”代表氯盐和硫酸盐的复合溶液，为干湿循环条件(1天1个循环)。

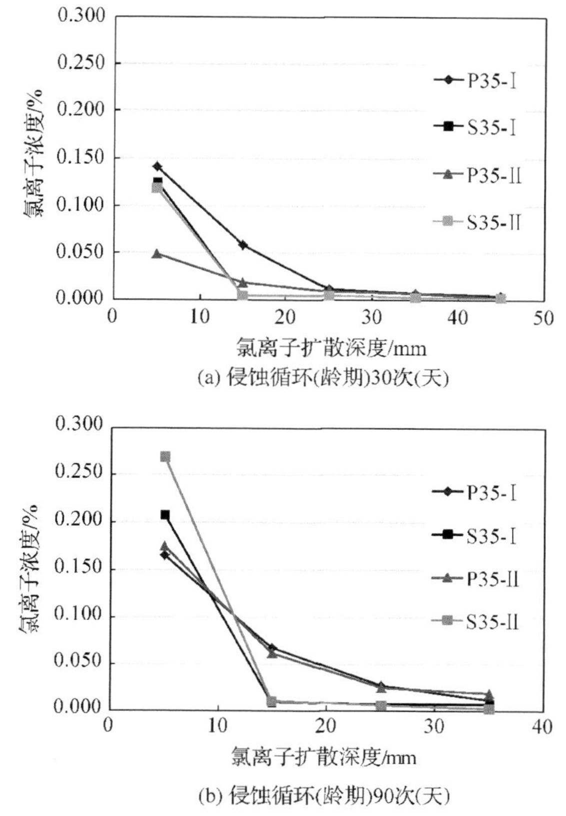

(a) 侵蚀循环(龄期)30次(天)

(b) 侵蚀循环(龄期)90次(天)

图 2-8 混凝土在单一氯盐及在氯盐和硫酸盐复合溶液中氯离子扩散规律

我们已知，干湿循环条件下侵蚀进入混凝土中的氯离子明显高于饱水条件。图2－8的结果表明，在早期[侵蚀循环（龄期）30次（天）]，虽然混凝土在复合溶液中处于干湿循环条件，但氯离子的侵蚀浓度反而比在饱水条件下的单一氯盐溶液中低，特别是对普通混凝土而言。后期[侵蚀循环（龄期）90次（天）]，混凝土在复合溶液中和在单一氯盐溶液中的氯离子的侵蚀浓度大致相当。

4. 小结

硫酸盐的存在，降低了混凝土中氯离子的侵蚀浓度，特别是在侵蚀早期。随着侵蚀龄期的延长，这种影响逐步降低，硫酸镁的存在对减低混凝土中氯离子的侵蚀浓度变得不明显。

2.2.2.2 北方沿海环境

北方的沿海钢筋混凝土结构破坏的主要原因是结构的冻融破坏和氯离子及硫酸盐侵蚀。因此，采用3组水胶比分别为0.35、0.45和0.55的普通混凝土，3组水胶比为0.35、0.40和0.45的大掺量磨细矿渣耐腐蚀混凝土共6组配合比，开展了钢筋混凝土在氯盐—硫酸盐—冻融多重因素下腐蚀试验研究。

1. 试验方法

试件尺寸采用两种，分别为100 mm×100 mm×200 mm和100 mm×100 mm×400 mm。其中100 mm×100 mm×200 mm的试件除了一个100 mm×200 mm的侧面供外界盐离子侵蚀外，其余五个表面均用环氧树脂封住。经过一定的冻融循环后，钻取不同深度混凝土砂浆粉末样品，测定混凝土砂浆中水溶性氯离子含量。而100 mm×100 mm×400 mm的试件经过一定的冻融循环后，分别测试其质量损失和相对动弹性模量。冻融介质采用的是3.5%氯化钠加5%的硫酸镁溶液。

2. 试验结果与分析

试验结果分别见表2－11、图2－9。

表2－11　不同混凝土在盐冻循环中氯离子渗透性能试验结果

试件编号	冻融循环/次		不同取样深度下水溶性 Cl^- 含量/%（以砂浆重量计）				
			0～10 mm	10～20 mm	20～30 mm	30～40 mm	40～50 mm
P35	A	50	0.056	0.002	0.002	0.002	0.002
	B	100	0.058	0.011	0.009	0.009	0.007
	C	150	0.067	0.016	0.013	0.013	0.011
	D	200	0.093	0.023	0.021	0.016	0.012
P45	A	50	0.068	0.005	0.005	0.002	0.002
	B	100	0.079	0.019	0.014	0.012	0.007
	C	150	0.157	0.022	0.020	0.020	0.011
	D	200	0.381	0.110	0.096	0.058	0.047

续表

试件编号	冻融循环/次		不同取样深度下水溶性 Cl^- 含量/%（以砂浆重量计）				
			0～10 mm	10～20 mm	20～30 mm	30～40 mm	40～50 mm
P55	A	50	0.085	0.013	0.007	0.002	0.002
	B	100	0.165	0.030	0.023	0.019	0.012
	C	150	0.372	0.040	0.040	0.034	0.029
	D	200	0.524	0.199	0.110	0.074	0.065
S35	A	50	0.002	0.002	0.002	0.002	0.002
	B	100	0.004	0.002	0.002	0.002	0.002
	C	150	0.009	0.002	0.002	0.002	0.002
	D	200	0.152	0.002	0.002	0.002	0.002
S40	A	50	0.002	0.002	0.002	0.002	0.002
	B	100	0.004	0.002	0.002	0.002	0.002
	C	150	0.012	0.005	0.002	0.002	0.002
	D	200	0.202	0.004	0.002	0.002	0.002
S45	A	50	0.013	0.002	0.002	0.002	0.002
	B	100	0.199	0.002	0.002	0.002	0.002
	C	150	0.254	0.005	0.002	0.002	0.002
	D	200	0.289	0.011	0.007	0.007	0.004

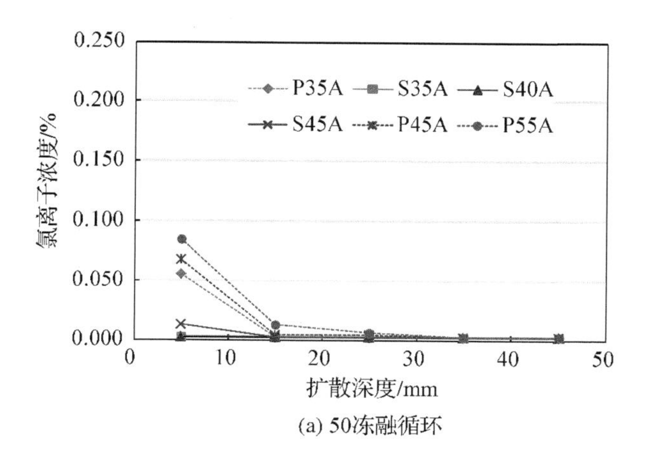

(a) 50冻融循环

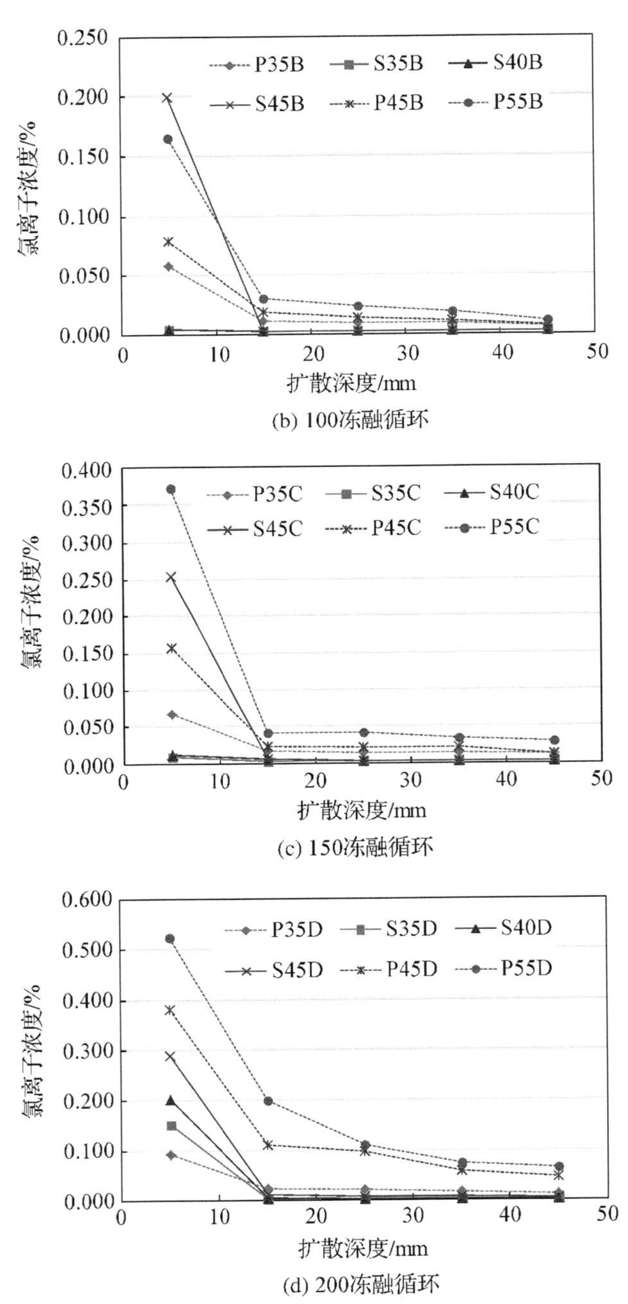

(b) 100冻融循环

(c) 150冻融循环

(d) 200冻融循环

图 2-9 不同混凝土在盐冻条件下的氯离子扩散规律

由表 2-11、图 2-9 中不同混凝土在盐冻条件下的氯离子扩散试验结果可知，随着冻融龄期的延长，扩散至混凝土内部的氯离子浓度随之增加，随着混凝土水胶比的增加，扩散至混凝土内部的氯离子浓度也随之增加；而且随着氯离子扩散深度的增加，氯离子浓度随之减小。在200个冻融循环内，扩散至普通混凝土内的氯离子浓度明显比耐腐蚀混凝土要高；耐腐蚀混凝土中的氯离子主要还是集中在混凝土的表层，而且在同水胶比条件下其表层氯离子浓度甚至比普通混凝土中的还要高。

对比混凝土在氯盐—硫酸盐和氯盐—硫酸盐—冻融循环下氯离子的扩散规律，结果见图2-10。图中"Ⅲ*"代表氯盐—硫酸盐—冻融循环三重因素腐蚀，为冻融循环条件(28天200个循环)；"Ⅱ"代表氯盐和硫酸盐的复合溶液，为干湿循环条件(30天30个循环)。

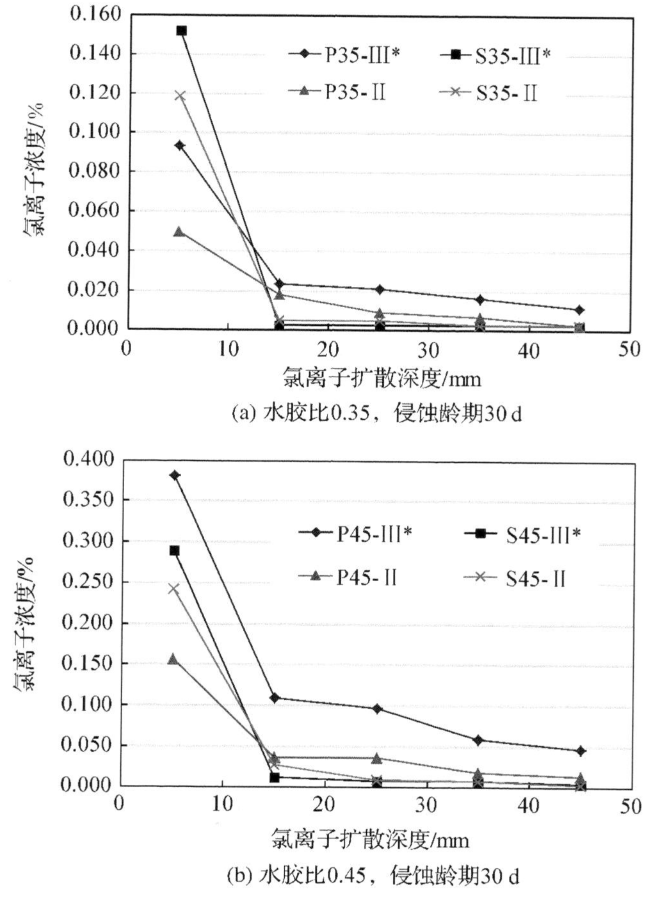

(a) 水胶比0.35，侵蚀龄期30 d

(b) 水胶比0.45，侵蚀龄期30 d

图2-10 混凝土在不同腐蚀条件下的氯离子扩散规律

对比混凝土在氯盐—硫酸盐和氯盐—硫酸盐—冻融循环下氯离子的扩散的试验结果可知，在相同的30 d侵蚀龄期内，在冻融循环条件(28天200冻融循环)下，扩散至混凝土内的氯离子浓度比干湿循环条件(30 天 30 个干湿循环)要高。耐腐蚀混凝土中的氯离子虽然主要集中在混凝土表层,但在冻融循环条件下,其表层的氯离子浓度也比干湿循环条件下高。因此,冻融加剧了腐蚀离子向混凝土内部的扩散。

不同混凝土的抗盐冻性能分别见表 2－12、图 2－11 和图 2－12。试验结果表明,在相同的水胶比条件下,普通混凝土和耐腐蚀混凝土的抗盐冻性能大致相当。当混凝土含气量在 3%～4%条件下,水胶比小于 0.45 的普通混凝土和耐腐蚀混凝土的抗盐冻性能均能达到 F200。当混凝土水胶比为 0.55 时,其抗盐冻性能只能达到 F50。而且由图 2－12 可知,在相同的冻融循环龄期内,耐腐蚀混凝土的质量损失比普通混凝土大。这可能是因为耐腐蚀混凝土表面和内部之间的盐浓度梯度比普通混凝土略大,使混凝土受冻时因分层结冰而产生的应力差增加,使破坏力增加,导致混凝土的剥落量增加。

表 2－12　不同混凝土的抗盐冻性能

试件编号			P35	P45	P55	S35	S40	S45
冻融循环	50	质量损失率 /%	0	0.30	1.31	0.33	0.33	0.57
		相对动弹性模量/%	96.4	91.1	72.9	98.5	93.1	85.2
	100	质量损失率 /%	0	0.36	—	0.41	0.62	0.76
		相对动弹性模量/%	88.5	84.5	—	91.5	88.7	80.4
	150	质量损失率 /%	0	1.00	—	0.74	1.22	1.92
		相对动弹性模量/%	82.8	80.9	—	81.0	78.6	77.3
	200	质量损失率 /%	0.57	3.02	—	0.92	1.55	3.63
		相对动弹性模量/%	75.3	68.4	—	76.3	71.3	67.6

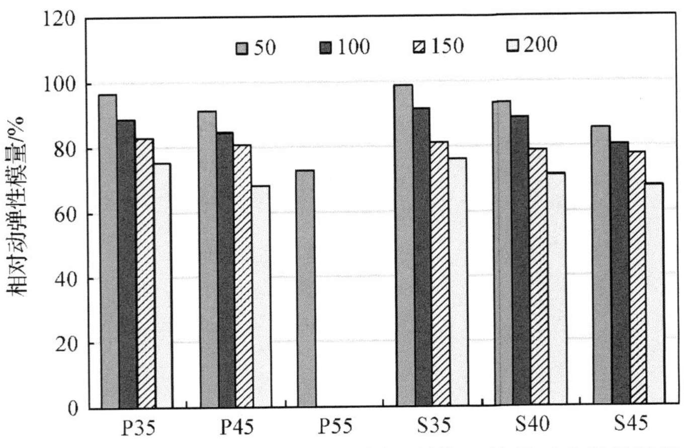

图 2－11　不同混凝土在不同冻融循环龄期下的相对动弹性模量

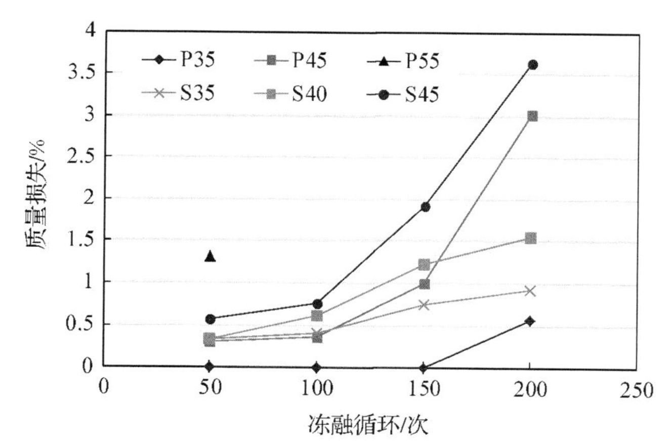

图 2-12 不同混凝土在不同冻融循环龄期下的质量损失

3. 小结

当混凝土处于氯盐、硫酸镁盐加冻融三重因素侵蚀条件下时，混凝土主要表现为冻融破坏。另一方面，冻融加剧了腐蚀离子向混凝土内部的扩散。虽然在相同的水胶比条件下，普通混凝土和耐腐蚀混凝土的抗盐冻性能大致相当，但在相同的冻融循环龄期内，耐腐蚀混凝土中氯离子浓度明显比普通混凝土中的小。因此可以说，在相同的水胶比和含气量条件下，当混凝土处于氯盐、硫酸镁盐加冻融三重因素侵蚀条件下时，耐腐蚀混凝土的耐久性仍然优于普通混凝土。

2.2.3 裂缝的影响

钢筋混凝土结构难免出现裂缝，裂缝会加速氯离子侵蚀破坏。因此相关国标规定，钢筋混凝土裂缝宽度要小于 0.2 mm。但也有学者认为，当混凝土裂缝宽度大于 0.1 mm 时，钢筋混凝土就难以满足抗氯离子侵蚀耐久性要求。

2.2.3.1 裂缝的形态对钢筋锈蚀的影响

裂缝的存在是钢筋锈蚀的主要诱因之一，而钢筋锈蚀产生的体积膨胀，反过来又加重了混凝土保护层的胀裂甚至脱落。但裂缝的大小、形态对钢筋锈蚀的影响特别是对结构性能的影响是不同的。混凝土结构物的裂缝形态相对于内置钢筋的安置方向来说主要有两种形式：一种是横向裂缝（与钢筋长度方向相垂直的裂缝），另一种是纵向裂缝（与钢筋长度方向相一致的裂缝）。

1. 横向裂缝与钢筋的锈蚀

横向裂缝对钢筋锈蚀究竟有什么影响，控制裂缝宽度对防止钢筋锈蚀和提高结构耐久性的意义有多大，是国内外土木工程界极为关注的问题。从钢筋锈蚀机理可知，尽管外围混凝土的碳酸盐化或氯离子的侵入都为钢筋锈蚀提供了充分条件，但氧和水也是钢筋锈蚀的必要条件。而裂缝的发生使得氧和水能够容易地渗入钢筋和混凝土的界面,从钢筋的锈蚀来看是不利的。

对于钢筋混凝土结构来说,正常使用阶段中由各种荷载引起的横向裂缝属于正常现象。通常,适当的横向裂缝不会影响到结构构件的承载能力,可以认为是无害裂缝。但在氯离子侵蚀环境下,横向裂缝对混凝土结构耐久性的影响就会显现出来。一方面,在毛细管吸附作用下,外界氯离子会沿裂缝周围快速侵入到钢筋表面,引起钝化膜局部破坏而使钢筋提前发生坑蚀;另一方面,裂缝的存在很容易使钢筋发生"小阳极、大阴极"的电化学腐蚀,从而加快钢筋锈蚀的发展。对此,国内外学者对开裂混凝土构件的耐久性进行了一定的试验研究,但是无论从短期快速试验结果来看,还是从长期暴露试验结果来看,横向裂缝的开展状况(宽度、间距以及深度)对钢筋锈蚀的影响还存在着较大的争议,试验结果的离散性较大。其中一个主要原因是,对于混凝土内的钢筋锈蚀问题,除了裂缝条件外,还受到混凝土保护层厚度及其密实度、周围环境条件等因素的影响。

因此,对于沿海钢筋混凝土构件的钢筋锈蚀问题,除了考虑侵蚀环境(干湿交替)外,需要着重考虑裂缝宽度以及保护层厚度等自身因素的影响。

2. 纵向裂缝与钢筋的锈蚀

混凝土构件在正常情况下一般不会出现纵向裂缝。但在非正常情况下,特别是受压构件在接近极限受压时,也常常会出现一些纵向的裂缝。而更多的纵向裂缝是由于钢筋锈蚀膨胀引起的。在长期使用和混凝土保护层厚度不足的情况下,碳酸盐化和氯化物、水和氧等有害介质的渗入和扩散使钢筋周围环境的碱度逐渐降低,使钢筋产生锈蚀。锈蚀产生的体积膨胀会引起握裹钢筋的混凝土受拉开裂。纵向裂缝的出现反过来又加速了钢筋的锈蚀进程。钢筋的锈蚀使其承载面积减小,混凝土对钢筋的握裹力削弱,结构承载力下降,并引发其他形式的开裂,进一步加剧钢筋的锈蚀,直到结构的破坏。所以纵向裂缝对结构的危害是很大的。但在混凝土保护层厚度足够大的情况下,事实上纵向裂缝是可以避免的。

本节主要针对横向裂缝对钢筋混凝土氯盐侵蚀作用的影响,对预制横向裂缝的钢筋混凝土试件进行盐溶液干湿循环试验,通过氯离子含量、半电池电位的测定,重点考察了裂缝宽度对氯离子侵入以及钢筋锈蚀发展的影响特性。相关试验结果可为开裂状态下钢筋结构的耐久性分析和评估提供一定的工程参考价值。

3. 裂缝宽度的限值

对于氯化物侵蚀环境下,钢筋混凝土结构正常使用状态下最大横向裂缝宽度的限值问题,各国规范的认识在早期较为一致,认为较宽的裂缝对结构有害,并将腐蚀最为严重的海水干湿交替区的裂缝宽度限值定得较低,我国规范取为 0.1 mm,而欧美规范通常取 0.15～0.20 mm。但自 20 世纪 90 年代以来,欧美规范中裂缝宽度限值开始逐渐放宽,如美国 ACI 318 规范自 1999 年版开始取消了以往室内、室外区别对待裂缝宽度允许值的做法,将室外环境(包括氯盐环境)的裂缝宽度限值提高到了 0.4 mm;欧洲 CEB - FIP Model Code 1990、英国规范 BS 8110 - 2:1985 以及欧盟规范 EN 1992 - 1 - 1:2004 中也将氯盐侵蚀环境下的裂缝宽度限值提高到了 0.3 mm。在日本土木学会 JSCE 规程中,最大裂缝限值在侵蚀性环境下取保护层厚度的 0.004。而国内的相关规范,如《公路钢筋混凝土及预应力混凝土桥涵设计规范》(JTGD 62—2004)、《港口工程混凝土结构设计规范》(JTJ 267—98)以及《混凝土结构耐久性设计与施工指南》(CCES 01—2004),对海洋氯化物环境下的裂缝宽度允许值仍维持在 0.10～0.20 mm 的水平;《混凝土结构设计规范》(GB 50010—2002)只给出了除冰盐氯化物环境下的裂缝宽度限值,而对海洋环境下结构的裂缝宽度允许值并没有明确的规定。表 2 - 13 给出了氯化物环境下普通钢筋混凝土结构的最大裂缝宽度的限制要求。从表中可以看出,虽然国外规范制定的背景与国内有一定差异(如材料要求、施工水平以及防护措施等方面),但可以肯定的是,国内相关规范在裂缝宽度的控制方面较欧美规范严格,相关内容需要进一步研究与分析。据此,本节分别预设 0.05 mm、0.10 mm、0.20 mm 的宽度,50 mm 深度的横向裂缝进行了研究分析。

表 2 - 13 氯化物环境下钢筋混凝土结构的最大裂缝宽度限值

规范	ACI 318	CEB - FIP	BS 8110	EN 1992	GB 50010	JTGD 62	GB/T 50476	JSCE
W_{max}/mm	0.4	0.3	0.3	0.3	0.2	0.15	0.1～0.2	0.004c*

注:c 为混凝土保护层厚度,即最大裂缝宽度限值取混凝土保护层厚度的 0.004。

2.2.3.2 横向裂纹的留置

为了研究混凝土中的裂缝形态对氯离子扩散的影响,首先要预制裂缝。人为留置宽度可控的裂缝,主要可采用力学加载法和预置薄片法。也有一些研究者制备一些宽度不可控制的裂缝,主要通过把试块放在冻融循环、湿热交替的环境中产生随机裂缝。控制裂缝宽度主要是为了研究裂缝宽度对氯离子在混凝土裂缝中扩散的影响。

本研究中,通过预置薄片的方式来预制不同宽度的裂缝。该方法预制的裂缝内外等直,同时宽度和深度可以准确地控制,与实际的裂缝比起来,该预制裂缝缺少相似的曲折度、连通性、粗糙度。但是,这个方法对研究不同裂缝宽度和深度对氯离子扩散的影响是简单的、有效的。

2.2.3.3 试验设计

1. 试验配合比

试验时,分别配制 C50 的普通硅酸盐水泥钢筋混凝土试件以及 C50 高性能混凝土试件。试验配合比见表 2 - 14。

表 2-14 试验配合比

试件编号	每方混凝土原材料用量/(kg/m³)								裂缝宽度/mm
	水	水泥	粉煤灰	矿渣	砂	石子	减水剂	引气剂	
P500、PB500	158	465	0	0	660	1 122	5.10	1.40	0
P501、PB501									0.05
P502、PB502									0.1
P503、PB503									0.2
G500、GB500	151	275	46	137	660	1 122	5.95	1.60	0
G501、GB501									0.05
G502、GB502									0.1
G503、GB503									0.2

注:"P"和"G"代表钢筋混凝土中的钢筋为未涂阻锈剂钢筋;"PB"和"GB"代表钢筋混凝土中的钢筋为涂阻锈剂钢筋。

2. 试件制作

试验采用的混凝土试件尺寸为 100 mm×100 mm×200 mm,并在试件中心位置埋设了一根 ϕ6 mm×80 mm 钢筋,与 100 mm×100 mm 截面垂直。钢筋保护层厚度为 50 mm,裂缝深度到达钢筋表面。同时钢筋一端用导线接出,用于测试钢筋的半电池电位。试件中埋设的钢筋分为两种,一种表面涂有阻锈剂,另一种不涂,见图 2-13。

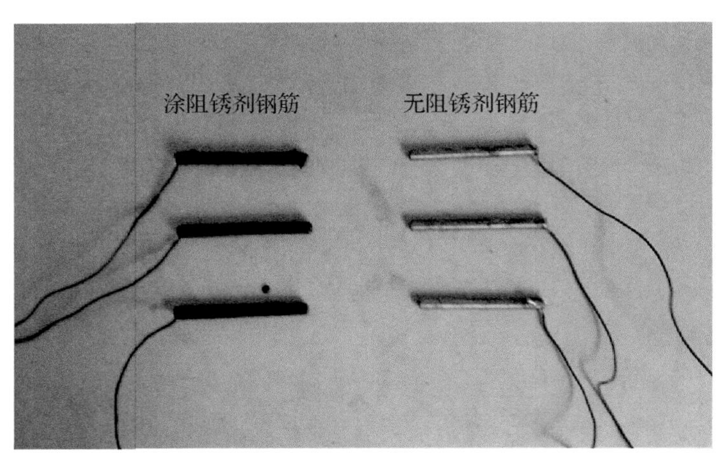

图 2-13 试件中埋设的钢筋

同时，在试件成型时，将PVC塑料硬片插入混凝土中，且与钢筋方向垂直，直至钢筋表面，并在混凝土初凝后移走，最后可得到如图2-14所示的带裂缝混凝土试件。通过插入不同厚度尺寸的塑料硬片便可得到不同宽度、深度的裂缝。在本次研究中，分别预设0.05 mm、0.10 mm、0.20 mm的宽度裂缝，裂缝深度50 mm。

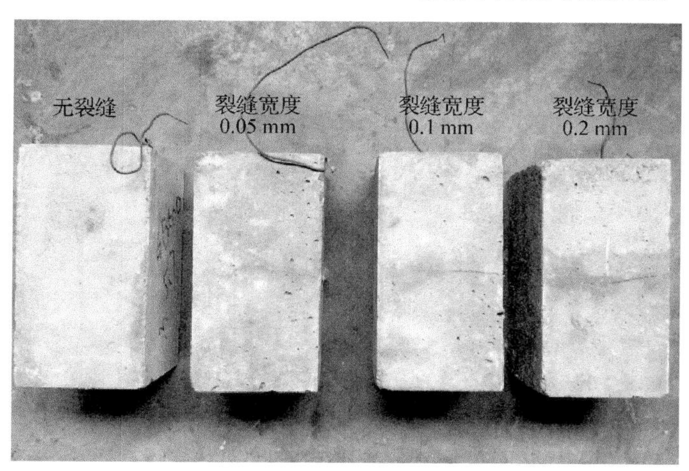

图2-14 带裂缝混凝土试件

3. 干湿循环试验

干湿循环试验在全自动干湿循环试验机内进行(见图2-15)。试件在养护至14天的前2天拿出在(80±5)℃下烘48小时，然后冷却，放入全自动干湿循环试验机内进行干湿循环试验。循环开始时，试件先在氯盐溶液中浸泡6小时，浸泡结束后风干1小时，然后在(80±5)℃下烘15小时，最后冷却2小时。整个循环过程为24小时，即1天1个干湿循环。

试验采用的腐蚀溶液的浓度分别为1.25%和3.5%的氯化钠溶液。试件在盐溶液中经过一定的干湿循环后，测试混凝土中钢筋的半电池点位。干湿循环试验结束时，检测钢筋混凝土的轴心抗压强度，取出钢筋查看其锈蚀状态，并取钢筋表面的混凝土砂浆粉末样品，测定混凝土砂浆中水溶性氯离子含量。

图2-15 钢筋混凝土试件在NaCl溶液中的干湿循环试验

2.2.3.4　钢筋锈蚀评价方法

对于混凝土内钢筋锈蚀状态的评价，目前多数采用无损的电化学检测方法来实现，主要方法有半电池电位法、混凝土电阻率测试法、线性极化法、电化学噪声法等。本实验选用了半电池电位法对钢筋锈蚀状态进行评价。

混凝土中钢筋的锈蚀是一个电化学过程，钢筋阳极区和阴极区存在电位差，电子在钢筋上流动，离子在混凝土中流动，在混凝土内形成腐蚀原电池，钢筋表面会存在一个或若干个腐蚀原电池。钢筋发生腐蚀处阳极区表面状态及腐蚀产物等使钢筋原始状态发生改变，加大了被腐蚀钢筋处与未发生腐蚀钢筋处电位的差别。从处于碱性的、无氯离子的混凝土中未发生腐蚀的钢筋，到处于已渗入氯离子的混凝土中的已腐蚀钢筋，其腐蚀电位的变化能达到好几百个毫伏。运用这一原理，人们设计出了半电池电位法对混凝土结构内部钢筋的锈蚀情况进行检测。

测量混凝土内钢筋的半电池电位通常是一种既简便又快捷的方法，其测试示意图如图 2-16 所示。硫酸铜电极为参比电极。

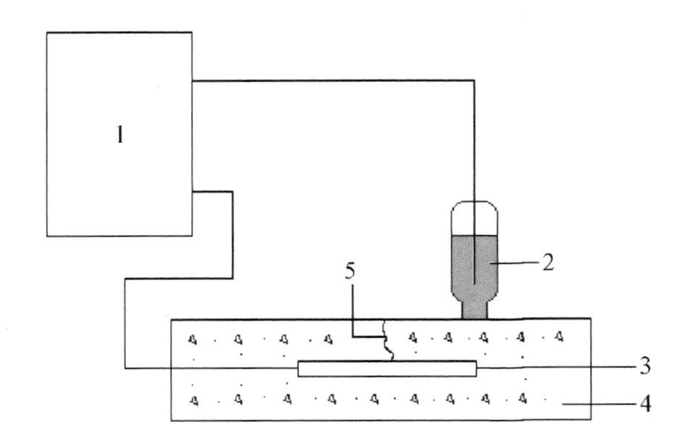

1-毫伏直流表；2-硫酸铜电极；3-预埋钢筋；
4-混凝土试件；5-预留表面微裂纹

图 2-16　混凝土内钢筋的半电池电位测试示意图

半电池电位法只能粗略地给出混凝土内钢筋可能发生锈蚀的概率，根据美国 ASTM C876 标准以及电力行业标准《水工混凝土试验规程》(DL/T 5150—2001)，测得的半电池电位与钢筋锈蚀概率的关系如表 2-15 所示。

表 2-15　基于腐蚀电位的钢筋腐蚀状态判定

半电池电位/mV($Cu/CuSO_4$ 参比电极)	<−350	−200～−350	>−200
钢筋活化锈蚀概率/%	90	50	10

混凝土中钢筋的半电池电位是指钢筋表面微阳极和微阴极的混合电位。当混凝土中钢筋表面阴极极化性能变化不大时，钢筋半电池电位主要决定于阳极性状，即阳极钝化，电位偏低；阳极活化，电位偏负。根据美国 ASTM C876 标准以及电力行业标准《水工混凝土试验规程》的评估标准，半电池电位正向大于－200 mV，则此区域发生钢筋腐蚀概率小于 10%；半电池电位负向大于－350 mV，则此区域发生钢筋腐蚀概率大于 90%；半电池电位在－200～－350 mV 范围内，则此区域发生钢筋腐蚀性状不确定。

干湿循环试验结束后，取出混凝土中的钢筋，查看钢筋的腐蚀状态，并与钢筋的半电池电位进行对比分析。

2.2.3.5　试验结果分析

1. 钢筋的半电池电位

经过一定的干湿循环龄期后，通过检测混凝土中钢筋的半电池电位来判断钢筋的锈蚀状态。对预设裂缝的 C50 普硅水泥钢筋混凝土试件以及高性能钢筋混凝土试件，在氯化钠溶液中的干湿循环条件下，检测混凝土中钢筋腐蚀电位变化曲线。混凝土中钢筋的半电池电位随干湿循环龄期的变化曲线见图 2－17、图 2－19、图 2－21 以及图 2－23；经过 35 个干湿循环后，混凝土中钢筋的实际腐蚀状态分别见图 2－18、图 2－20、图 2－22 以及图 2－24。

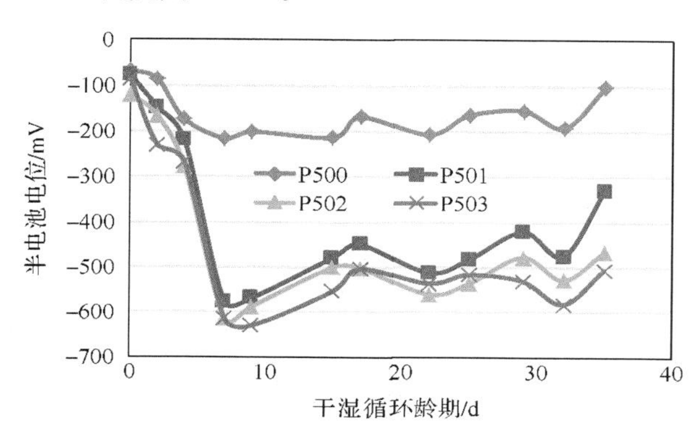

图 2－17　普通混凝土中钢筋的半电池电位随干湿循环龄期的变化曲线

从图 2－18 中可知，在普通混凝土中，当没有裂缝产生时，在试验龄期内（35 个干湿循环），钢筋的半电池电位随着干湿循环龄期的增长变化不大，基本处于－200 mV 以内，钢筋发生锈蚀的概率很小，为 10%。当混凝土中存在深度到达钢筋的裂缝时，钢筋的半电池电位在第 7 个干湿循环后达到最大，约－600 mV，随后略有负向降低，表明钢筋发生锈蚀的概率达到 90%。裂缝宽度对钢筋的半电池电位的影响不是很明显，0.05 mm 裂缝宽度下，钢筋的半电池电位相对略小；而 0.1 mm 和 0.2 mm 裂缝宽度下，钢筋的半电池电位大致相当。

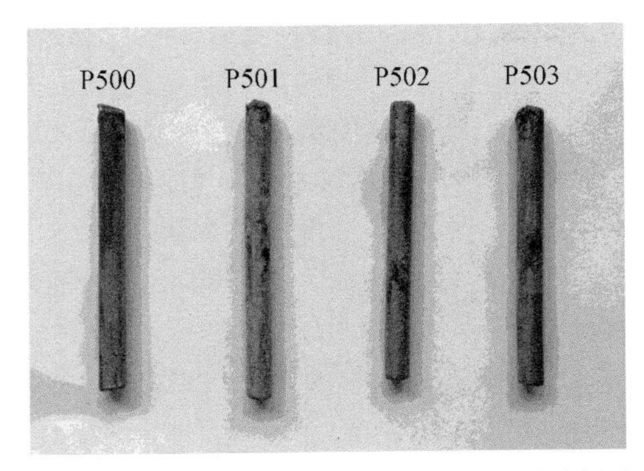

图 2-18　35 个干湿循环后普通混凝土中钢筋的锈蚀状态

图 2-18 也表明，35 个干湿循环后，钢筋的实际锈蚀状态与半电池电位的结果是吻合的。即试验龄期内，无裂缝混凝土内的钢筋尚未发生锈蚀，而存在达到钢筋深度的裂缝时，钢筋在裂缝处产生了局部锈蚀，但锈蚀面积相对较小。

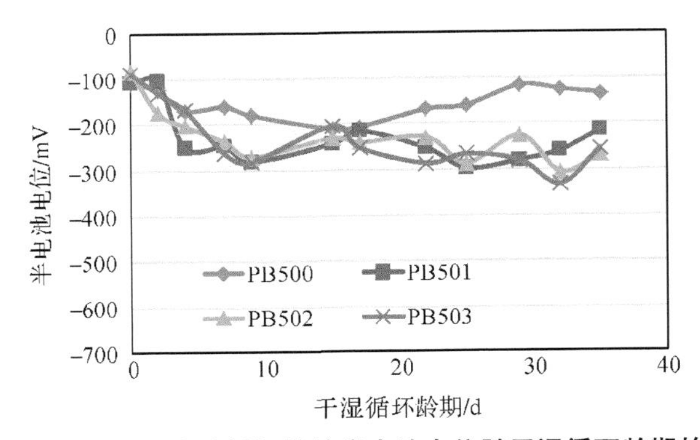

图 2-19　普通混凝土中防锈钢筋的半电池电位随干湿循环龄期的变化曲线

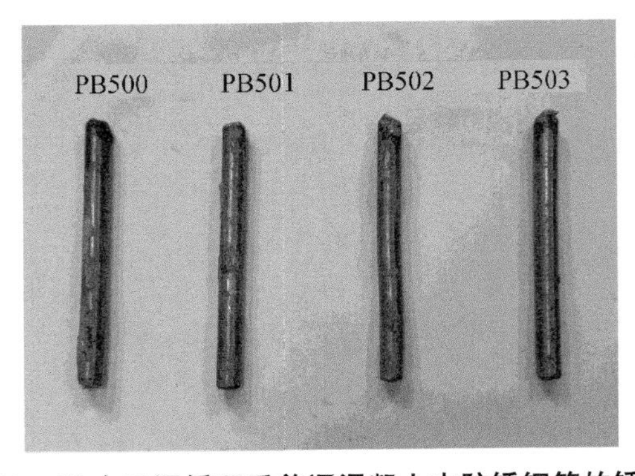

图 2-20　35 个干湿循环后普通混凝土中防锈钢筋的锈蚀状态

当普通混凝土中的钢筋涂有防锈涂料后，由图 2-19 可知，无裂缝混凝土内的钢筋的半电池电位也基本处于－200 mV以内，钢筋发生锈蚀的概率很小。裂缝混凝土中的钢筋的半电池电位主要集中在－200～－300 mV之间，钢筋发生锈蚀的概率也相对较小，为50%。裂缝宽度对防锈钢筋的半电池电位的影响不明显。图2-20中防锈钢筋的实际锈蚀状况也表明，在试验龄期内，无论有无裂缝，以及裂缝宽度或大或小，防锈钢筋均未发生锈蚀。这一结果同时也表明，该钢筋防锈涂料是有效的。

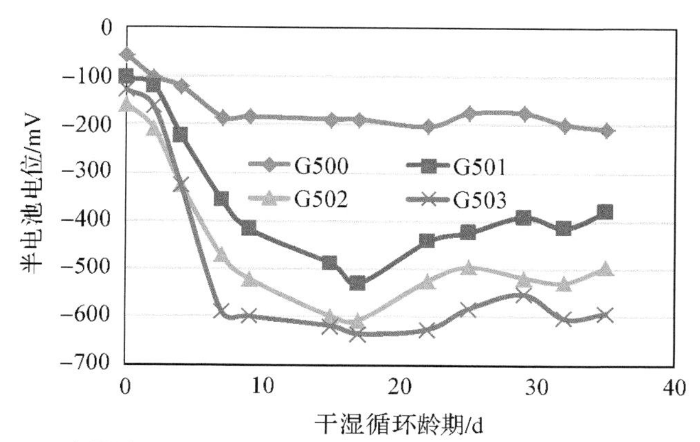

图2-21 高性能混凝土中钢筋的半电池电位随干湿循环龄期的变化曲线

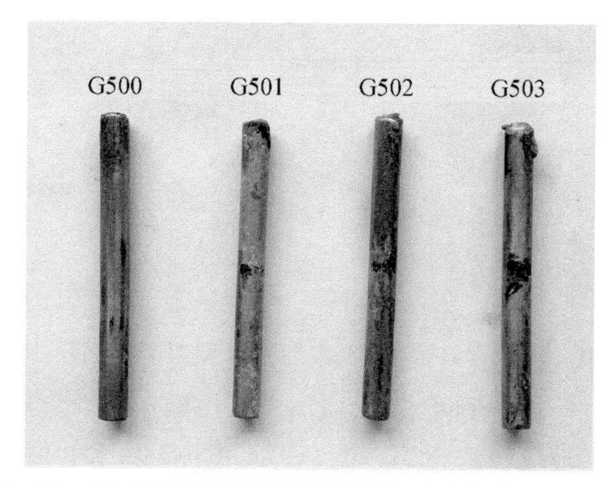

图2-22 35个干湿循环后高性能混凝土中钢筋的锈蚀状态

对于高性能混凝土而言，从图2-21可以看出，在试验龄期内，当混凝土无裂缝时，钢筋的半电池电位也基本处于－200 mV以内，钢筋发生锈蚀的概率很小。当高性能混凝土中存在深度到达钢筋的裂缝时，钢筋的半电池电位约在第17个干湿循环后达到负向最大，为－500～－600 mV，此后电位值略有负向降低。而且，在相同的龄期内，钢筋的半电池电位随裂缝宽度的增加而增加。上述结果也表明，当存在横向裂缝时，相对普通混凝土而言，高性能混凝土中钢筋的锈蚀会延迟。

图 2-22 表明,35 个干湿循环后,高性能混凝土中钢筋的实际锈蚀状态与半电池电位的结果也是吻合的。即试验龄期内,无裂缝混凝土内的钢筋尚未发生锈蚀,而存在达到钢筋深度的裂缝时,钢筋在裂缝处产生了局部锈蚀。

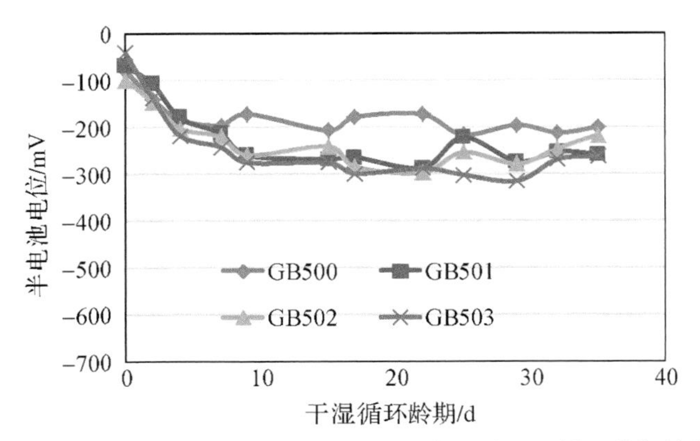

图 2-23　高性能混凝土中防锈钢筋的半电池电位随干湿循环龄期的变化曲线

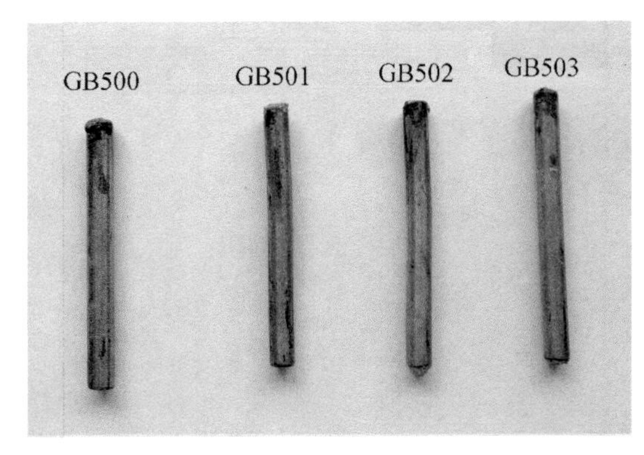

图 2-24　35 个干湿循环后高性能混凝土中防锈钢筋的锈蚀状态

当高性能混凝土中的钢筋涂有防锈涂料后,由图 2-23 和图 2-24 可知,裂缝宽度对防锈钢筋的半电池电位的影响不明显,钢筋的半电池电位主要集中在−200～−300 mV 之间,钢筋发生锈蚀的概率相对较小。在试验龄期内,无论有无裂缝以及裂缝宽度或大或小,防锈钢筋均未发生锈蚀。

当高性能混凝土处于不同浓度盐溶液中进行干湿循环,钢筋的半电池电位变化曲线见图 2-25。

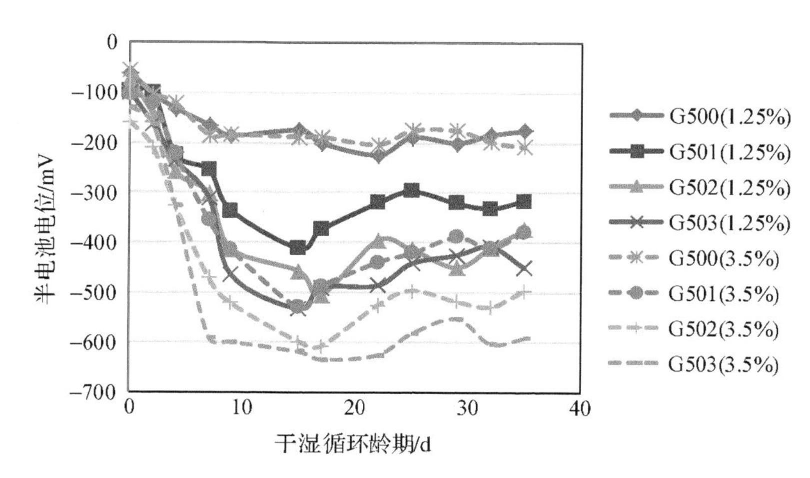

图 2-25 不同浓度盐溶液中高性能混凝土中钢筋的半电池电位随干湿循环龄期的变化曲线

由图 2-25 可知,当混凝土无裂缝时,在试验龄期内,盐溶液的浓度对钢筋的电池电位无明显影响,均处于-200 mV 左右,钢筋腐蚀概率很小。当混凝土存在深度到达钢筋的裂缝时,随着盐溶液浓度的增加,钢筋的电池电位是负向增加的。但无论氯化钠溶液浓度是 1.25%还是 3.5%,钢筋的半电池电位均明显高于-350 mV,也即钢筋发生锈蚀的概率都高达 90%。

2. 钢筋表面混凝土氯离子含量

当混凝土中存在裂缝以后,裂缝以及裂缝宽度对氯离子在混凝土中的扩散将产生影响。经过 35 个干湿循环后,扩散至钢筋表面 1 cm 厚度的混凝土层中的氯离子含量见表 2-16。钢筋表面混凝土水溶性 Cl^- 含量随裂缝宽度的变化曲线见图2-26。

由表 2-16 和图 2-26 可知,当混凝土中无裂缝时,在试验龄期内,钢筋表面混凝土中氯离子含量非常低;当混凝土中存在裂缝时,在 0.05~0.2 mm 的宽度范围内,普通混凝土中钢筋表面的氯离子含量是随着裂缝宽度的增加而增加的。而高性能混凝土中钢筋表面的氯离子含量当裂缝宽度为 0.05~0.1 mm 时与无裂缝时大致相当,当裂缝宽度达到 0.2 mm 时开始有所增加。这一结果也表明,当混凝土裂缝超过某一临界值时,氯离子扩散系数会随着裂缝宽度的增大而增长,而高性能混凝土与普通混凝土对应的裂缝临界值是不同的。当普通混凝土裂缝宽度小于 0.05 mm,高性能混凝土裂缝宽度小于 0.2 mm 时,氯离子的侵入受裂缝的影响较小。高性能混凝土比普通混凝土有更好的阻止氯离子沿裂缝两侧侵入的能力。

表 2－16 钢筋表面混凝土水溶性 Cl^- 含量/%(以砂浆重量计)

试件	裂缝宽度/mm			
	0	0.05	0.10	0.20
P50	0.004	0.016	0.030	0.039
PB50	0.004	0.017	0.023	0.047
G50	0.001	0.004	0.005	0.011
GB50	0.003	0.003	0.003	0.004

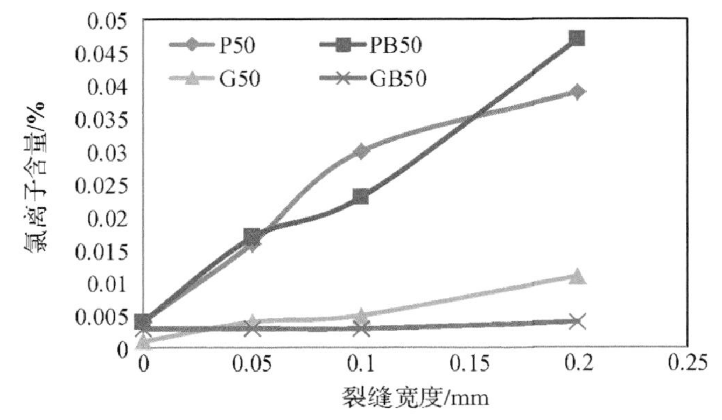

图 2－26 钢筋表面混凝土水溶性 Cl^- 含量随裂缝宽度的变化曲线

3. 开裂混凝土中钢筋锈蚀机理

对于处于开裂状态下的钢筋混凝土结构，裂缝处氯离子可以快速通过裂缝到达钢筋表面，导致裂缝处钢筋表面的钝化膜破坏而活化。但是裂缝周围其他范围内的钢筋表面的氯离子含量由表 2－16 可知仍然很低，其仍处于钝化状态，使得钢筋表面脱钝的部位与尚完好的钝化膜区域形成电位差。此时裂缝处已活化的钢筋表面和裂缝周围其他范围内的钝化膜完好的钢筋表面形成宏电池，横向裂缝区钢筋成为小阳极，而裂缝两侧的钢筋成为大阴极。随着钢筋表面电化学腐蚀反应的进行，裂缝处钢筋表面产生坑蚀现象。

因此，在钢筋锈蚀的整个过程中，裂缝使钢筋表面钝化膜提前脱钝，启动钢筋局部锈蚀的发生。随着钢筋锈蚀的发展，横向裂缝对混凝土内钢筋的腐蚀速度究竟有多大的影响尚需进一步研究。

2.2.3.6 小结

(1) 当钢筋混凝土中存在深达钢筋的横向裂缝时，在 0.05～0.2 mm 的宽度范围内，普通混凝土中的钢筋在氯化钠溶液中经过 7 个干湿循环后半电池电位达到负向最大；高性能混凝土中的钢筋在氯化钠溶液中经过 17 个干湿循环后半电池电位达到负向最大。而且随着盐溶液浓度的增加，钢筋的电池电位是负向增加的。

(2) 35 个干湿循环后,钢筋实际锈蚀状况表明有横向裂缝的混凝土中的钢筋均发生了锈蚀,但锈蚀主要发生在裂缝处,且面积较小。相对普通混凝土而言,高性能混凝土中钢筋的锈蚀会延迟。

(3) 在试验龄期内,在无裂缝钢筋混凝土以及有裂缝的防锈钢筋混凝土中,钢筋的半电池电位均较小,钢筋没有发生锈蚀,研制的钢筋防锈涂料是有效的。

(4) 当混凝土中存在横向裂缝以后,裂缝以及裂缝宽度对氯离子在混凝土中的扩散将产生影响。高性能混凝土比普通混凝土有更好的阻止氯离子沿裂缝两侧侵入的能力。

(5) 当混凝土横向裂缝超过某一临界值时,氯离子扩散系数会随着裂缝宽度的增大而增长,而高性能混凝土与普通混凝土对应的裂缝临界值是不同的。当普通混凝土裂缝宽度小于 0.05 mm,高性能混凝土裂缝宽度小于 0.2 mm 时,氯离子的侵入受裂缝的影响较小。

(6) 在钢筋锈蚀的整个过程中,裂缝使钢筋表面钝化膜提前脱钝,启动钢筋局部锈蚀的发生。随着钢筋锈蚀的发展,横向裂缝对混凝土内钢筋的腐蚀速度究竟有多大的影响尚需进一步研究。

2.3 钢筋混凝土抗氯离子扩散性能评价方法

混凝土的渗透性是一个综合指标,它是指气体、液体或者离子受压力、化学势或者电场作用,在混凝土中渗透、扩散或迁移的难易程度[9]。研究混凝土抗氯离子扩散的性能,以提高钢筋混凝土结构的耐久性,就需要有相应的准确评价混凝土渗透性的试验方法。对于混凝土渗透性的评价,国内外研究者提出了一些方法,其中以测试混凝土通电量或电导率的氯离子渗透快速试验方法应用较广。这些方法最初是以普通混凝土为研究条件建立的,当被用来评价低水胶比和掺和料混凝土时学术界对此提出了大量质疑。然而采用磨细矿渣、粉煤灰、硅粉等掺和料配制高性能混凝土现已被工程广泛接受。因此,研究适应掺和料混凝土的氯离子渗透快速试验方法具有很重要的实际意义。

2.3.1 混凝土中氯离子渗透性的测试方法

目前测试混凝土氯离子渗透性的试验方法很多,按试验时间长短可分为慢速法和快速法。

1. 慢速法

慢速法大多基于浓差扩散传质机理,以氯离子扩散系数或氯离子进入混凝土的深度、浓度等指标来表示混凝土渗透性的大小,包括渗透箱法、长期浸泡试验等[10]。

渗透箱法是将被研究材料(通常是水泥净浆试件或砂浆试件)切成 3 mm 左右厚度的切片,使氯离子从含一定浓度氯离子的一侧扩散到不含氯离子的一侧,测定达到稳定扩散状态时通过切片的氯离子量,然后用菲克第一定律计算氯离子扩散系数。

长期浸泡试验法设定氯离子进入混凝土的方式为一维半无限扩散,把饱水的混凝土试件浸泡在一定浓度含氯离子的盐水中,到预定时间后测定混凝土不同深度的氯离子含量,以菲克第二定律来计算扩散系数。美国的 AASHTO T 259—02(2006)和欧洲的 Nord Test、NT Build 443—94 就是氯离子长期浸泡试验。它们不同之处在于 AASHTO T259 采用的是将试件相对两个面暴露在盐水中,欧洲标准只暴露一面,并且暴露的其他条件也有所不同。该法的缺点是无法真正知道混凝土表层的氯离子含量,试验步骤也较繁琐。

慢速试验法也包括现场长期暴露试验。该法是把制作好的试件放到特定的现场,到规定时间进行取样分析。不同研究者采用的暴露方式及选择的暴露环境往往相差较大,试验时间一般较长,但试验结果比较切合实际。

上述方法的一个共同缺点是试验周期较长,不能满足人们在工程实施阶段进行混凝土氯离子渗透性评价预测的实际要求。

2. 快速法

快速方法多采用电测手段,如用通电量或电导率(饱水电导率或饱盐电导率)、氯离子在混凝土中的电迁移(稳态电迁移或非稳态电迁移)来反映混凝土的渗透能力。

1981 年 Whiting 提出了测定混凝土通电量的方法,后来成为美国的 ASTM C1202 标准。该法是在混凝土圆盘形试件(厚 50 mm、直径 100 mm)两侧注入浓度分别为 3.0%的 NaCl 溶液和 0.3 mol/L 的 NaOH 溶液,施加 60 V 直流电压,测定 6 小时通过混凝土试件的电量。其基本原理是,在电场作用下氯离子带负电荷,进入混凝土向正极运动,离子渗入量越多,渗透速度越快,通电量就越高,表示混凝土抵抗氯离子渗透的能力越差。以表 2 - 17 规定的等级判定混凝土氯离子渗透能力的大小。该试验方法比较简便,可以快速得到试验结果,但存在以下不足[11]:

(1) 在电场作用下不只是氯离子在迁移,孔液中的 Na^{+}、K^{+}、OH^{-}、Ca^{2+} 等离子也在电场作用下发生迁移,所以通电量与混凝土孔液的离子成分有关。普通混凝土孔液之间成分相差较小,对该法准确性的影响较小。但掺有矿渣、硅粉、粉煤灰等掺和料的混凝土,孔液的化学成分与普通混凝土相比有较大差异,影响了该法的准确性。

(2) 电流通过混凝土试件会因电热效应(I^2R)产生热量,尤其在混凝土试件电阻比较低、电流比较大时,使试件温度上升较高,温升又会减小混凝土电阻,从而夸大混凝土的最终通电量。

(3) 电极反应会增加混凝土的通电量,同时由于电极反应也会使测量装置两侧溶液的浓度发生改变。

表 2-17 混凝土氯离子渗透等级

通电量/C	氯离子渗透性
>4 000	高
2 000～4 000	中低
1 000～2 000	低
100～1 000	很低
<100	不渗透

Rolf F. Feldman 等[12][13]研究认为，电导率、初始电流与通电量之间有很好的相关性，可以用混凝土电导率或初始电流代替通电量来评价混凝土的渗透性。王昌义等通过测试混凝土的电导（实质上是测电导率），计算相对扩散系数来比较混凝土的氯离子渗透能力。这种测电导率和测通电量的方法本质上是一致的[14][15]，但测电导率所需时间较短，施加电压较低，电极反应较小，能降低电热（I^2R）温升对混凝土的扰动，因此比测通电量有较多的优势。不过这两种方法在用于掺和料混凝土时都同样存在误差。电导率法有两种，即直流电法和交流电法。直流电产生的电极极化现象会导致实际电导率偏小，所以现在一般采用高频低压交流电。

2.3.2 掺和料对快速测试结果的影响

2.3.2.1 混凝土的导电性能

混凝土导电是混凝土孔液中离子在电场作用下的电解过程[6]。水泥颗粒、掺和料、水化产物以及集料的电阻很大，可以认为是不导电的。混凝土的电导率首先取决于混凝土的饱水率，其次取决于孔结构、孔隙液电解质含量和温度。饱水混凝土电导率是孔隙率、孔隙连通性、温度、孔液化学成分等的函数。

不是所有的孔液都参与导电，OPC 砂浆在孔液含量较少时，导电能力几乎等于零[16]。这个孔液存在于凝胶孔和毛细孔壁上，被水泥石强烈吸附。水泥石对孔液的吸附源于固体表面的不均匀性。固体表面往往具有较高的表面自由焓，它有自动吸附其他介质以降低表面能量的趋势，当与液体接触时，发生吸附，形成一个吸附层，同时将产生从溶液中吸附溶质的现象[17]。因为水泥石内部固体表面对一定量孔液的强烈吸附（包括其中导电离子），降低了表面自由焓，即使在电场作用下也很难全部脱吸。被吸附孔液中的导电离子即使在电场力作用下也不易发生移动，所以表现出部分孔液不导电。水泥石对孔液的吸附能力随与其表面距离的远近而变化，越远则吸附能力越差。孔液导电能力也随距离水泥石固体表面变远而增大，逐渐接近电解质导电能力。混凝土含水率很低时，所含孔液多被凝胶孔和毛细孔壁紧紧吸附，所以表现为导电能力几乎为零。

从表面双电层理论考虑，当固体与液体接触时，固一液界面上就会带有相反符号的电荷，形成双电层[18]。双电层可分为两层：

(1) 内层，指贴近固体表面的紧密层，厚度由被吸附的离子大小决定，其中有未水化离子，也有一层水分子。

(2) 扩散层，反离子浓度距固体表面越远，浓度越小，到距离很远处(1～10 nm)，过剩反离子为零。

内层和扩散层之间有滑移面。在电场作用下，距离孔壁较远的离子导电可以认为不受双电层影响。但在靠近孔壁的扩散层内离子受到双电层束缚，而且扩散层可以和内层产生滑移，所以可导电，但导电能力比扩散层外距离孔壁较远的离子差。在扩散层内，越靠近孔壁，离子被束缚得越紧，导电能力越差。但内层离子由于被强烈吸附，很难在电场作用下移动，是不导电的。混凝土孔径越小，双电层作用越明显，孔径小到一定程度，该孔径的孔液中大部分离子都被双电层所束缚，此时电导率很小，与大孔径孔液导电能力相比可以忽略。水泥石凝胶孔的孔径一般在 1.5～3 nm 之间，孔液受双电层影响很大，电导率非常小。

可以根据以上对孔液导电能力的分析，把孔液分为导电孔液、不导电孔液和过渡导电孔液。导电孔液距孔壁较远，不受固体表面和双电层的吸附，它的导电能力完全取决于电解质的导电能力。不导电孔液被固体表面强烈吸附或存在于双电层的内层，这类孔液即使在电场作用下也很难使其离子参与导电。过渡导电孔液是介于以上两者之间的孔液，受孔壁影响也介于前两者之间。据此把混凝土中的孔分为以下几种：

1. 导电孔　孔径一般大于 200 nm，此类孔的孔径远大于孔液吸附层或双电层厚度，导电能力受吸附层或双电层影响很小。导电能力取决于孔液电解质的导电能力，对混凝土电导率的贡献取决于此类孔的数量及连通曲折状况。

2. 过渡导电孔　孔径在 10～200 nm 之间，受孔液吸附层或双电层的影响，随孔径减小而增大，不能忽略固体吸附或双电层对孔液导电能力的影响。此类孔中不导电孔液和过渡导电孔液占总孔液的比例越大，孔的导电能力越差。混凝土电导率除了与此类孔的数量和连通曲折状况有关外，还受孔导电能力大小的影响。

3. 不导电孔　孔径小于 10 nm，此类孔中不导电孔液百分含量很大，所以此类孔导电能力很差，与导电孔和不导电孔相比，可以看作是不导电的。混凝土中此类孔比例越大，混凝土电导率越小。

由于固体对液体和其中介质的吸附及双电层都受温度影响，所以当温度变化时，不仅仅是孔液电解质导电能力发生变化，而且参加导电的孔液或离子数量也发生变化。温度升高，分子或离子的热运动增加，试图摆脱水泥石对孔液的吸附和双电层的束缚，使混凝土的可导电孔液或离子数量增加，从而混凝土导电能力提高。当采用快速方法测试混凝土的电导率时，由于测试时间很短，所以温升作用很小，可以不考虑温度变化对结果的影响。

2.3.2.2　掺和料混凝土的孔结构

粒化高炉矿渣属于具有潜在水硬性的矿物功能材料，含有较多的CaO和活性Al_2O_3、SiO_2，在水泥提供的碱环境下，其潜在的水硬性可被激发出来。粉煤灰含有大量的活性Al_2O_3、SiO_2，硅粉主要含有活性SiO_2，这两种材料一般含CaO很少，与水泥水化时生成的$Ca(OH)_2$反应生成水化硅酸钙和水化铝酸钙。以上材料和水泥发生化学反应，降低了水化产物中粒径较大、结构疏松的$Ca(OH)_2$晶体的含量。另外超细粉煤灰和超细矿渣粒径一般在3～6 μm之间，比普通硅酸盐水泥粒径（在20～30 μm之间）小很多，硅粉更细，粒径可达纳米级，一般在100～260 nm范围之间。这些粒径较小的掺和料填充到水泥之间的孔隙中，阻断了水泥石中的连通性大孔，使水泥石孔结构得以细化，起微集料作用。

用压汞法测定标准养护14天的水泥净浆硬化体的孔结构（材料物理性能和化学成分含量见表2-18，净浆配合比列于表2-19，总孔隙率和各孔径范围体积占总孔隙体积的百分含量列于表2-20），结果表明分别掺加矿渣、粉煤灰、硅粉的净浆硬化体的最可几孔径均小于普通硅酸盐水泥，其中矿渣净浆硬化体的最可几孔径最小（图2-27）。掺和料净浆硬化体内孔径小于10 nm的不导电孔的体积百分含量均高于普通硅酸盐水泥，孔径在10～200 nm之间的过渡导电孔的体积百分含量除J33外也都高于普通硅酸盐水泥，J33较低的原因可能是由于粉煤灰的火山灰效应激发需要较长时间，而试验龄期较短所致。掺50%矿渣的孔隙率最小，小于10 nm和10～200 nm的孔体积百分含量最高，说明矿渣对孔径的细化在标养14天时已经比较好。由上面掺和料对水泥净浆硬化体孔结构的影响分析可推知，掺和料加入混凝土细化了孔结构，增加不导电孔和过渡导电孔的百分含量，降低了混凝土的导电能力。

表2-18　原材料化学成分和物理性能

项目 种类	原材料化学成分/%							烧失量/%	比表面积/(m²/kg)
	SiO_2	CaO	MgO	Fe_2O_3	Al_2O_3	SO_3	碱含量		
PC	22.20	59.42	2.24	3.68	6.56	1.71	0.48	2.26	386
FA	54.60	2.09	0.82	3.44	34.12	0.24	1.19	0.95	438
SF	90.72	—	—	—	—	—	—	—	24 100
BFS	32.74	35.73	10.32	1.66	15.33	0.39	—	0.09	—

注：PC—普通硅酸盐水泥；BFS—磨细矿渣；FA—粉煤灰；SF—硅粉。

表 2-19　净浆配合比

编号＼项目	配合比(B：W)	水胶比	掺和料种类	掺量/%
J31	1：0.55	0.55	—	—
J32	1：0.55	0.55	磨细矿渣	50
J33	1：0.55	0.55	粉煤灰	30
J34	1：0.55	0.55	硅粉	10

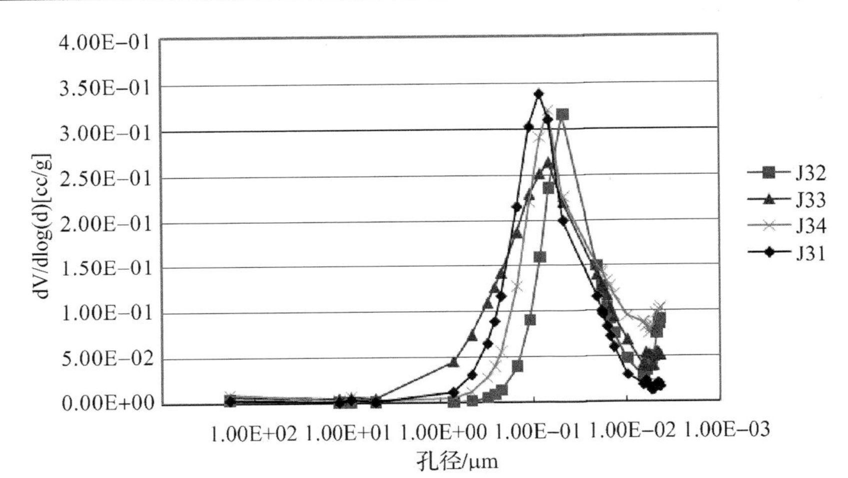

图 2-27　水泥净浆孔径分布微分曲线

表 2-20　水泥石孔径分布体积百分含量

项目＼编号	J31	J32	J33	J34
孔隙率/%	38.51	32.56	41.62	38.90
>200 nm/%	32.10	6.54	38.69	19.57
10～200 nm/%	65.18	86.40	55.72	69.52
<10 nm/%	2.72	7.06	5.59	10.91

2.3.2.3　掺和料混凝土的孔液电导率

混凝土中的孔液通过制作水泥净浆试件，在温度为(20±3)℃，相对湿度大于95%的条件下养护14天后，用压滤装置(图2-28)压滤出孔液来。加压维持一段时间以使滤液有足够时间流出，滤液较少时多次加压，用胶头吸管收集压滤液。用DDS-303A型电导率仪测定压滤液电导率，电极是DJS-10C型铂黑电导电极。然后用重量稀释法稀释压滤液，滴定氢氧根离子浓度。测定电导率和稀释压滤液时应迅速完成，以减少碳化影响。

压滤液酸碱中和滴定后，OH^-离子浓度用下面公式计算：

$$D=\frac{50+M}{M}$$

$$C=\frac{C_0VD}{25}$$

式中：D——压滤液稀释系数；

M——压滤液净重(g)；

C——压滤液OH^-离子浓度(mol/L)；

V——消耗盐酸溶液体积(L)；

C_0——盐酸溶液浓度(mol/L)。

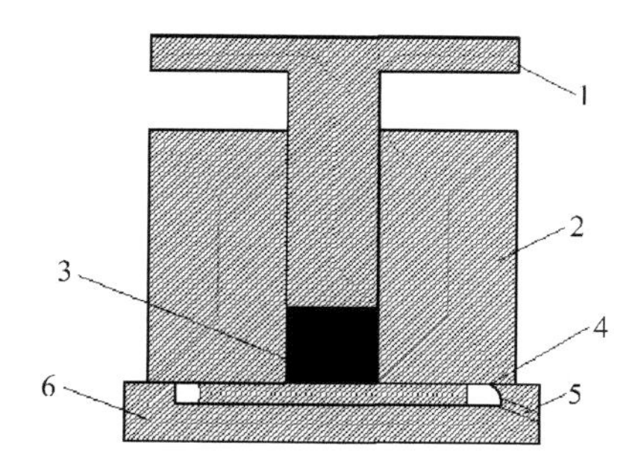

1-活塞；2-圆柱桶；3-试件；
4-圆槽；5-集液孔；6-底座

图 2-28 压滤装置

水泥净浆压滤液电导率和OH^-浓度值见表 2-21。分别掺有磨细矿渣、粉煤灰和硅粉的净浆压滤液的电导率比普通硅酸盐水泥低。10%的硅粉净浆压滤液电导率远远低于普通硅酸盐水泥，约为 1/3，50%的磨细矿渣约为 4/5，30%的粉煤灰约为 2/3。对OH^-浓度滴定结果也表明，掺和料净浆压滤液比普通硅酸盐水泥也要低得多，10%的硅粉净浆压滤液OH^-浓度约为普通硅酸盐水泥净浆的 1/3，50%的磨细矿渣约为 4/5，30%的粉煤灰约为 2/3。

表 2-21 水泥净浆压滤液电导率和OH^-浓度

编号＼项目	配合比(B：W)	水胶比	掺和料种类	掺量/%	电导率/($\times10^2$ μS/cm)	OH^-/(mol/L)
J21	1：0.4	0.40	—	—	653	0.169
J22	1：0.4	0.40	磨细矿渣	50	538	0.131
J23	1：0.4	0.40	粉煤灰	30	465	0.096
J24	1：0.4	0.40	硅粉	10	207	0.053

溶液的导电能力与其中离子的化学成分密切相关，掺和料改变了混凝土孔液的化学成分，从而改变了孔液电导率。一般孔液中主要含有 OH^-、Na^+、K^+、Ca^{2+} 等离子(一些特种水泥孔液除外，例如高铝水泥 Al^{3+} 含量高)。在电场作用下，孔液中负价离子向正极迁移，正价离子向负极迁移，离子的迁移形成电流[19]。各离子对混凝土电导率贡献的大小取决于离子的浓度和导电能力。在 25 ℃无限稀释的水溶液中，离子当量电导率分别为 OH^-(0.0198 0 $\Omega^{-1}\cdot m^2$)、Cl^-(0.007 523 $\Omega^{-1}\cdot m^2$)、Na^+(0.005 011 $\Omega^{-1}\cdot m^2$)、Ca^{2+}(0.005 950 $\Omega^{-1}\cdot m^2$)，可以看出 OH^- 的导电能力最强，在浓度和上述几种离子相同时，它对混凝土孔液电导率的贡献最大。本试验掺加掺和料的净浆压滤液电导率和 OH^- 浓度与普通硅酸盐水泥净浆比较降低幅度基本相同，且压滤液电导率和氢氧根离子浓度之间线性拟合分析相关系数为 0.971 67(图 2-29)，这可能是因为 OH^- 离子导电能力和浓度大于 K^+、Na^+、Ca^{2+} 等离子，电导率受 OH^- 离子影响较大。

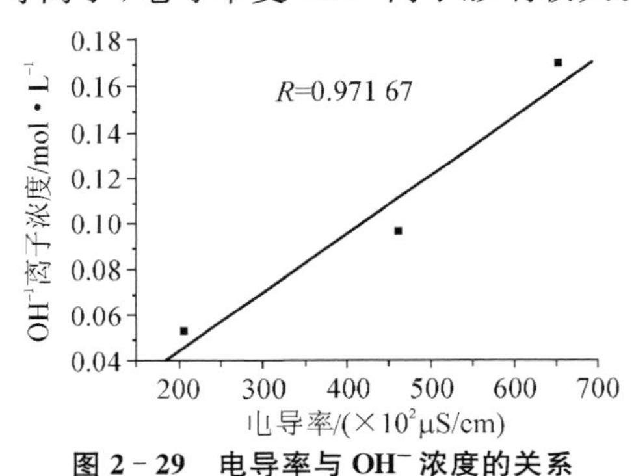

图 2-29 电导率与 OH^- 浓度的关系

2.3.3 掺和料混凝土氯离子渗透快速试验的校正[20]

要提高快速试验方法在测定掺和料混凝土渗透性时的精度，需要对现有快速法进行校正。由前面章节分析可知，快速法在测定掺和料混凝土时产生误差的主要原因是掺和料改变了孔液的导电能力。如果能够通过某种方法使所有混凝土的孔液电导率变得相同，那么就可以消除快速法的误差。

根据式(2-1)，即

$$F=\frac{\sigma_p}{\sigma} \tag{2-1}$$

式中：σ_p——混凝土孔液的电导率；

σ——混凝土的电导率。

如果把该混凝土的孔液换成一个标准孔液，其电导率表示为 $\sigma_{p标}$，此时混凝土的电导率用 $\sigma_{校}$ 表示，那么有

$$F=\frac{\sigma_p}{\sigma}=\frac{\sigma_{p标}}{\sigma_{校}}$$

即

$$\sigma_{校}=\frac{\sigma_{p标}\sigma}{\sigma_p}=\sigma\frac{\sigma_{p标}}{\sigma_p} \tag{2-2}$$

式中：$\sigma_{p标}$——标准孔液电导率(所有混凝土孔液的电导率都换算成这个值，可确定一个经验值)；

$\sigma_{校}$——换成标准孔液后的混凝土电导率。

用式(2-2)进行标准孔液换算，需要知道孔液电导率 σ_p，因为混凝土的孔液含量很少，很难获取，所以直接测定孔液电导率比较困难，需要寻求其他的替代方法。孔液中的离子来自水泥石，用一定量的水浸泡混凝土破碎粉时，离子也会溶解在水中，如果孔液电导率与浸泡液电导率之间存在很好的相关性，就有可能根据这种关系对式(2-2)进行变换，用测定浸泡液的电导率代替直接测定孔液电导率来校正混凝土的电导率。

2.3.3.1 校正公式推导

浸泡液电导率可能与破碎粉的粒径、浸泡时间、粉水比、温度等因素有关。为了能用浸泡液电导率代替式(2-2)中的孔液电导率以校正快速试验误差，提出如下假设：

(1) 混凝土磨细粉浸泡液电导率随粉水比呈线性变化，当粉水比为零时，即全部为蒸馏水时，忽略蒸馏水对电导率的影响，即假定蒸馏水电导率为零(一般小于0.1 μS/cm)。混凝土拌和用水是自来水，忽略自来水与蒸馏水对孔液电导率影响的差别。

(2) 混凝土中浸泡液和孔液电导率存在如图 2-30 所示关系。

(3) 忽略孔液含量的影响，即假定混凝土孔液电导率都等于粉水比为 B 时该混凝土破碎粉浸泡液的电导率。

在图 2-30 中，σ_{p1}、σ_{p2} 分别代表混凝土 1 和混凝土 2 的孔液电导率，从以上假设认为分别等于粉水比为 B 时各自浸泡液的电导率。σ_{w1}、σ_{w2} 分别代表混凝土 1 和混凝土 2 在粉水比为 A 时浸泡液的电导率。因此有

$$\frac{\sigma_{w1}}{\sigma_{w2}}=\frac{\sigma_{p1}}{\sigma_{p2}} \tag{2-3}$$

由式(2-2)和(2-3)可得：

$$\sigma_{校}=\frac{\sigma_{p标}\sigma}{\sigma_p}=\sigma\frac{\sigma_{p标}}{\sigma_p}=\sigma\frac{\sigma_{w标}}{\sigma_w} \tag{2-4}$$

式中：σ_{w1}——混凝土 1 在粉水比为 A 时的浸泡液电导率；

σ_{w2}——混凝土 2 在粉水比为 A 时的浸泡液电导率；

σ_{p1}——混凝土 1 的孔液电导率；

σ_{p2}——混凝土 2 的孔液电导率；

$\sigma_{p标}$——标准孔液电导率(所有混凝土的孔液电导率都换算成这个值，可确定一个经验值)；

σ_w——浸泡液电导率；

$\sigma_{w标}$——标准浸泡液电导率(用含有标准孔液电导率的混凝土浸泡而得,这个值的确定需要进一步研究,本研究先假定一个值)。

从上面假设可知,只要先确定一个标准浸泡液电导率,所有其他混凝土的电导率都可根据式(2-4)校正。校正后的所有混凝土孔液电导率都换算成了标准孔液电导率,从而消除了快速试验方法由于掺和料混凝土的孔液变化带来的误差。但标准浸泡液电导率值选择多大比较合适,需待进一步研究。本研究暂时先确定一个值,这不影响根据校正结果比较混凝土渗透性的相对大小,但所得校正后结果暂时还不能用来预测钢筋混凝土的耐久性。

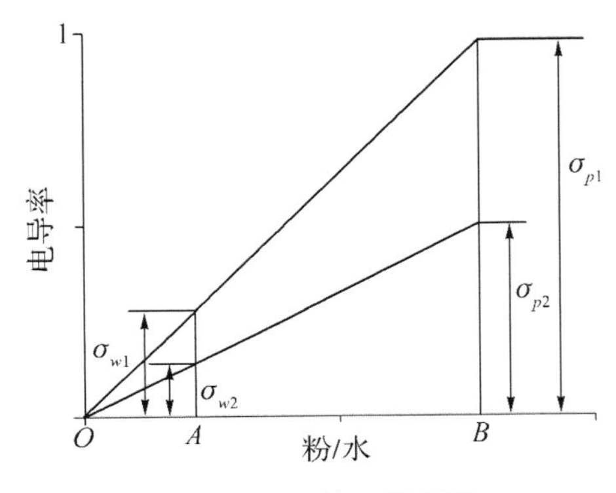

图 2-30 校正原理图

2.3.3.2 校正试验

试验具体配合比见表 2-22。

表 2-22 混凝土配合比

编号 \ 项目	水胶比	水泥/(kg/m³)	掺和料/(kg/m³)	水/(kg/m³)	砂子/(kg/m³)	碎石/(kg/m³)	减水剂/(kg/m³)	坍落度/cm
B11	0.32	625	—	200	640	1 090	1	3.0
B12		313	313(BFS)	200	640	1 090	1	3.0
B13		438	187(FA)	200	640	1 090	3.3	3.2
B14		562	63(SF)	200	640	1 090	2	2.8
B21	0.40	500	—	200	640	1 090	—	3.8
B22		250	250(BFS)	200	640	1 090	—	4.0
B23		350	150(FA)	200	640	1 090	0.5	4.5
B24		450	50(SF)	200	640	1 090	1	3.5
B31	0.55	364	—	200	640	1 090	—	6.0
B32		182	182(BFS)	200	640	1 090	—	7.2
B33		255	109(FA)	200	640	1 090	—	6.5
B34		328	36(SF)	200	640	1 090	0.4	7.5

90 d养护龄期混凝土的浸泡液电导率及OH^-浓度分别列入表2-23。可以看出，水胶比相同时，掺和料混凝土的浸泡液电导率均明显低于普通混凝土的浸泡液电导率。虽然硅粉只有10%的掺量，但浸泡液电导率要低于普通混凝土和30%的粉煤灰混凝土，而且在多数情况下也低于50%的矿渣混凝土。各水胶比掺和料混凝土浸泡液电导率分别对同水胶比普通混凝土浸泡液电导率求百分比，一般在80%～90%之间。浸泡液氢氧根离子浓度变化也有类似规律，掺和料混凝土氢氧根离子浓度明显低于普通混凝土。

表2-23　90 d混凝土浸泡液电导率及OH^-浓度

编号＼项目	电导率/($\times10^2\mu$S/cm)	OH^-浓度/(mol/L)	电导率百分比/%
B11	100.7	0.045 0	100
B12	82.0	0.035 8	81.4
B13	84.3	0.036 8	83.7
B14	82.7	0.036 2	82.1
B21	95.0	0.040 3	100
B22	79.5	0.035 2	83.7
B23	81.6	0.036 2	85.9
B24	79.9	0.034 7	84.1
B31	85.2	0.036 8	100
B32	77.3	0.033 3	90.7
B33	77.4	0.033 4	90.8
B34	76.5	0.033 6	89.8

表2-24　90 d浸泡液校正结果

编号＼项目	通电量/C	电导/($\times10^{-3}$S)		相对扩散系数D/($\times10^{-12}$m^2/s)		校正百分比/%
		校正前	校正后	校正前	校正后	
B11	1 053	1.17	1.16	2.30	2.28	1
B12	369	0.42	0.51	0.82	1.00	21
B13	216	0.30	0.36	0.58	0.69	20
B14	207	0.18	0.22	0.35	0.42	22
B21	1 863	1.51	1.59	2.96	3.12	5
B22	612	0.46	0.58	0.90	1.13	26
B23	423	0.40	0.49	0.80	0.98	23
B24	405	0.29	0.36	0.58	0.73	24
B31	1 890	1.48	1.74	2.90	3.40	18
B32	639	0.56	0.72	1.09	1.41	29
B33	432	0.48	0.62	0.94	1.21	29
B34	—	0.37	0.48	0.72	0.94	29

按照公式(2－4)校正试验结果，设定标准浸泡液电导率$\sigma_{w标}$为$100\times10^2\,\mu S/cm$，这里因为采用标准试件，式(2－4)中混凝土的电导率σ用所测电导代替，计算可得校正后的混凝土电导。校正结果列于表2－24，并根据校正前后混凝土的电导，依据式(2－5)分别计算校正前后混凝土的氯离子相对扩散系数和校正前后相对扩散系数之差对校正前的校正百分比。

$$D=0.235\times10^{-8}G \tag{2-5}$$

式中：D——相对氯离子扩散系数(m^2/s)；

G——试件电导(S)。

由表2－24的校正结果可知，校正前B11电导或相对扩散系数是B12的2.8倍，而校正后只有2.3倍左右，校正后相差倍数减小，其他各水胶比组掺和料混凝土的电导或相对扩散系数校正前后也有类似变化规律。这是因为校正结果消除了由于掺和料降低孔液电导率使快速试验结果产生的误差。掺和料混凝土的相对扩散系数校正百分比在20%～30%之间，且同种掺和料校正百分比随水胶比增大而增大，这是由于水胶比增大降低了混凝土浸泡液的导电能力。

2.3.3.3 校正前后快速法试验结果与长期浸泡、浸烘试验结果的对比分析

采用浓度为10%的氯化钠溶液浸泡试件，浸泡150 d后取样分析各层混凝土中水溶性氯离子含量，并根据菲克第二定律计算氯离子扩散系数，结果见表2－25及表2－27。

浸烘试验参照《水工混凝土试验规程》(DL/T 5150—2001)“水工混凝土钢筋腐蚀快速试验”进行，14 d为一循环，共进行7个浸烘循环后取样分析结果，见表2－26和表2－27。

表2－25 150 d浸泡试验各层氯离子含量/%(占砂浆质量百分比)

编号＼层数	1	2	3	4	5
B11	0.601 79	0.065 31	0.018 11	0.010 55	0.006 30
B12	0.583 26	0.009 12	0.004 94	0.004 50	0.004 30
B13	0.485 15	0.040 82	0.011 38	0.009 81	0.009 23
B14	0.610 49	0.040 79	0.013 46	0.010 39	0.009 85
B21	0.990 58	0.308 18	0.050 73	0.023 29	0.014 39
B22	0.660 80	0.011 33	0.007 97	0.004 59	0.004 41
B23	0.967 19	0.216 97	0.082 76	0.019 22	0.008 98
B24	0.685 63	0.051 45	0.032 56	0.029 68	0.026 81
B31	1.170 69	0.498 22	0.184 75	0.074 65	0.031 87
B32	1.043 11	0.028 47	0.009 18	0.008 64	0.007 92
B33	1.182 00	0.222 55	0.039 58	0.037 78	0.012 95
B34	—	—	—	—	—

表 2-26 98 d浸烘试验各层氯离子含量/%(占砂浆质量百分比)

编号＼层数	1	2	3	4	5
B11	0.578 60	0.368 61	0.188 92	0.051 02	0.008 95
B12	0.567 50	0.201 58	0.009 85	0.007 88	0.007 16
B13	0.777 32	0.431 80	0.041 18	0.021 84	0.017 19
B14	0.601 52	0.367 35	0.027 75	0.006 98	0.006 80
B21	0.706 42	0.451 85	0.307 92	0.152 35	0.051 02
B22	0.637 32	0.398 86	0.140 00	0.007 88	0.007 16
B23	0.825 47	0.597 40	0.153 24	0.024 88	0.008 06
B24	0.868 60	0.506 80	0.332 47	0.052 17	0.021 95
B31	1.088 81	0.657 19	0.545 66	0.481 57	0.374 69
B32	1.167 97	0.655 23	0.451 57	0.019 31	0.010 79
B33	0.942 02	0.612 97	0.179 38	0.048 69	0.047 44
B34	—	—	—	—	—

表 2-27 浸泡与浸烘试验扩散系数

编号＼系数	浸泡试验扩散系数 $D/(\times 10^{-12}\, m^2/s)$	浸烘试验扩散系数 $D/(\times 10^{-12}\, m^2/s)$
B11	1.67	22.94
B12	0.66	6.46
B13	1.29	10.97
B14	1.15	11.61
B21	3.76	33.29
B22	0.68	15.60
B23	2.61	18.07
B24	1.21	15.71
B31	6.07	50.80
B32	0.79	18.29
B33	2.23	21.24
B34	—	—

90 d氯离子相对扩散系数与浸烘试验扩散系数线性回归分析(如图 2-31 和图 2-32 所示)所得相关系数校正前后分别为 0.862 42 和 0.904 42,相关性提高 30%。校正后相对扩散系数与浸烘试验结果线性拟合关系式为

$$Y = -0.048\,62 + 0.073\,94X \tag{2-6}$$

式中:Y——校正后的相对扩散系数;

X——浸烘试验扩散系数。

90 d氯离子相对扩散系数与长期自然浸泡试验结果线性相关性校正前为 0.768 09,校正后为 0.824 82(图 2-33 和图 2-34),相关性提高 24%。校正后结果

与自然浸泡结果的线性拟合关系式为

$$Y=0.44936+0.50439X \tag{2-7}$$

式中：Y——校正后的相对扩散系数；

X——浸泡试验扩散系数。

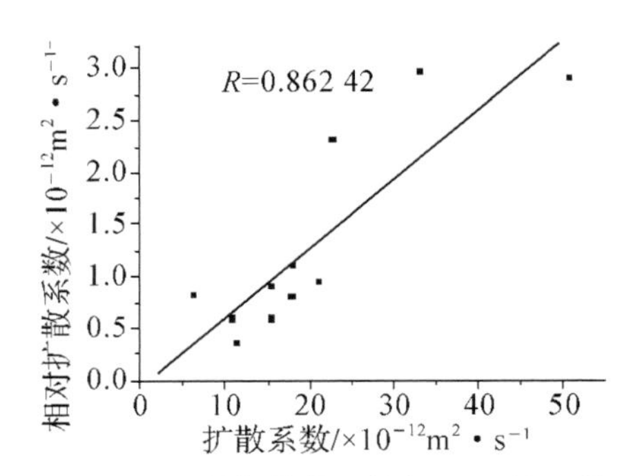

图 2-31 浸烘扩散系数与 90 d 校正前氯离子相对扩散系数的关系

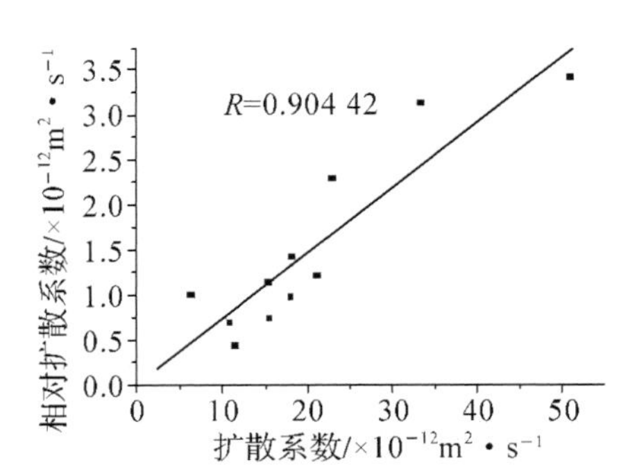

图 2-32 浸烘扩散系数与 90 d 校正后氯离子相对扩散系数的关系

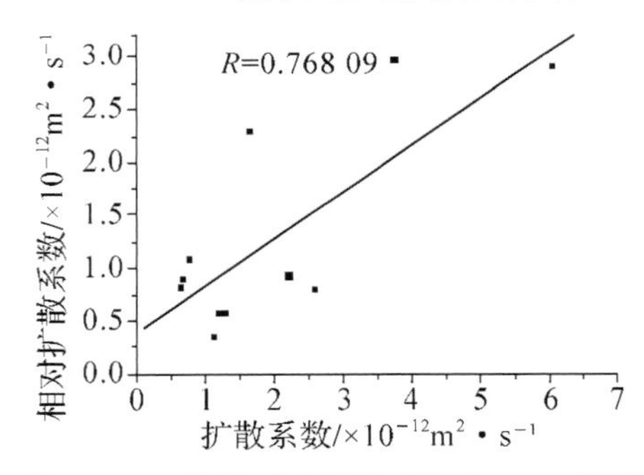

图 2-33 浸泡试验扩散系数与 90 d 校正前扩散系数之间的关系

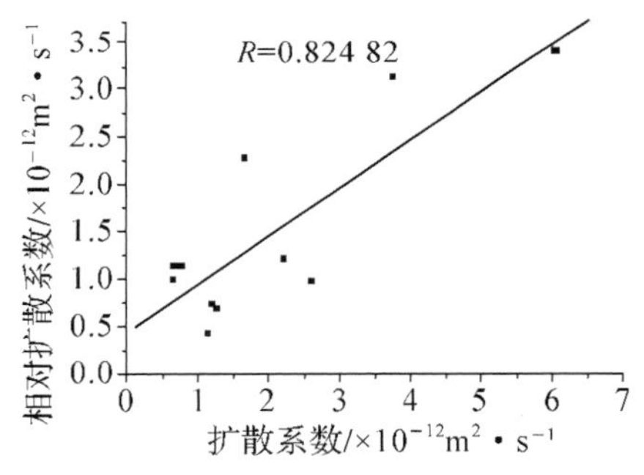

图 2-34 浸泡试验扩散系数与 90 d 校正后扩散系数之间的关系

校正后快速法结果与长期浸泡试验和浸烘试验结果的线性相关性优于未校正前，但长期浸泡试验和浸烘试验步骤比较烦琐以及计算模型存在缺陷，其结果存在一定误差，所以该方法的可靠性还需要进一步论证及实践检验。校正后的氯离子相对扩散系数与浸烘试验结果的相关性要比长期浸泡试验结果的相关性高，而浸烘试验较接近实际浪溅区和潮差区氯离子进入混凝土的机理，说明校正后的快速试验结果可能更接近实际情况。

2.4 钢筋混凝土抗氯离子侵蚀的措施和机理

混凝土抵抗氯离子从外界渗入（氯离子扩散）的能力，也即抗氯离子能力，可通过降低水胶比或添加矿物掺和料，如粉煤灰、硅粉、磨细高炉矿渣粉来实现。

2.4.1 掺和料对氯离子扩散的作用

使用矿物掺和料配制高性能混凝土是目前海洋环境中混凝土应用的热点。矿物掺和料的应用提高了混凝土密实性，改善混凝土抗氯离子侵蚀，尤其是磨细矿渣粉，显著增强混凝土对外渗氯离子的结合能力。

表 2－28 列出了不同环境条件或养护方式下，不掺掺和料、掺粉煤灰、掺矿渣粉和掺硅粉混凝土表层 0～10 mm 氯离子的浓度值（以砂浆质量计）。

表 2－28　混凝土表层氯离子浓度值/%（以砂浆质量计，0～10 mm 层）

编号	混凝土种类	环境条件/养护方式				
		水中浸泡 1 a	水上大气 2 a	干湿浸烘 12 次	现场暴露 1.5 a	现场暴露 3.5 a
1	硅酸盐水泥	0.052 0	0.006 5	0.771 7	0.219 5	0.304 8
2	掺粉煤灰	0.072 5	0.009 4	1.063 0	0.17 3	0.340 3
3	掺矿渣粉	0.074 2	0.019 1	1.412 0	0.346 3	0.423 5
4	掺硅粉	0.041 2	0.005 4	1.215 0	—	—

混凝土表层 0～10 mm 氯离子的浓度值和氯离子扩散模型中的初始氯离子浓度 C_0 直接相关，反映了不同掺和料对氯离子扩散的影响。图 2－35 的统计结果表明，与空白组（硅酸盐水泥混凝土）比较，掺粉煤灰后，无论在何种环境条件或养护方式下，混凝土表层氯离子浓度均略有提高，提高百分比为 30%左右；掺矿渣粉后，混凝土表层氯离子浓度明显提高，除水上大气养护组外，提高百分比为 50%左右；而掺加硅粉组，水中养护和水上大气养护的混凝土表层的氯离子浓度明显下降，下降幅度为 20%左右，而浸烘后，混凝土表层的氯离子浓度明显提高。

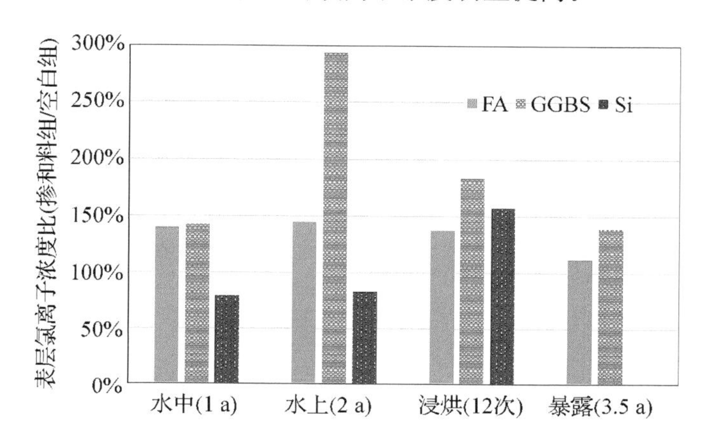

图 2－35　掺和料混凝土表层氯离子浓度比较（硅酸盐水泥混凝土为空白组）

拟合不同试验条件下氯离子扩散系数经时变化规律，得到表 2－29 中的值[21]。

表 2-29 不同试验条件下氯离子扩散系数拟合关系

试件编号	氯离子扩散系数拟合关系							
	RCM法			室内浸泡试验			现场暴露试验	
	α	R^2	α 取值	α	R^2	α 取值	α 取值	R^2
W1	0.32	0.91	0.26	0.98	0.96	1.06	0.419	0.96
W2	0.24	0.99		1.08	0.95			
W3	0.22	0.85		1.14	0.96			
F1	0.31	0.82	0.34	1.14	0.99	1.12	0.436	0.98
F2	0.37	0.79		1.10	0.97			
G1	0.27	0.87	0.30	2.17	1.00	2.04	0.490	1.00
G2	0.28	0.81		1.97	1.00			
G3	0.35	0.79		1.99	1.00			
S1	0.31	0.86	0.36	0.69	0.94	1.20	—	—
FS1	0.41	0.81		1.72	0.99			
FG1	0.47	0.86	0.48	1.10	1.00	1.28	—	—
FG2	0.48	0.84		1.46	1.00			
备注	$T_0=28$ d			$T_0=180$ d			$T_0=28$ d(拟合)	

结果表明,各拟合值 α 的相关性较好。显然,无论何种试验条件或拟合初始 T_0 的选择,空白组(硅酸盐水泥组)的 α 值相对掺和料组较小,说明无掺和料混凝土的氯离子扩散系数衰减速度低于掺掺和料混凝土;掺入粉煤灰和矿渣粉均能显著提高 α 值,且随着各自掺量的增加而增加。

2.4.2 大掺量掺和料混凝土抗氯盐腐蚀性能

根据以上结果,选择 XF-FG2 组即磨细矿渣掺量 40%、粉煤灰掺量 15%的双掺方案,开展耐腐蚀混凝土抗氯盐腐蚀性能试验,对比试验选择的水胶比和胶凝材料方案如表 2-30。

表 2-30 混凝土配合比及拌和物性能

试件编号	水胶比	胶凝材料配伍掺量/%
P35	0.35	100C
P45	0.45	100C
P55	0.55	100C
S35	0.35	45C+15F+40S
S40	0.40	45C+15F+40S
S45	0.45	45C+15F+40S

注:表中"C"表示水泥;"F"表示粉煤灰;"S"表示磨细矿渣。

普通混凝土、耐腐蚀混凝土的抗氯盐腐蚀性能试验主要依据《普通混凝土长期性能和耐久性能试验方法标准》(GB/T 50082—2009)进行。

各试验配合比的力学性能见表 2-31 和图 2-36。

表 2-31　不同配比混凝土的力学性能

试件编号	抗压强度/MPa	
	28 d	90 d
P35	61.7	68.3
P45	52.6	61.0
P55	42.9	51.4
S35	55.3	63.8
S40	50.0	58.3
S45	45.4	54.2

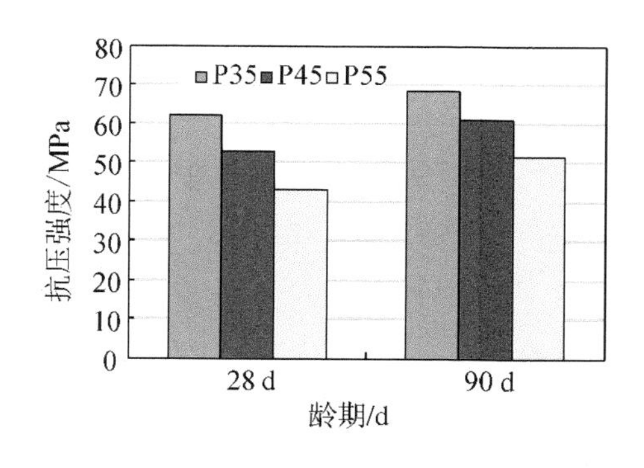

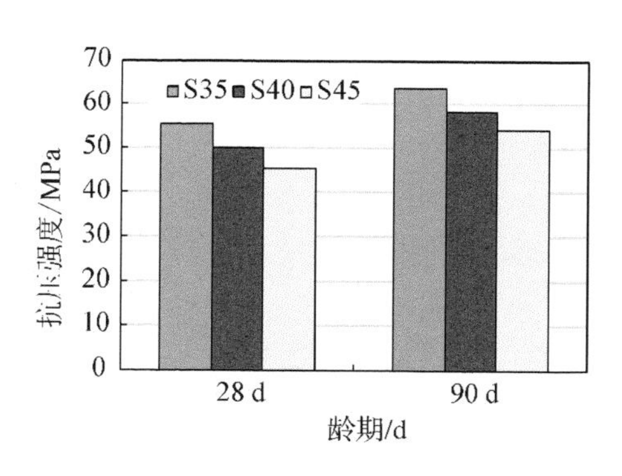

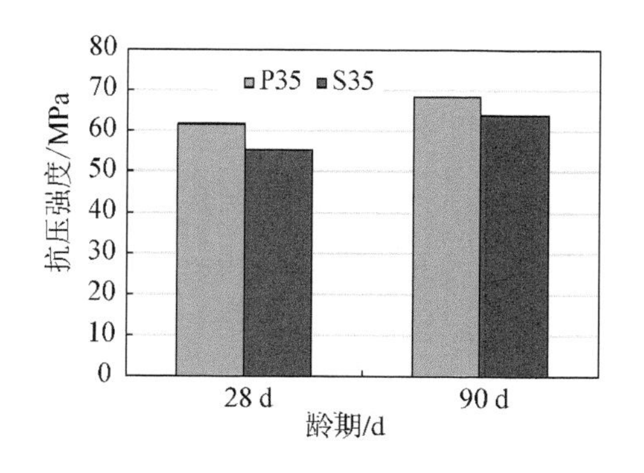

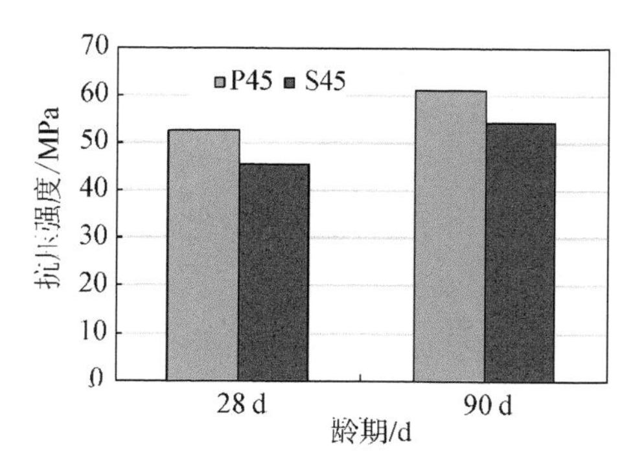

图 2-36　不同配比混凝土的力学性能

由表 2-31 和图 2-36 的强度性能试验结果可知，在相同的水胶比条件下，双掺

15%粉煤灰和40%磨细矿渣粉的耐腐蚀混凝土强度在同龄期下比无掺和料的普通混凝土强度略低。

不同配比混凝土抗氯离子渗透性能试验分别采用电量法和RCM法两种方法，试件尺寸为ϕ100 mm×50 mm。试验结果见表2-32。

表2-32 不同配比混凝土抗氯离子渗透性能试验结果

试件编号	抗氯离子渗透性能			
	电通量/C(电量法)		抗氯离子渗透系数/($\times10^{-12}$ m^2/s)(RCM法)	
	28 d	90 d	28 d	90 d
P35	2 504	2 179	5.04	4.78
P45	2 697	2 506	5.62	5.06
P55	3 371	3 297	7.41	6.69
S35	882	685	1.85	1.68
S40	930	794	2.02	1.64
S45	1 013	827	2.45	1.52

表2-32的试验结果表明，在相同水胶比条件下，虽然耐腐蚀混凝土的同龄期强度略低于普通混凝土，但其抗氯离子渗透性能显著增强，与普通混凝土相比提高约3倍。

2.4.3 干湿循环条件下耐腐蚀混凝土的性能

针对普通混凝土、耐腐蚀混凝土，分别开展干湿循环条件和饱水条件下钢筋混凝土抗氯离子渗透试验研究。

采用0.35和0.45水胶比的两组普通混凝土，0.35、0.40和0.45水胶比的三组耐腐蚀混凝土共5组混凝土配合比，开展干湿循环条件下钢筋混凝土抗氯离子渗透试验研究。

根据设计的配合比，成型尺寸为100 mm×100 mm×200 mm的混凝土试件。将成型的试件标准养护28 d后取出，除了一个100 mm×200 mm的侧面供外界氯离子渗透外，其余5个表面均用环氧树脂密封，然后开始浸烘循环。首先将混凝土试件浸泡在浓度为3.5%的氯化钠溶液中1天，然后在60 ℃温度下烘干13天，接着再浸泡再烘干，直至多个循环。然后钻取不同深度混凝土砂浆粉末样品，测定混凝土砂浆中水溶性氯离子含量。

混凝土试件分别经过7个和12个浸烘循环后，钻取不同深度混凝土砂浆粉末样品，测定混凝土砂浆中水溶性氯离子含量，结果见表2-33。

表 2－33　不同配比混凝土干湿循环条件下抗氯离子渗透性能试验结果

试件编号	循环/次	不同取样深度下水溶性 Cl^- 含量/%(以砂浆重量计)				
		0～10 mm	10～20 mm	20～30 mm	30～40 mm	40～50 mm
P35	7	0.461	0.336	0.293	0.269	0.202
	12	0.591	0.414	0.385	0.334	0.246
P45	7	0.712	0.551	0.495	0.390	0.210
	12	0.779	0.708	0.524	0.475	0.399
S35	7	0.372	0.269	0.092	0.069	0.009
	12	0.506	0.349	0.260	0.172	0.074
S40	7	0.450	0.329	0.199	0.159	0.067
	12	0.555	0.403	0.278	0.210	0.121
S45	7	0.535	0.408	0.288	0.246	0.175
	12	0.629	0.558	0.461	0.392	0.184

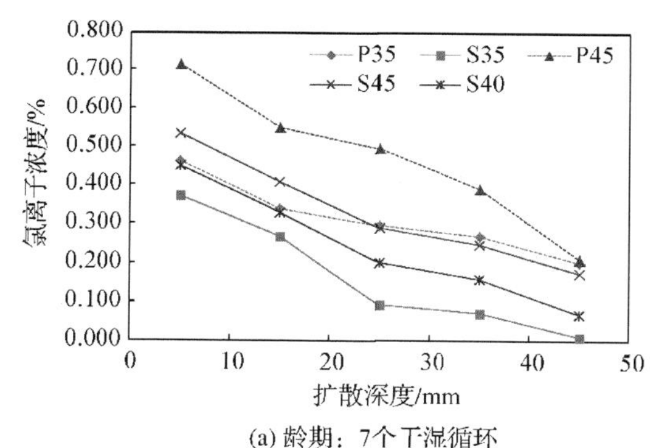

(a) 龄期：7个干湿循环

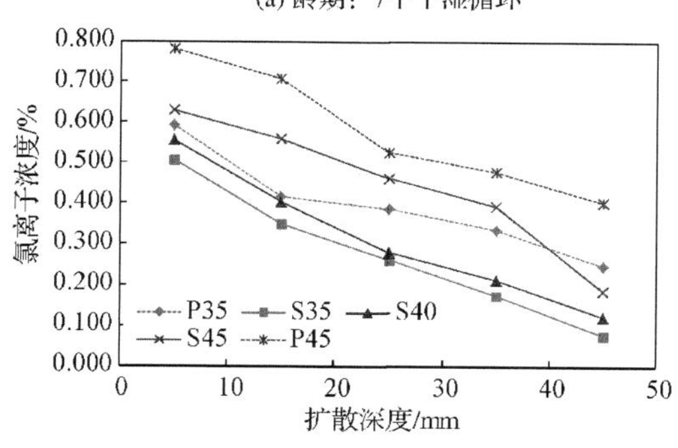

(b) 龄期：12个干湿循环

图 2－37　混凝土在干湿循环条件下氯离子浓度随扩散深度的变化规律

由表 2－33 和图 2－37 的结果可知，在干湿循环条件下，氯离子浓度随扩散深度逐步下降。对于同种混凝土，氯离子浓度随水胶比的增加而增大；而在相同水胶比条件下，扩散至耐腐蚀混凝土中的氯离子浓度明显低于普通混凝土；而且从图中可以看出，水胶比小于等于 0.40 的耐腐蚀混凝土中的氯离子浓度均比水胶比 0.35 的普通混凝土小，即使 0.45 水胶比的耐腐蚀混凝土在经过了 7 个干湿循环后，氯离子浓度从第三层即 20～30 mm 深度处开始也比水胶比 0.35 的普通混凝土小；经过了 12 个干湿循环后，氯离子浓度在第五层即 40～50 mm 深度处也比水胶比 0.35 的普通混凝土小。也就是说，即使水胶比较高的耐腐蚀混凝土，相比低水胶比的普通混凝土，氯离子也不易扩散至混凝土内部深处。

2.4.4 饱水条件下耐腐蚀混凝土的性能

采用 0.35 水胶比的普通混凝土、0.35 水胶比的大掺量磨细矿渣耐腐蚀混凝土共 2 组混凝土配合比，开展饱水条件下钢筋混凝土抗氯离子渗透试验对比研究。

试件尺寸与处理方式与干湿循环试验一样，然后将混凝土试件浸泡在浓度为 3.5%的氯化钠溶液中。

混凝土试件分别经过 30 d 和 90 d 的浸泡龄期后，钻取不同深度混凝土砂浆粉末样品，测定混凝土砂浆中水溶性氯离子含量，结果见表 2－34 和图 2－38。

表 2－34　不同配比混凝土饱水条件下抗氯离子渗透性能试验结果

试件编号	龄期/d	不同取样深度下水溶性 Cl^- 含量/%（以砂浆重量计）				
		0～10 mm	10～20 mm	20～30 mm	30～40 mm	40～50 mm
P35	30	0.141	0.058	0.011	0.007	0.004
	90	0.166	0.067	0.027	0.011	0.007
S35	30	0.125	0.004	0.004	0.002	0.002
	90	0.208	0.009	0.007	0.007	0.004

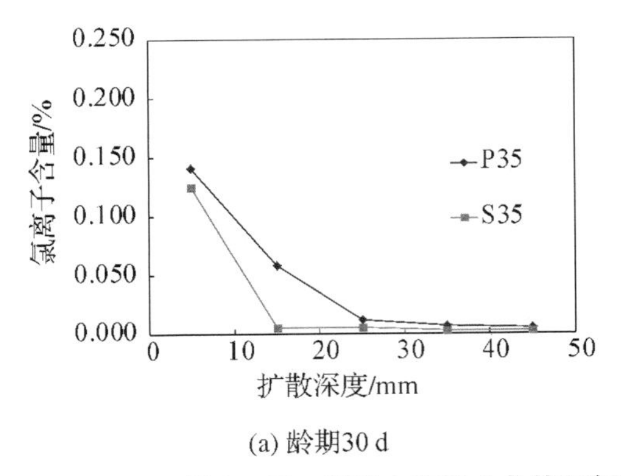

(a) 龄期30 d

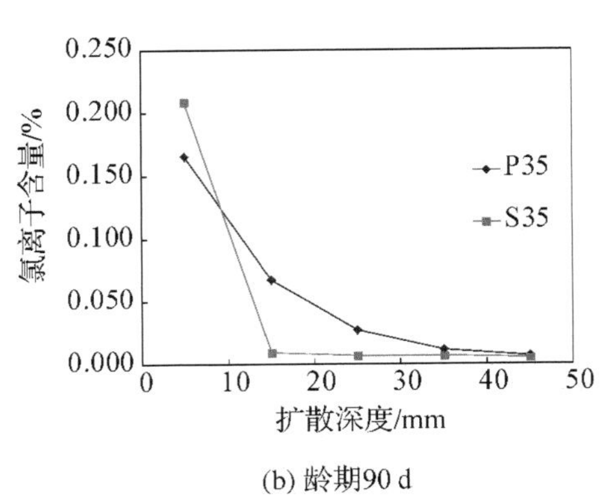

(b) 龄期90 d

图 2－38　混凝土在饱水条件下氯离子浓度随扩散深度的变化规律

表 2－34 和图 2－38 的结果表明，在饱水条件下，在 90 d 的侵蚀龄期内，耐腐蚀混凝土中的氯离子主要聚集在表层，内部氯离子很少；而普通混凝土中氯离子由表

及里逐步扩散至内部。但饱水条件与干湿循环条件相比，对比图 2－38 和图 2－37（7 个干湿循环，即 98 d 侵蚀龄期）可知，无论是耐腐蚀混凝土还是普通混凝土，干湿循环条件下，扩散进入混凝土中的氯离子明显高于饱水条件。

2.4.5 耐腐蚀混凝土抗氯盐侵蚀性能改善机理

大掺量磨细矿渣和粉煤灰等矿物掺和料的掺入能改善混凝土内部的微观结构和水化产物的组成，降低混凝土的孔隙率，使孔径细化，提高混凝土对氯离子渗透的扩散阻力。同时，由于火山灰效应，减少了粗晶体颗粒的水化产物 $Ca(OH)_2$ 的数量及其在水泥石—集料界面过渡区的聚集与定向排列，优化了界面结构，并生成强度更高、稳定性更优、数量更多的低碱度 C－S－H 凝胶，增强了结合氯离子的能力。加之掺和料粉末的密实填充作用会使水泥石结构和界面结构更加致密。矿物掺和料提高了混凝土对氯离子的物理吸附和化学结合能力，即固化能力。水泥石孔结构的细化使其对氯离子的物理吸附能力增强；二次水化反应生成的碱性较低的 C－S－H凝胶也增强了结合氯离子的能力；掺和料中较高含量的无定型 Al_2O_3 与 Cl^-、$Ca(OH)_2$ 生成 Friedel 盐，这些均有利于降低氯离子在混凝土中的含量和渗透速度，使得混凝土内部离子浓度降低，提高了混凝土的抗氯离子渗透的能力。

参考文献

[1] 姬永生，袁迎曙. 干湿循环作用下氯离子在混凝土中的侵蚀过程分析[J]. 工业建筑，2006，36(12)：16－19.

[2] 管学茂，孙国文，王玲，等. 高性能水泥基材料结合外渗氯离子能力的测试方法对比[J]. 混凝土，2005(11)：36－39.

[3] Tang L，Nilssion L. Chloride binding capability and isotherms of OPC paste and mortars[J]. Cement and Concrete Research，1993，23(2)：247－253.

[4] 〔瑞士〕汉斯・博尼. 钢筋混凝土结构的腐蚀[M]. 蒋正武，龙广成，孙振平，译. 北京：机械工业出版社，2009.

[5] 冯乃谦，邢锋. 混凝土与混凝土结构的耐久性[M]. 北京：机械工业出版社，2009：155－156.

[6] 洪定海. 混凝土中钢筋的腐蚀与保护[M]. 北京：中国铁道出版社，1998.

[7] 李伟文，冷发光，邢锋. 不同强度等级混凝土氯离子渗透性研究[J]. 混凝土，2003(5)：29－30，62.

[8] 张燕驰，竺存宏，朱雅仙，等. 典型地区环境和已建工程破坏状况调查与分析[R]. 南京：南京水利科学研究院，2000：1－14.

[9] 冷发光，冯乃谦. 高性能混凝土渗透性和耐久性及评价方法研究[J]. 低温建筑技术，2000(4)：14－16.

[10] C L Page，N R short，A El-tarras. Diffusion of ions in hardened cement pastes[J]. Cement and Concrete Research，1981，3(11)：395－406.

[11] P E Streicher，M G Alexander. A chloride conductivity test for concrete[J]. Cement and

Concrete Research,1995,25(6):1284 - 1294.

[12] Rolf F Feldman,Gordon W Chan,Réjean J Brousseaui,et al. Investigation of the rapid chloride permeability test[J]. ACI Materials Journal,1994,91(2):246 - 255.

[13] Rolf F Feldman, Luzi R Prudence Jr, Gordon Chan. Rapid chloride permeability test on blended cement and other concretes: correlations between charge, initial current and conductivity[J]. Construction and Building Materials,1999,13:149 - 154.

[14] Caijun Shi, Julia A Stegemann, Robert J Caldwell. Effect of supplementary cementing materials on the specific conductivity of pore solution and its implications on the rapid chloride permeability test(AASHTO T277 and ASTM C1202) Results[J]. ACI Materials Journal,1998,95(4):389 - 394.

[15] C Andrade. Caculation of chloride diffusion coefficients in concrete frome ionic migration measurements[J]. Cement and Concrete Research,1993,23:724 - 742.

[16] C Andrade,C Alonso,A Artraga,et al. 按电阻率计算钢筋混凝土使用寿命的方法论[C]. Proc 5th Int Conf on Durability of Concrete,2000.

[17] 段世铎,谭逸玲. 界面化学[M]. 北京:高等教育出版社,1990.

[18] 沈钟,王果庭. 胶体与表面化学[M]. 北京:化学工业出版社,1991.

[19] M Castellote,C Andrade,C Alonso. Chloride transference numbers in steady-state migration tests[M]. Magazine of Concrete Research,2000,52(2):93 - 100.

[20] 胡彦君. 掺和料混凝土氯离子渗透快速试验校正及渗透性能规律研究[R]. 南京:南京水利科学研究院,2004.

[21] 钱文勋,陈迅捷,张燕驰,等. 海工钢筋混凝土腐蚀环境与修复措施的数字模型试验研究[R]. 南京:南京水利科学研究院,2014.

3　内陆淡水环境和盐碱环境钢筋混凝土抗腐蚀耐久性

3.1　碳化

混凝土碳化是环境中的二氧化碳向混凝土内部扩散，与混凝土中水泥水化产物发生反应，使得混凝土碱性下降和混凝土中化学成分改变的中性化反应过程。

混凝土的碳化本身不会导致混凝土劣化，但对其性能会产生很大的影响。随着混凝土碳化发展，硬化浆体中孔隙液的 pH 值逐步下降，pH 值至 9 左右时，就会破坏钢筋混凝土中钢筋表面的钝化膜，在钝化膜破坏后，伴随着水和空气的共同作用，钢筋就会出现锈蚀膨胀，最终导致混凝土破坏。

工程现场采用原位检测，凿开混凝土表面后向凿孔内均匀喷洒 1%浓度的酚酞试液，未碳化混凝土部位显示紫红色，已碳化部位为无色，通过测试其界线至混凝土表面的距离获得碳化深度(见图 3 - 1)。

图 3 - 1　碳化深度检测

3.1.1　影响碳化的主要因素

混凝土碳化的程度主要取决于环境中二氧化碳的浓度、混凝土的密实性、水化产物氢氧化钙的含量以及混凝土内部的环境条件(温湿度)等因素。

混凝土自身的密实性是影响混凝土抗碳化性能的主要因素，因此通过降低混凝土的水灰比，提高混凝土强度可提高混凝土的抗碳化性能。图 3 - 2 为暴露在相对湿度 65%的空气中 2 a 后混凝土抗压强度和碳化深度的关系[1]。

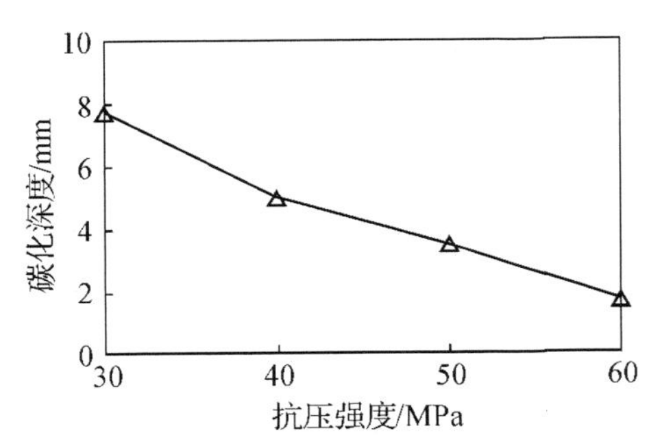

图 3-2　混凝土碳化深度与抗压强度关系

由于粉煤灰和矿渣粉等掺和料对混凝土的工作性能和耐久性改善作用显著，粉煤灰、矿渣粉等掺和料在混凝土工程中的应用越来越广泛。粉煤灰和矿渣粉掺入混凝土后，一方面可显著改善混凝土内部的孔结构，使得混凝土更为密实，混凝土抗碳化能力提高；同时由于粉煤灰和矿渣粉的二次水化作用，使得浆体中 $Ca(OH)_2$ 的总量减少，混凝土抗碳化能力减弱。

3.1.1.1　水胶比和掺和料对碳化的影响

参照《工业建筑防腐蚀设计规范》(GB 50046—2008)和《混凝土结构耐久性设计规范》(GB/T 50476—2008)的要求，腐蚀环境下混凝土的强度等级不应低于 C40，水胶比不大于 0.40，以此设计不同水胶比和掺和料配伍下的基础混凝土配合比，基本配合比参数如表 3-1。

表 3-1　基础高性能混凝土配合比参数

编号	水胶比	掺和料掺量/%		编号	水胶比	掺和料掺量/%	
		粉煤灰	矿渣粉			粉煤灰	矿渣粉
W35KB	0.35	—	—	W38KB	0.38	—	—
W35F20		20	—	W38F20		20	—
W35F35		35	—	W38F35		35	—
W35G50		—	50	W38G50		—	50
W35G60		—	60	W38G60		—	60
W35H1		15	35	W38H1		15	35
W35H2		20	40	W38H2		20	40

各配合比 28 d 抗压强度值见图 3-3。结果显示，粉煤灰掺量为 20%时，与空白组(未掺掺和料组)相比，混凝土 28 d 强度下降不超过 5%，而粉煤灰掺量达 35%后，混凝土 28 d 抗压强度下降显著达 20%左右；其他各组掺掺和料混凝土 28 d 强度基本相当，较空白组有一定下降。

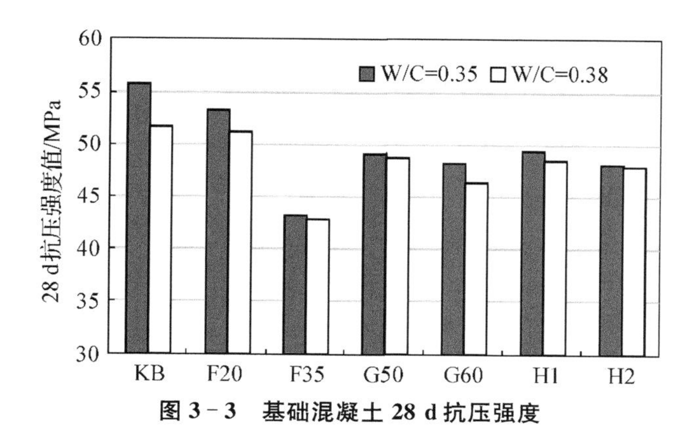

图 3-3　基础混凝土 28 d 抗压强度

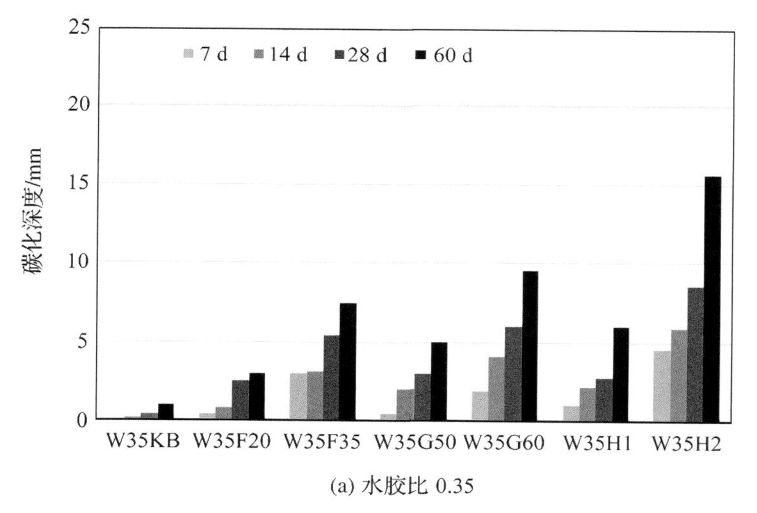

(a) 水胶比 0.35

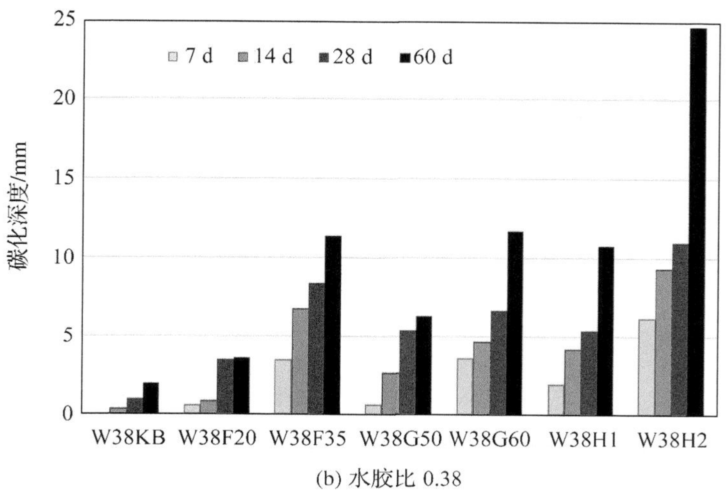

(b) 水胶比 0.38

图 3-4　不同水胶比基础混凝土的碳化性能

图 3-4 为设计的基础混凝土的碳化性能试验结果。碳化试验结果表明，随着水胶比的增加和掺和料掺量的增加，混凝土的抗碳化性能是逐渐下降的。除 W38H2 组外，各试验组 28 d 碳化深度均未超过 20 mm，抗碳化性能较好。依据《混凝土耐久性检验评定标准》(JGJ/T 193—2009)，在快速碳化试验中，如混凝土 28 d 碳化深度小于 20 mm，则抗碳化性能较好，一般认为可满足大气环境下 50 年的耐久性要求。

图 3-5 为不同水胶比下各配合比的碳化深度，结果表明，随着水胶比增大，混凝土碳化深度明显增加。其中，在相同水胶比下，掺和料(粉煤灰和矿渣粉)掺量的增加显著增加了碳化深度(见图 3-6 和图 3-7)。

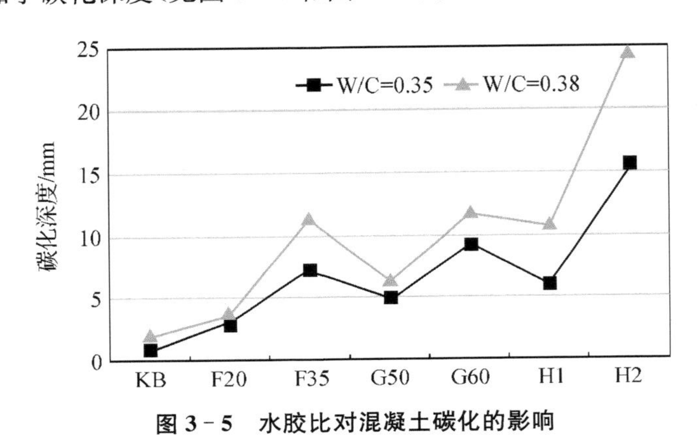

图 3-5　水胶比对混凝土碳化的影响

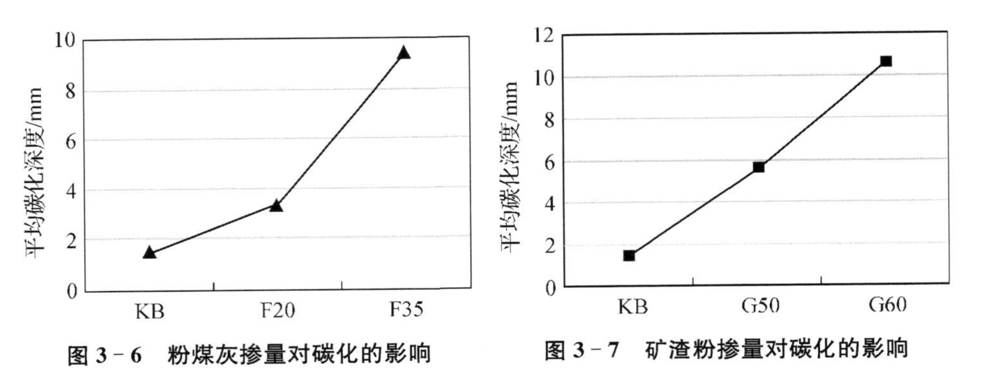

图 3-6　粉煤灰掺量对碳化的影响

图 3-7　矿渣粉掺量对碳化的影响

3.1.1.2　同强度下掺和料品种和掺量对碳化的影响

选取 C30 强度等级的泵送混凝土，经试配，不同粉煤灰和矿渣粉掺量下其碳化性能如图 3-8 和图 3-9[2]。

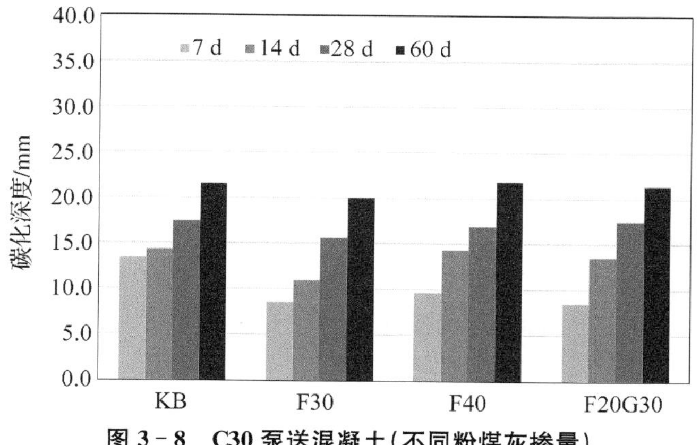

图 3-8 C30 泵送混凝土(不同粉煤灰掺量)

KB—空白组;F30—粉煤灰掺量 30%;F40—粉煤灰掺量 40%;F20G30—粉煤灰掺量 20%,矿渣粉掺量 30%

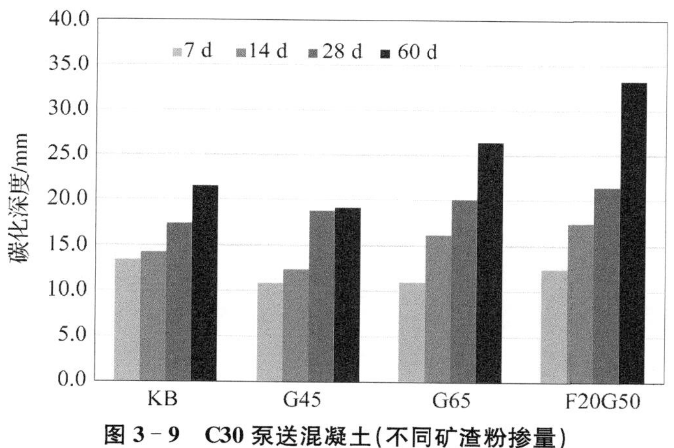

图 3-9 C30 泵送混凝土(不同矿渣粉掺量)

KB—空白组;G45—矿渣粉掺量 45%;G65—矿渣粉掺量 65%;F20G50—粉煤灰掺量 20%,矿渣粉掺量 50%

试验结果可见,随着混凝土中粉煤灰和矿渣粉掺量的增加,碳化速度加快;但考虑是相同强度等级设计,掺加掺和料后水胶比有所区别,在掺和料掺量总量不超过 60%时,其 60 d 碳化深度相差不大,而当掺和料总量大于 60%后,60 d 碳化深度显著增加,例如 G65 组和 F20G50 组,60 d 碳化深度相比基准组增加 23%和 54%。

3.1.2 多因素作用下混凝土的碳化

沿海输变电线路工程所处环境复杂,实际混凝土工程结构是在应力或非应力与氯离子和化学腐蚀共同作用下运行的,单一因素作用下的耐久性研究难以真实地反映工程所处环境的客观实际。尽管当今评估混凝土的耐久性已有多种方法和多种计算模型，但忽略了诸多工程决非单一因素作用下的损伤，而是多重破坏因素，至少是双重破坏因素共同作用的结果。材料内部劣化程度也绝不是各因素单独作用分别引起损伤的简单加和值，而是诸因素在相互影响、相互叠加，有明显的交互作用，从而影响材料的劣化程度和进程。

3.1.2.1 CO_2 和氯盐双重环境

(1) 原材料和配合比

试验采用 P·O 42.5 普通硅酸盐水泥，Ⅱ级粉煤灰以及 S95 级矿渣粉，原材料的各项品质指标满足现行国家标准要求。

采用水胶比分别为 0.33 和 0.38 的两组配合比，成型混凝土试件具体配合比见表 3-2。

表 3-2 试验配合比 (单位：kg/m^3)

编号	水	水泥	粉煤灰	矿渣粉	砂	小石	中石	高效减水剂
W33	156	189	95	189	658	438	657	3.80
W38	150	158	79	158	715	419	629	2.80

(2) 试验设计

腐蚀介质采用 Cl^- 含量 7 000 mg/L 的溶液和 Cl^- 含量 15 000 mg/L 的两种盐溶液。

两组混凝土在 Cl^- 浓度为 7 000 mg/L 腐蚀介质中浸泡 24 h，再放入 CO_2 浓度为 2%的碳化箱(温度 60±2 ℃，湿度 70%±5%)(见图 3-10)中养护 13 d，从开始浸泡在腐蚀溶液中至碳化箱中养护，共历时 14 d，为一次循环。

试验检测在氯离子快速碳化试验条件下，干湿循环 4 次(2 个月)、8 次(4 个月)、12 次(6 个月)、24 次(12 个月)下混凝土的中性化程度、抗压强度变化以及不同腐蚀溶液中混凝土中水溶性氯离子含量变化。其中水溶性氯离子含量检测取距离混凝土表面 1 cm、2 cm、3 cm、4 cm、5 cm 处砂浆。

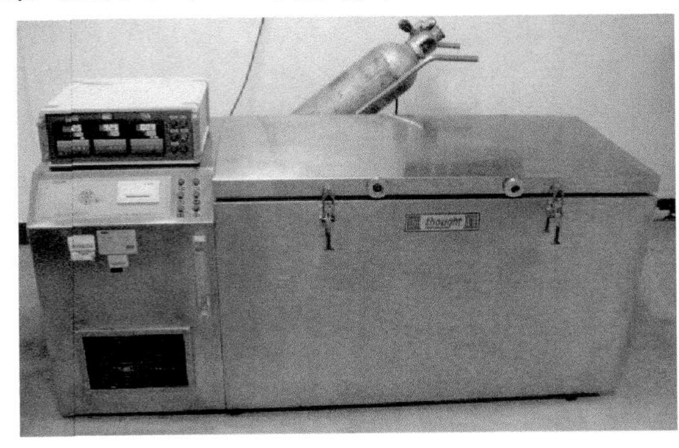

图 3-10 数字式混凝土碳化仪

(3) 混凝土性能

① 抗压强度

按照表 3 - 2 配合比成型混凝土试件，试件尺寸为 10 cm×10 cm×10 cm，养护到 28 d 后，取出用于干湿循环试件，非干湿循环试件继续在标准养护室中养护。相应干湿循环测试结束后，测试试件的抗压强度，同时取出同龄期标准养护室中试件，测试标准养护条件下试件的抗压强度。试验结果见图 3 - 11 和图 3 - 12。

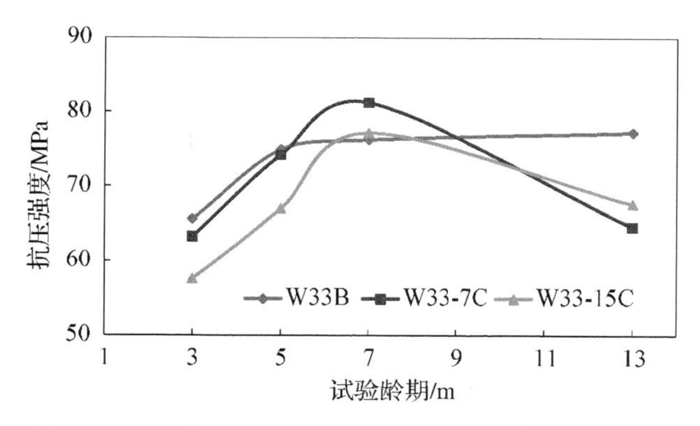

图 3 - 11 水胶比 0.33 试件在不同试验条件下抗压强度

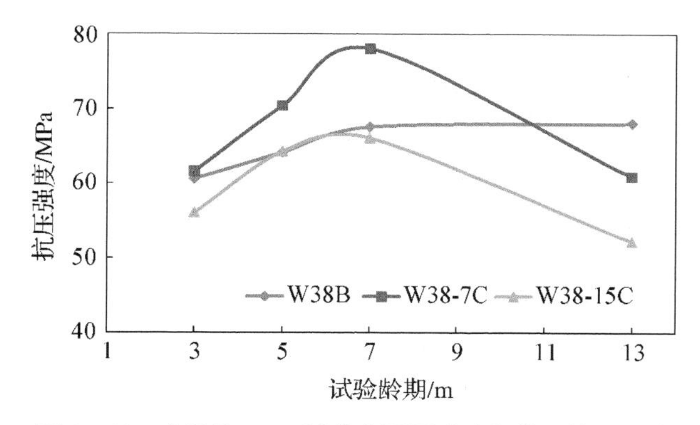

图 3 - 12 水胶比 0.38 试件在不同试验条件下抗压强度

图中编号 W33B 和 W38B 为标准养护的试件，编号 W33 - 7C 和 W38 - 7C 表示在 Cl^- 浓度为 7 000 mg/L 盐溶液浸泡后放于碳化箱中烘的试件，编号 W33 - 15C 和 W38 - 15C 表示在 Cl^- 浓度为 15 000 mg/L 盐溶液浸泡后放于碳化箱中烘的试件。此外在图 3 - 13 中，编号 W33 - 7H 和 W38 - 7H 表示在 Cl^- 浓度为 7 000 mg/L 盐溶液浸泡后放于烘箱中烘的试件；编号 W33 - 15H 和 W38 - 15H 表示在 Cl^- 浓度为 15 000 mg/L 盐溶液浸泡后放于烘箱中烘的试件。

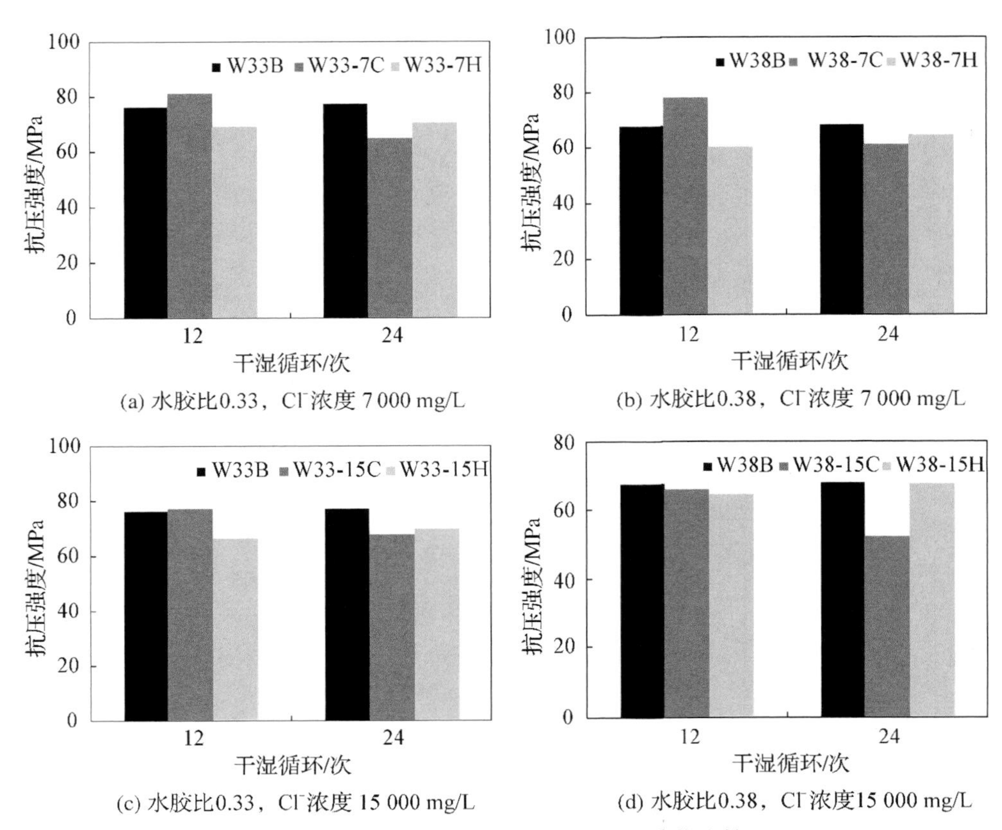

图 3-13 不同试验条件下抗压强度变化比较

从图 3-11 和图 3-12 中可以看出，水胶比为 0.33 和 0.38 的两组试件在标准养护条件下，随着龄期增加，混凝土试件抗压强度缓慢增加；在氯盐—碳化循环条件下，至 12 次循环时(7 个月)，混凝土试件抗压强度发展迅速，尤其是在 Cl^- 浓度为 7 000 mg/L 盐溶液中浸泡的试件，抗压强度值甚至超过标准养护的试件强度值，但至 24 次循环后(13 个月)，抗压强度值明显低于标准养护的试件强度值；在 Cl^- 浓度为 7 000 mg/L 和 15 000 mg/L 盐溶液中浸泡的试件，在碳化干湿循环下，强度均出现先增加后下降的规律。

图 3-13 中列出了经碳化浸烘循环和普通烘箱浸烘循环的试件抗压强度值结果。结果表明，普通的氯盐浸烘循环 12 次和 24 次后，混凝土试件抗压强度值均低于标准养护的同龄期试件值，但随循环次数增加未见明显下降；而经氯盐—碳化浸烘循环后，在 Cl^- 浓度为 7 000 mg/L 较低的盐溶液中浸泡后，试件抗压强度在 12 次循环时显著增加，而 24 次循环后显著下降；而在 Cl^- 浓度为 15 000 mg/L 较高的盐溶液中浸泡后，试件抗压强度在 12 次循环时变化不明显，而 24 次循环后显著下降。

② 氯离子渗透规律

图 3－14 为各组试件在 Cl^- 浓度为 7 000 mg/L 盐溶液浸泡后放于碳化箱中循环烘，经干湿循环 4 次(2 个月)、8 次(4 个月)、12 次(6 个月)、24 次(12 个月)后混凝土中水溶性氯离子含量结果。

结果表明，随着循环次数增加，混凝土各层氯离子浓度逐渐增加，相同循环次数时，低水胶比(0.33)的试件内氯离子浓度要低于高水胶比(0.38)的试件。

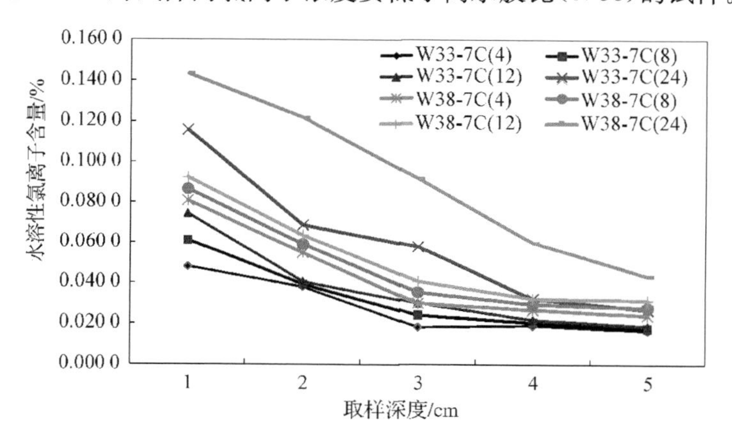

图 3－14　不同氯离子浓度下混凝土中氯离子的渗透规律

③ 碳化性能

图 3－15 为不同试验条件下(氯离子浓度 7 000 mg/L 和 15 000 mg/L)，随着循环次数的增加，混凝土的碳化深度变化。

结果表明，盐溶液浓度显著影响混凝土碳化深度，相同循环次数时，随着浸泡溶液中氯离子浓度的增加，混凝土的碳化深度也相应增加。

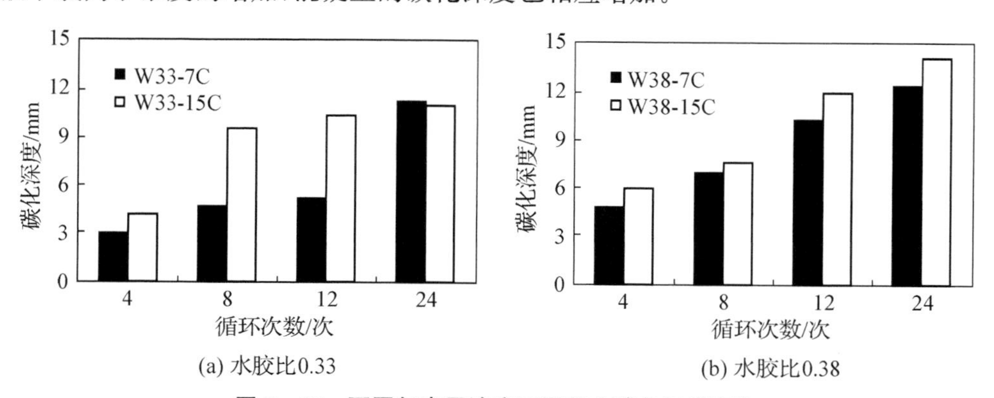

(a) 水胶比0.33　　(b) 水胶比0.38

图 3－15　不同氯离子浓度下混凝土碳化深度变化

3.1.2.2　拉应力—氯离子—碳化多因素复合环境

原材料和配合比参见 3.1.2.1 节。

(1) 试验设计

为研究混凝土碳化收缩和干缩应力对混凝土抗腐蚀耐久性的影响，混凝土试件施加40%抗拉强度的拉应力，在Cl^-浓度为7 000 mg/L腐蚀介质中进行干湿—碳化循环试验。混凝土试件养护到规定龄期后，把混凝土试件固定于刚性试验架上，通过拉力试验机让试件承受40%极限拉应力，固定试件(见图3-16)，然后把试件放腐蚀溶液中进行干湿循环。

试验检测在Cl^-浓度为7 000 mg/L腐蚀介质中，干湿循环4次(2个月)、8次(4个月)、12次(6个月)、24次(12个月)混凝土中水溶性氯离子含量和混凝土中性化深度。

图3-16 试件浸泡和试件应力架图

(2) 混凝土性能

① 氯离子渗透规律

图3-17为各组试件在拉应力作用下混凝土中氯离子的渗透规律。图中编号W33-7L和W38-7L代表使用拉应力架子施加40%极限拉应力的试件。

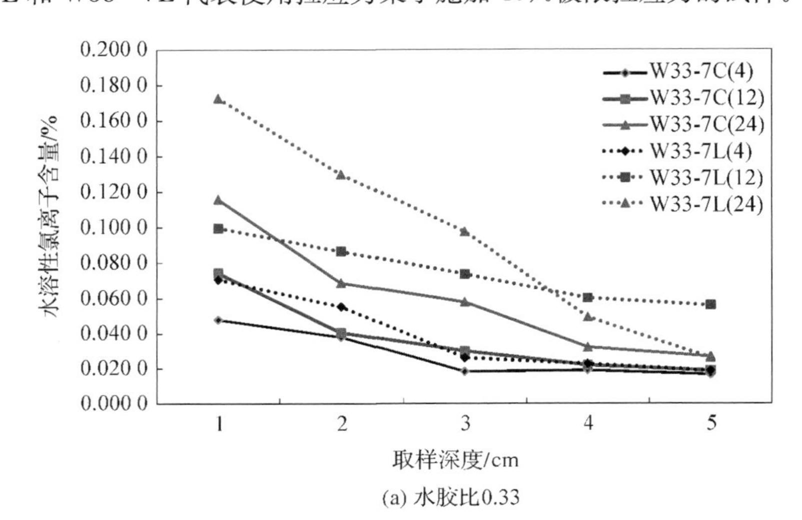

(a) 水胶比0.33

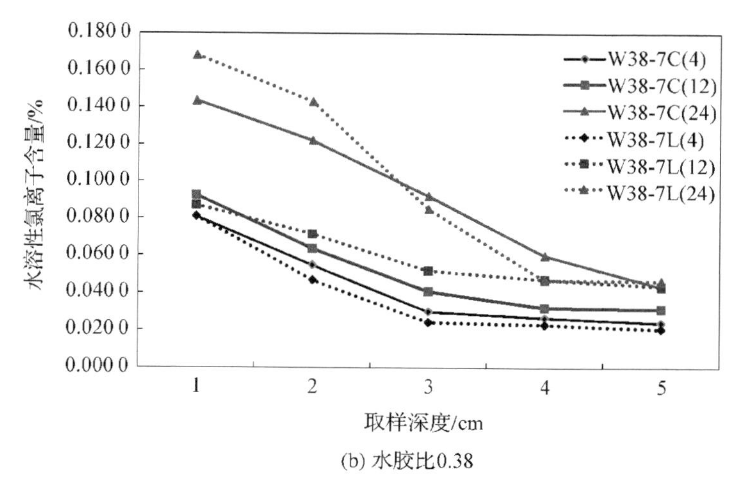

(b) 水胶比0.38

图 3－17　拉应力作用下混凝土中氯离子的渗透规律

试验结果表明，两组水胶比(0.33 和 0.38)混凝土试件随着盐溶液中氯离子浓度的增加，混凝土各层氯离子浓度明显增加，氯离子扩散速度显著提高。但是在碳化试验箱中浸烘后，各层氯离子浓度又显著下降，说明表层混凝土的碳化作用阻碍了氯离子的渗透。在施加 40%的拉应力作用下，同样加速了氯离子的渗透速度，相比较而言，低水胶比(0.33)的试验组更为明显。

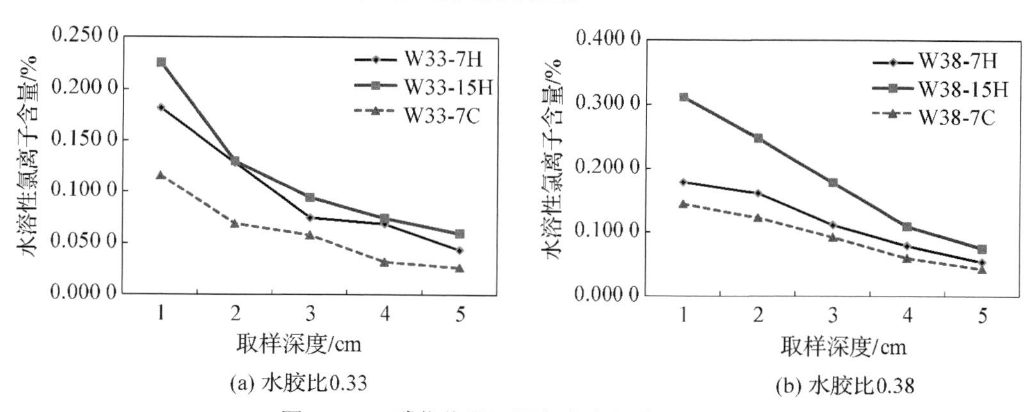

图 3－18　碳化作用下混凝土中氯离子的渗透

图 3－18 中比较了不同盐溶液浓度和碳化作用对氯离子的渗透作用，结果表明，盐溶液浓度对氯离子的渗透影响大，而碳化明显阻碍了氯离子的渗透。

比较上述图中的 W33－7H 和 W33－7L 以及 W38－7H 和 W38－7L 试验组结果，可发现同时考虑碳化和拉应力作用时，试件中前两层氯离子浓度差别较小，说明拉应力和碳化两者对氯离子渗透的促进和阻碍作用相互抵消。

② 碳化性能

图 3－19 和图 3－20 为不同试验条件下(氯离子浓度为 7 000 mg/L 和

15 000 mg/L 以及 40%拉应力作用)，随着循环次数的增加，混凝土的碳化深度变化。

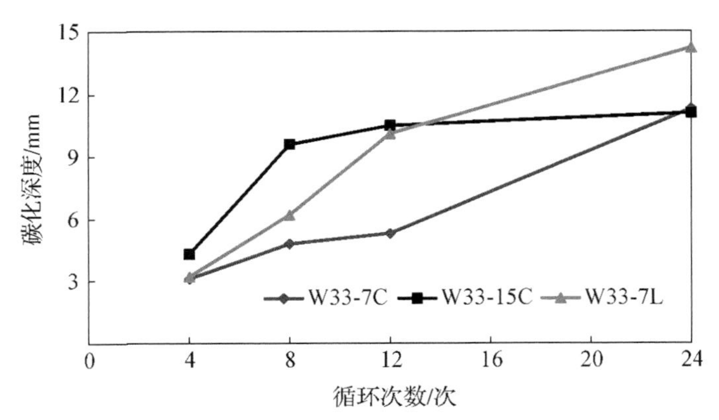

图 3-19　不同试验条件下混凝土的碳化(水胶比 0.33)

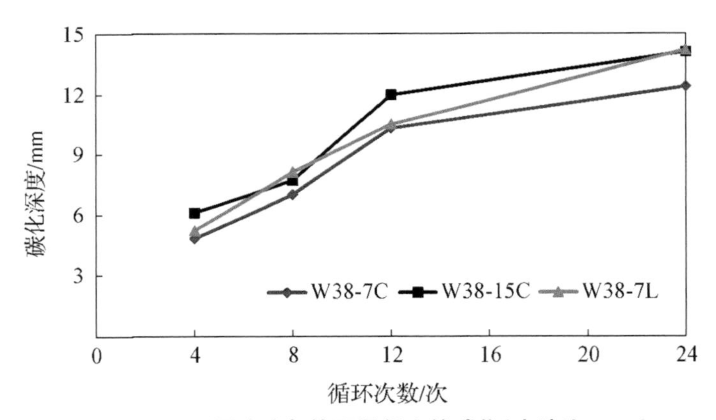

图 3-20　不同试验条件下混凝土的碳化(水胶比 0.38)

图 3-21 为考虑两种试验条件(浸泡盐溶液浓度增加和拉应力施加与否)下，混凝土碳化深度的增幅，以区分两种试验条件对混凝土碳化影响的程度。

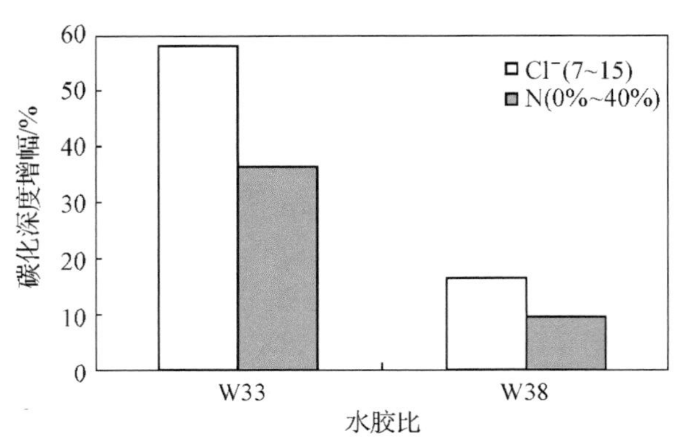

图 3-21　氯离子浓度和外加拉应力对碳化的影响

结果表明，随着干湿循环次数的增加，混凝土碳化深度不断增加。拉应力和盐溶液浓度均影响混凝土碳化深度。相同循环次数时，随着浸泡溶液中 Cl^- 浓度增加和对试件施加40%的极限拉应力后，混凝土碳化深度出现增加现象；比较而言，浸泡溶液中氯离子浓度对混凝土碳化的影响明显大于40%的极限拉应力作用。

3.1.3　考虑碳化的混凝土耐久性

国内外大量的碳化试验与现场调研表明[3][4]，碳化深度(x)与碳化时间(t)、二氧化碳浓度 C_0 的平方根成正比，因此，混凝土碳化的预测可以用以下公式简化表示。

$$x=K\sqrt{C_0}\cdot\sqrt{t} \tag{3-1}$$

式中，K 与混凝土密实程度，水化产物特性和养护条件有关。

如果假定试验条件下，混凝土碳化试件的原材料、配合比和现场混凝土一致，同时忽略两者的环境条件(温湿度)差异，得到以下公式。

$$\frac{x_n}{\sqrt{C_n}\cdot\sqrt{t_n}}\approx\frac{x_e}{\sqrt{C_e}\cdot\sqrt{t_e}} \tag{3-2}$$

经简化，得到自然碳化条件下碳化寿命的计算公式：

$$t_n\approx\left[\frac{x_n\cdot\sqrt{C_e}\cdot\sqrt{t_e}}{x_e\cdot\sqrt{C_n}}\right]^2 \tag{3-3}$$

式中，x_n——自然条件下碳化深度；

x_e——试验室加速条件下碳化深度；

C_n——自然条件下 CO_2 浓度；

C_e——试验室加速条件下 CO_2 浓度；

t_n——自然碳化时间；

t_e——加速碳化时间。

混凝土暴露在高浓度二氧化碳中的典型地方是通车的城市隧道。根据已有城市隧道内部二氧化碳浓度的调查分析，隧道内部二氧化碳的浓度一般不超过0.1%。由于隧道中隔墙和内侧墙直接与内部二氧化碳接触，并处于一定的湿度条件下，本研究以内侧墙混凝土保护层完全碳化，即碳化深度达到保护层设计厚度的年限为其碳化寿命，保护层厚度取施工控制最低值35 mm。

寿命预测模型中，各参数的取值如表3-3。

表3-3　混凝土碳化寿命预测模型参数取值

X_n	C_n	C_e	t_e
35 mm	0.1%	2.0%	336 d
备注	试验室加速试验时二氧化碳浓度控制2%，试验室测得碳化深度为24次循环后的实测结果		

其中,不同试验条件下 X_e 的取值根据 4.2.3 节的试验结果,得到碳化寿命预测值如表 3-4。

表 3-4 不同配比混凝土碳化寿命预测结果

试验编号	试验条件	取值/mm	预测寿命/年
W33-7C	水胶比 0.33,Cl^- 浓度为 7 000 mg/L	11.3	177
W33-15C	水胶比 0.33,Cl^- 浓度为 15 000 mg/L	11.1	183
W33-7L	水胶比 0.33,Cl^- 浓度为 7 000 mg/L,拉应力 40%	14.2	112
W38-7C	水胶比 0.38,Cl^- 浓度为 7 000 mg/L	12.4	147
W38-15C	水胶比 0.38,Cl^- 浓度为 15 000 mg/L	14.1	113
W38-7L	水胶比 0.38,Cl^- 浓度为 7 000 mg/L,拉应力 40%	14.3	110

上述结果表明,在氯离子以及拉应力作用条件下,各配合比以碳化模型预测寿命均符合 100 年的耐久性设计要求。

3.2 硫酸盐侵蚀

3.2.1 侵蚀机理

侵蚀性介质中的硫酸钠、硫酸镁溶液在进入混凝土结构中后,在没有与混凝土中的组分发生化学反应以前,在干湿循环状态下,吸水发生结晶膨胀。

$$Na_2SO_4 + 10H_2O \longrightarrow Na_2SO_4 \cdot 10H_2O$$

$$MgSO_4 + 7H_2O \longrightarrow MgSO_4 \cdot 7H_2O$$

硫酸钠吸水后体积膨胀率为 311%,硫酸镁吸水后体积膨胀率为 11%[5],这种结晶膨胀一般是伴随石膏结晶型或者钙矾石结晶型侵蚀破坏同时发生的,一般表现为混凝土表面开裂、强度降低。

硫酸盐一般与水泥石中的 $Ca(OH)_2$ 作用生成硫酸钙,硫酸钙再与水泥石中的固态水化铝酸钙反应生成三硫型水化硫铝酸钙($3CaO \cdot Al_2O_3 \cdot 3CaSO_4 \cdot 32H_2O$,简式 AFt,又称钙矾石),以 Na_2SO_4 为例,其反应方程式为

$$Na_2SO_4 \cdot 10H_2O + Ca(OH)_2 = CaSO_4 \cdot 2H_2O + 2NaOH + 8H_2O$$

$$3(CaSO_4 \cdot 2H_2O) + 4CaO \cdot Al_2O_3 \cdot 12H_2O + 14H_2O = 3CaO \cdot Al_2O_3 \cdot 3CaSO_4 \cdot 32H_2O + Ca(OH)_2$$

当侵蚀溶液中 SO_4^{2-} 的浓度大于 1 000 mg/L 时,若水泥石的毛细孔为饱和石灰溶液所填充,不仅会有钙矾石生成,而且还会有石膏结晶析出。其反应方程式为

$$Ca(OH)_2 + Na_2SO_4 \longrightarrow Ca^{2+} + SO_4^{2-} + 2Na^+ + 2OH^-$$

$$Ca^{2+} + SO_4^{2-} + 2H_2O \longrightarrow CaSO_4 \cdot 2H_2O$$

钙矾石是溶解度极小的盐类矿物，在化学结构上结合了大量的结晶水(实际上的结晶水为30～32个)，其体积约为原水化铝酸钙的2.5倍，使固相体积显著增大，致使混凝土结构物受到膨胀破坏。钙矾石膨胀破坏的特点是混凝土试件表面出现少数较粗大的裂缝。

水泥石内部形成二水石膏时，体积将增大1.24倍，使水泥石因内应力过大而破坏。石膏结晶侵蚀的试件没有粗大裂纹，但遍体溃散。

有研究认为，当侵蚀溶液中SO_4^{2-}浓度在1 000 mg/L以下时，只有钙矾石结晶形成；当SO_4^{2-}浓度逐渐提高时，开始平行地发生钙矾石一石膏复合结晶，两种结晶并存；在SO_4^{2-}浓度非常高时，石膏结晶侵蚀才起主导作用。事实上，若混凝土处于干湿交替状态，即使SO_4^{2-}浓度不高，石膏结晶侵蚀也往往起着主导作用，因为水分蒸发使侵蚀溶液浓缩，从而导致石膏结晶的形成。

另一方面，硫酸镁还会侵蚀水化硅酸钙和水化铝酸钙，反应式如下：

$$3CaO \cdot 2SiO_2 \cdot aq + 3MgSO_4 \cdot 7H_2O \longrightarrow$$
$$3CaSO_4 \cdot 2H_2O + 3Mg(OH)_2 + 2SiO_2 \cdot aq + xH_2O$$

由于$Mg(OH)_2$的溶解度很低，因此反应可以一直进行下去，直至水化硅酸钙耗尽，在一定条件下，硫酸镁的侵蚀比其他硫酸盐侵蚀更加严重，另外$Mg(OH)_2$可能会和硅凝胶进一步反应，最终导致C—S—H破坏。

硫酸盐侵蚀不仅会产生危害性膨胀和开裂，还会降低水化水泥浆体自身以及与骨料间的粘结力，从而导致混凝土强度降低；受硫酸盐侵蚀的混凝土表面呈稍白的特征色，破坏首先在边缘或者角落开始，随后进一步开裂和剥落，使得混凝土变得易脆甚至成松散状[1]。

3.2.2　影响因素

3.2.2.1　胶凝材料的影响

水泥熟料中的C_3A矿物组分是影响水泥抗硫酸盐性能的关键指标，《抗硫酸盐硅酸盐水泥》(GB 748—2005)中明确了抗硫酸盐硅酸盐水泥中的C_3A含量要求，其中高抗硫酸盐水泥要求C_3A含量不大于3%，中抗硫酸盐水泥中C_3A含量不大于5%。ACI 201.2R—2008规定[6]：对于中等硫酸盐侵蚀环境，宜采用Ⅱ型硅酸盐水泥，或者掺矿渣或火山灰的混合水泥；对于严酷环境，建议采用抗硫酸盐水泥；对于极端严酷环境，应采用抗硫酸水泥，同时掺用25%～40%的火山灰或不少于70%的矿渣。

水泥用量的增加可以增加混凝土抗硫酸盐侵蚀性能。美国垦务局规定，暴露在严重硫酸盐侵蚀环境中的混凝土的最小水泥用量不得小于245 kg/m³，水泥用量多时可以减少混凝土空隙，降低透水性，可以减少渗入混凝土中硫酸盐离子的数量。

最为重要的是，防止硫酸盐侵入应尽可能地提高混凝土的密实性和降低混凝土的渗透性。水胶比影响水泥浆体的致密程度，水胶比越高，水泥浆体致密性越差，混凝土空隙多使硫酸盐离子渗透较快，所以对于硫酸盐侵蚀，水胶比大的混凝土其膨胀也大。ACI 201.2R 规定，在严重的硫酸盐环境中，水泥的水灰比不得大于 0.45，在非常严重的硫酸盐环境中，水泥掺加火山灰质混合材混凝土水灰比不得大于 0.4。

国内外研究者针对粉煤灰对混凝土抗硫酸盐的影响也做了许多研究。研究表明，低钙粉煤灰抗硫酸盐性能优于高钙粉煤灰，粉煤灰掺量最好控制在 25%。显然，掺量在 20%～30%的低钙粉煤灰能提高混凝土的抗硫酸盐腐蚀能力，当水胶比较低时，大掺量粉煤灰也能提高其抗硫酸盐性能。

针对矿渣对抗硫酸盐腐蚀的影响，研究认为 40%矿粉能显著提高混凝土抗硫酸镁的腐蚀能力，矿渣掺量为 65%的混凝土具有优异的抗硫酸镁和硫酸钙的能力。

图 3－22 为四种不同类型的胶凝材料的抗硫酸盐性能（普通硅酸盐水泥，高抗硫酸盐硅酸盐水泥、普通硅酸盐水泥＋25%粉煤灰和普通硅酸盐水泥＋40%矿渣粉），结果显示，除普通硅酸盐水泥外，其他三种胶凝材料的抗硫酸盐性能均较好[7]。

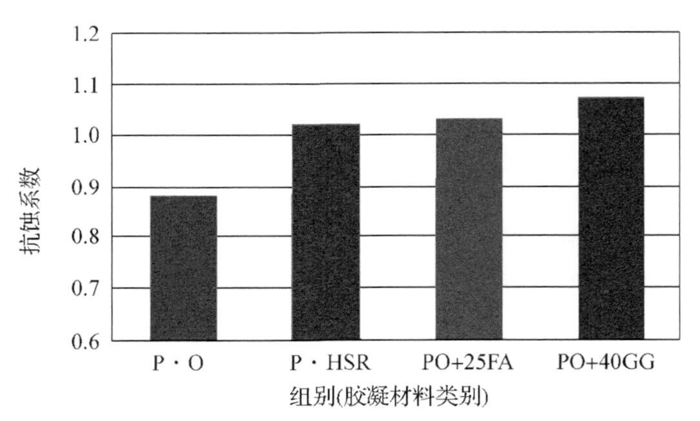

图 3－22 不同胶凝材料的抗硫酸盐性能

3.2.2.2 氯盐对于硫酸盐侵蚀的影响

输电线路所处的盐碱地区，如我国的西北盐湖地区和东部沿海地区，地下水和土壤中一般富含氯盐和硫酸盐，氯盐和硫酸盐往往相伴而生，单独硫酸盐侵蚀的地区不多见。因此，考虑硫酸盐对基础混凝土的侵蚀作用时不可忽视氯盐的作用。

国内外关于氯离子一硫酸盐复合腐蚀对混凝土破坏的研究很多，其中也取得了不少关于氯离子对硫酸盐侵蚀破坏影响的研究成果。目前较为主流的看法是，一般来说，氯离子对混凝土硫酸盐侵蚀，尤其是初期的侵蚀有减缓的作用，其最主要也是最根本的原因在于氯离子的渗透性能要强于硫酸根离子[8]。

具体来说，对于处在氯离子—硫酸盐综合腐蚀的情况下的混凝土试件，其表面的腐蚀原理与内部的腐蚀原理也各不相同。在混凝土的表面，氯离子和硫酸根离子共同作用,而在混凝土的内部,正如上文所述,氯离子的渗透性能比硫酸根离子更高,所以混凝土的内部是由氯离子先行与混凝土反应的,这个反应中氯离子能够置换出水化产物的氢氧根离子,其反应式为

$$Ca(OH)_2 + 2Cl^- \longrightarrow CaCl_2 + 2OH^-$$

甚至在氯离子含量较高的环境中,氯离子可以直接与水化氯酸钙反应生成一种叫做 Friedel 复盐[9]($3CaO \cdot Al_2O_3 \cdot 3CaCl_2 \cdot 31H_2O$)的水化产物,反应式如下:

$$3CaO \cdot Al_2O_3 \cdot 6H_2O + 3CaCl_2 + 25H_2O \longrightarrow 3CaO \cdot Al_2O_3 \cdot 3CaCl_2 \cdot 31H_2O$$

由于硫酸盐的主要膨胀破坏机理正是与上述混凝土水化产物(C_3A)反应生成膨胀产物导致开裂,所以提前渗入混凝土结构内部的氯离子消耗了这部分水化产物,从而使得钙矾石以及石膏等膨胀产物含量降低,从而减缓了硫酸盐侵蚀膨胀破坏的程度。不仅如此,由过往溶解度实验可知,钙矾石在氯盐溶液中的溶解性是在水中的 3 倍[10],通过氯盐溶液对膨胀性产物的溶出也可以减少钙矾石(AFt)的含量,从而降低硫酸盐对于混凝土的破坏。国内学者的一些关于氯离子复合环境下的混凝土硫酸盐侵蚀的研究证明了上述机理。金祖权等[11]对于复合溶液对混凝土的破坏机理的研究更加证实了这一发现,在他的实验中对比了 5%硫酸钠溶液和 3.5%氯化钠复合 5%硫酸钠溶液中混凝土分别在浸泡和干湿循环下的破坏情况,实验结论证实了在氯盐的腐蚀作用下,硫酸盐侵蚀速率下降的特点,在实验中设计了混凝土在单一硫酸盐及氯盐、硫酸盐混合溶液中受侵蚀试验并建立了其损伤演化方程,得出有关结论:混凝土在硫酸盐浓度较高的复合溶液中受腐蚀,随着时间的增加其氢氧化钙[$Ca(OH)_2$]含量逐渐降低,钙矾石(AFt)生成量逐渐增加以至稳定。相比较于单一硫酸盐腐蚀,同腐蚀龄期复合溶液中的混凝土,AFt 因氯盐的存在而减少。随后杜健民等[12]在这个实验的基础上加大了腐蚀溶液的浓度,实验结果显示在 10%氯化钠和 10%硫酸钠复合溶液中浸泡的试件强度几乎没有变化,而相比同龄期的在 10%硫酸钠单一溶液中的试件其强度下降了 44.6%,另外随着氯离子含量在一定范围内的增加,混凝土腐蚀层厚度降低。在腐蚀初期,氯盐的存在削弱了混凝土内部硫酸盐的结晶作用,使得腐蚀初期的混凝土强度提高速率减缓,而在整个腐蚀过程中,混凝土的腐蚀层厚度随着复合溶液中 Cl^- 浓度的提高而减小,受复合溶液腐蚀的混凝土强度降低很小。由此说明 Cl^- 的存在能有效抑制混凝土的硫酸盐侵蚀,并且随着氯离子浓度的提高抑制作用越明显。肖佳等[13]在氯盐对水泥石灰石粉胶凝材料硫酸盐侵蚀的影响研究中还持续监测了在氯盐－硫酸盐溶液中后期腐蚀的情况,得出了溶出性破坏为复合溶液腐蚀到后期的主要破坏形式之一的结论,他们的实验结果显示,在硫酸盐＋氯盐共同作用下,水泥－石灰石粉胶凝材料的早期裂缝主要是石膏结晶引起体积膨胀而造成的,在腐蚀后期,其破坏是由石膏以及 $CaAl_2(CO_3)_2(OH)_4 \cdot 6H_2O$ 和氯铝酸钙分解及 $CaCl_2$ 溶解共同造成,氯盐的加入缓解了试件的腐蚀程度,减轻了试件外观的劣化,强度下降减缓,试件破坏的速

度及程度得以减轻。ZhangMinghua[14]等在研究中发现，在硫酸盐浓度加倍的情况下，腐蚀溶液中的氯离子含量加倍，而混凝土的膨胀率没有明显的增加，间接证明了氯离子对硫酸盐腐蚀的抑制作用。

国外学者也进行过不少对于这项研究的探索。早在 1995 年，Omar Saeed Baghabra Al-Amoudi 等[15]人就已经进行试验，在 1 a 龄期时，浸泡在硫酸盐溶液中的混凝土试件相比于浸泡于氯离子一硫酸盐复合溶液中的混凝土试件强度减小 26%，氯离子的复合大大降低了膨胀性破坏产物的生成。Forzia Shaheen[16]设计了多种不同浓度的腐蚀环境，同时还比较普通混凝土和火山灰混凝土，验证了 Friedel 复盐的生成会延缓硫酸盐对混凝土的侵蚀，得益于氯离子渗透能力，这种复盐在腐蚀发生之初就能生成，甚至在 1 d 就能通过微观分析发现。

3.2.3 防腐措施

为了抑制硫酸盐的侵蚀，通常采用以下两种方式：第一，降低水泥中的 C_3A 含量，例如采用抗硫酸盐水泥；第二，采用含有矿渣或者粉煤灰等混合材的水泥，以减少水泥浆体中的 $Ca(OH)_2$ 含量。同时，最为重要的是让混凝土能很好地防止硫酸盐的侵入，即尽可能地提高混凝土的密实度和降低混凝土的渗透性。

下面以大掺量矿物掺和料防腐为例，设计不同的腐蚀环境，说明矿物掺和料（粉煤灰和矿渣粉）以及抗硫酸盐硅酸盐水泥对抗硫酸盐侵蚀的作用。

3.2.3.1 *大掺量矿物掺和料防腐设计方案*

水泥为普通硅酸盐 42.5 水泥，粉煤灰为Ⅱ级灰，矿渣粉为 S95 级。

试验设计胶凝材料方案和胶砂强度如表 3-5、图 3-23。

表 3-5 胶凝材料方案设计及胶砂强度

编号	掺和料掺量/%				胶砂强度/MPa			
					7 d		28 d	
	普硅水泥	高抗硫酸盐水泥	粉煤灰	矿渣粉	抗折	抗压	抗折	抗压
LZ-0	100	—	—	—	7.5	43.9	9.3	58.7
LZ-K	—	100	—	—	7.7	40.5	8.9	48.3
LZ-F1	85	—	15	—	6.8	36.0	9.6	51.5
LZ-F2	75	—	25	—	6.1	30.3	8.4	42.6
LZ-G1	60	—	—	40	7.5	41.6	10.9	61.6
LZ-G2	50	—	—	50	7.2	34.6	9.7	58.5
LZ-H1	55	—	15	30	7.0	33.5	10.2	53.2
LZ-H2	45	—	20	35	6.4	30.1	9.2	48.3

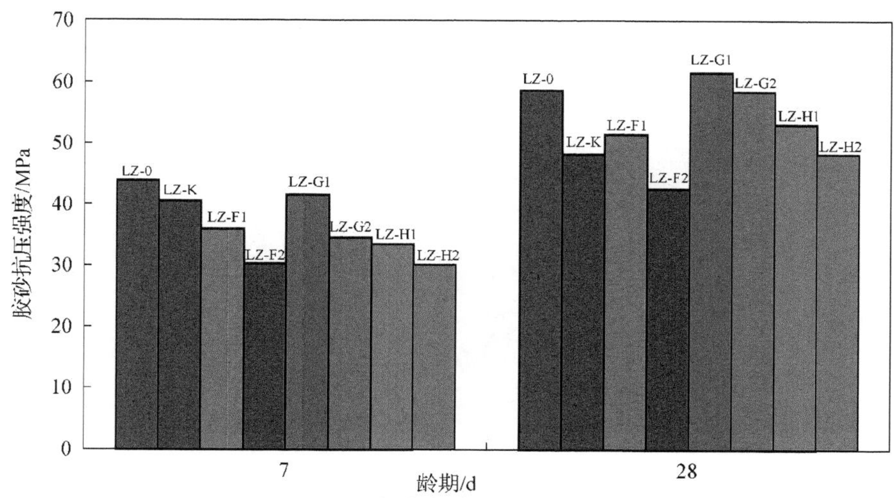

图 3-23 各方案胶砂抗压强度发展

各组方案的胶砂强度试验依据《水泥胶砂强度检验方法》(ISO 法)(GB/T 17671—1999)进行。结果显示,高抗硫酸盐水泥组 LZ-K 的 7 d 胶砂抗折和抗压强度相对较高,而 28 d 相对较低些。设计的各组方案 28 d 胶砂抗压强度除 LZ-F2 外,均高于 LZ-K 组。

以此开展 8 组配合比的抗硫酸盐性能试验,包含抗硫酸盐抗蚀系数、膨胀系数评定和抗硫酸盐侵蚀等级评定等,研究各组胶凝材料抗硫酸性能。

3.2.3.2 胶凝体系抗硫酸盐侵蚀性能

(1) 抗蚀系数

胶凝体系抗硫酸盐侵蚀试验依据规范《混凝土抗硫酸类侵蚀防腐剂》(JC/T 1011—2006)进行,其抗蚀系数 K 应大于 0.85。

试验采用的侵蚀溶液为标准的 5%Na_2SO_4 溶液和根据连云港徐圩地区地勘实测地下水 SO_4^{2-} 和 Cl^- 溶液浓度配制的模拟侵蚀溶液,其中 Cl^- 浓度为 29 636 mg/L,SO_4^{2-} 浓度为 2 786 mg/L。结果如图 3-24。

结果显示,除 LZ-0 组(模拟侵蚀溶液中)外,各方案的抗蚀系数 K 均大于 0.85。对照高抗硫酸盐水泥为胶凝材料的试验组,LZ-F1 组和 LZ-H1 组在两种侵蚀溶液中抗蚀系数均大些。

(2) 膨胀系数

依据规范《混凝土抗硫酸类侵蚀防腐剂》(JC/T 1011—2006)进行,其膨胀系数 E 应不大于 1.50。

试验采用的侵蚀溶液为标准的 5%Na_2SO_4 溶液和根据连云港虹洋电厂地勘实测地下水 SO_4^{2-} 和 Cl^- 溶液浓度配制的模拟侵蚀溶液,其中 Cl^- 浓度为 29 636 mg/L,SO_4^{2-} 浓度为 2 786 mg/L。结果如图 3-25。

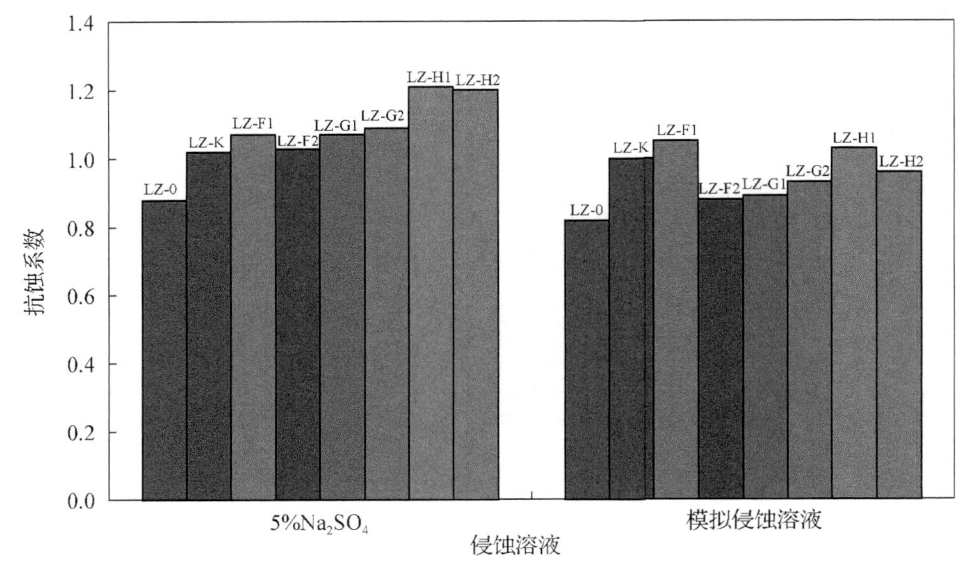

图 3-24 各方案抗蚀系数

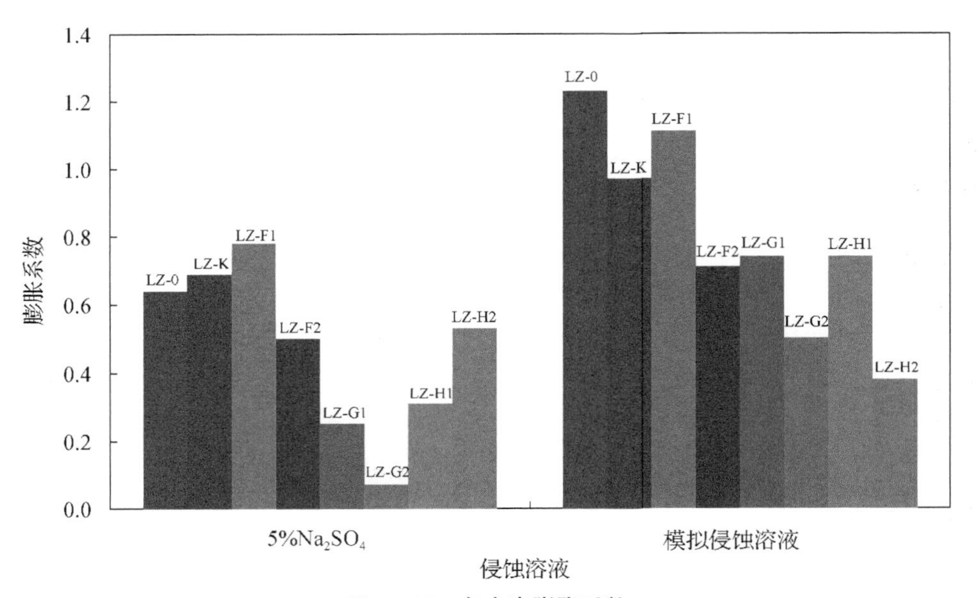

图 3-25 各方案膨胀系数

结果显示，各方案的膨胀系数 E 均小于 1.50。对照高抗硫酸盐水泥为胶凝材料的试验组，除 LZ-0 组和 LZ-F1 组外，在两种侵蚀溶液中，其他各组的膨胀系数更小些。

3.2.3.3 混凝土抗硫酸盐侵蚀试验

针对普通混凝土、大掺量掺和料耐腐蚀混凝土(其胶凝材料中矿渣粉掺量40%，粉煤灰15%)分别开展混凝土抗硫酸盐侵蚀试验研究，混凝土试件尺寸为100 mm×100 mm×100 mm。

试件在养护至28 d的前2天拿出在(80±5) ℃下烘48小时，然后冷却放入硫酸盐溶液中浸泡(15±0.5)小时，浸泡结束后风干1小时，再放入烘箱，在(80±5)℃下烘6小时，最后拿出冷却2小时。整个循环过程为24小时，即1天1个干湿循环。对比试件继续保持原有的养护条件，直到完成一定的干湿循环后和干湿循环试件同时进行抗压强度对比，干湿循环试件与对比试件抗压强度之比即为耐蚀系数。

采用0.35水胶比普通混凝土(编号P35)、0.35水胶比大掺量掺和料耐腐蚀混凝土(编号S35)共2组混凝土配合比，开展钢筋混凝土抗硫酸镁侵蚀试验研究。实验采用的硫酸镁溶液的浓度为5%。

耐腐蚀混凝土和普通混凝土在硫酸镁溶液中的抗侵蚀性能见图3-26。

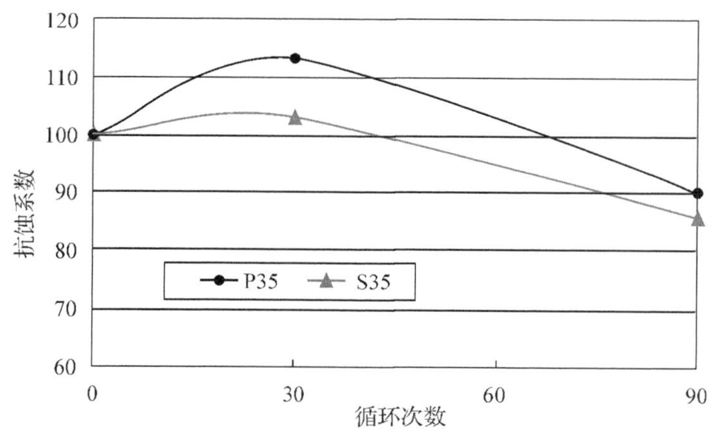

图3-26 混凝土在5%硫酸镁溶液中的抗侵蚀性能

从图中可知，在5%的硫酸镁溶液中，混凝土在最初的干湿循环阶段的性能是增强的，随着干湿循环次数的增加，抗压强度明显下降。而且从图中可以看出，虽然耐腐蚀混凝土在最初的增强阶段性能增加不如普通混凝土明显，但在后面的性能下降阶段，其受腐蚀的速率却比普通混凝土慢。

3.2.3.4 氯盐—硫酸盐双重因素侵蚀试验

采用0.35和0.45两组水胶比的普通混凝土和大掺量掺和料耐腐蚀混凝土共4组混凝土配合比，开展钢筋混凝土抗硫酸镁加氯盐双重因素侵蚀试验研究。混合溶液的浓度为3.5%氯化钠加5%硫酸镁。

抗氯盐和硫酸盐双重因素侵蚀试验的试件尺寸有两种，一种为100 mm×100 mm×100 mm，另一种为100 mm×100 mm×200 mm。其中100 mm×100 mm×

200 mm 的试件除了一个 100 mm×200 mm 的侧面供外界盐离子渗透外，其余五个表面均用环氧树脂密封。两种尺寸的试件在养护至 28 d 的前 2 天拿出在(80±5) ℃下烘 48 小时，然后冷却放入硫酸盐溶液中浸泡(15±0.5)小时，浸泡结束后风干1 小时，再放入烘箱，在(80±5) ℃下烘 6 小时，最后拿出冷却 2 小时。整个循环过程为 24 小时，即 1 天 1 个干湿循环。

100 mm×100 mm×100 mm 的试件还有相应的一组对比试件继续保持原有的养护条件，直到完成一定的干湿循环后和干湿循环试件同时进行抗压强度对比，干湿循环试件与对比试件抗压强度之比即为耐蚀系数。

100 mm×100 mm×200 mm 的试件经过一定的干湿循环后，钻取不同深度混凝土砂浆粉末样品，测定混凝土砂浆中水溶性氯离子含量。

耐腐蚀混凝土和普通混凝土在氯化钠加硫酸镁的混合液中的抗侵蚀性能分别见表 3-6、表 3-7 和图 3-27，显然，随着水胶比减小，耐腐蚀混凝土和普通混凝土的耐蚀系数逐渐增加，说明混凝土耐腐蚀能力增加。

表 3-6 不同水胶比混凝土的抗氯盐加硫酸盐侵蚀性能

试件编号	抗压强度耐蚀系数/%	
	干湿循环 30 次	干湿循环 90 次
P35	88	83
P45	86	80
S35	92	90
S45	91	87

表 3-7 在氯盐和硫酸盐溶液中氯离子渗透性能试验结果

试件编号	龄期/d	养护环境	不同取样深度下水溶性 Cl^- 含量/%(以砂浆重量计)				
			0～10 mm	10～20 mm	20～30 mm	30～40 mm	40～50 mm
P35	30	氯盐	0.141	0.058	0.011	0.007	0.004
		氯盐+硫酸盐	0.049	0.018	0.009	0.007	0.002
	90	氯盐	0.166	0.067	0.027	0.011	0.007
		氯盐+硫酸盐	0.175	0.062	0.024	0.019	0.008
S35	30	氯盐	0.125	0.004	0.004	0.002	0.002
		氯盐+硫酸盐	0.119	0.004	0.004	0.002	0.002
	90	氯盐	0.208	0.009	0.007	0.007	0.004
		氯盐+硫酸盐	0.269	0.011	0.005	0.002	0.002

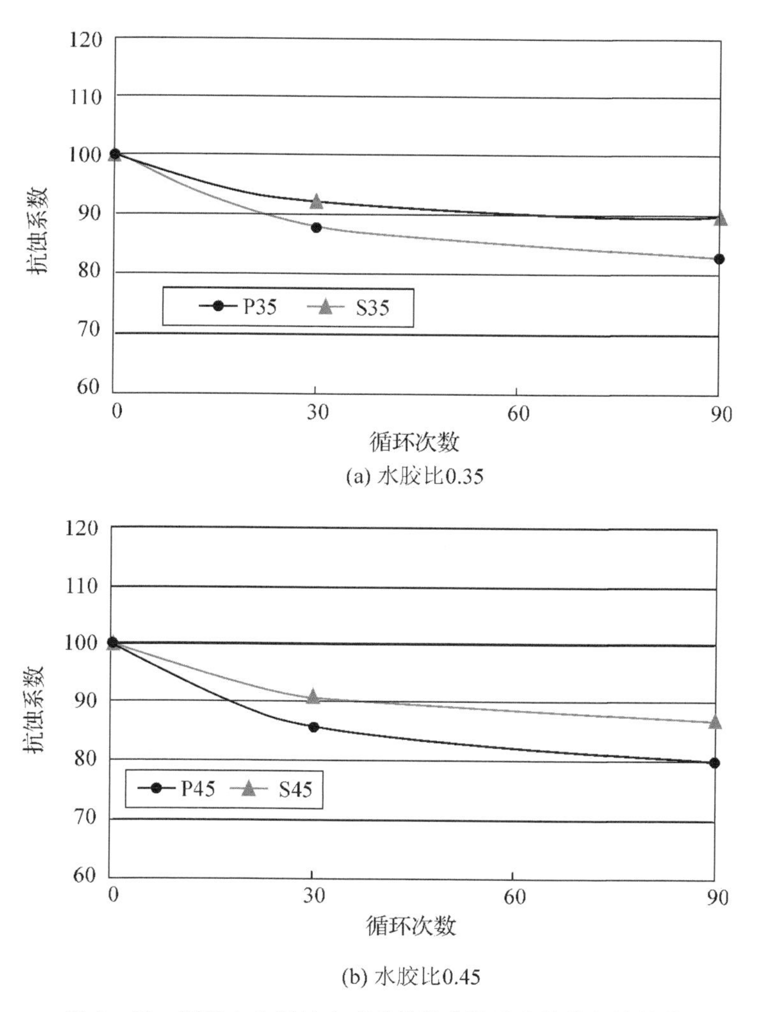

(a) 水胶比0.35

(b) 水胶比0.45

图 3－27　混凝土在氯盐＋硫酸盐混合溶液中的抗侵蚀性能

从图 3－27 中可知，在 3.5％氯化钠和 5％硫酸镁的混合溶液中，混凝土从一开始干湿循环起，强度性能就开始逐步下降，但耐腐蚀混凝土的受腐蚀速率比普通混凝土慢，耐蚀系数比普通混凝土高。而且对比图 3－26 和图 3－27 可以看出，一旦强度性能开始下降，混凝土在硫酸镁溶液中的腐蚀速率比在氯化钠加硫酸镁的混合溶液中要快，也就是说，氯盐降低了硫酸镁的侵蚀速率。

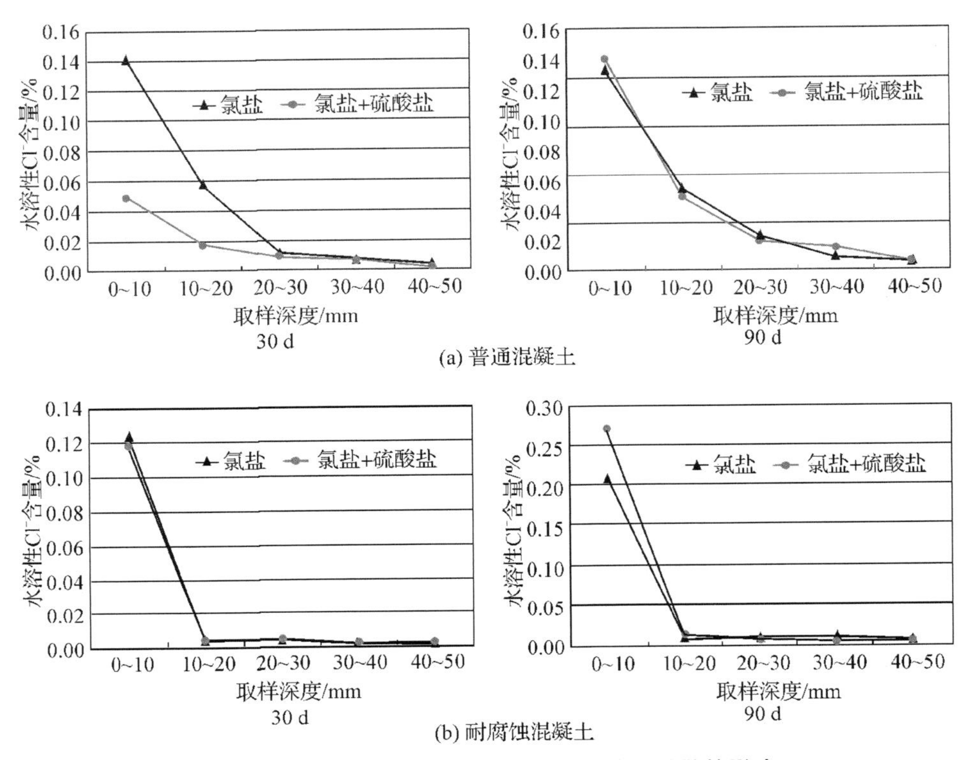

图 3-28　氯盐和硫酸盐复合溶液对氯离子扩散的影响

表 3-7 和图 3-28 的结果表明，在早期(30 d 龄期)，混凝土在复合溶液中处于干湿循环条件，但氯离子的侵蚀浓度反而比在饱水条件下的单一氯盐溶液中低，特别是对普通混凝土而言；后期(90 d 龄期)，混凝土在复合溶液中和在单一氯盐溶液中的氯离子的侵蚀浓度大致相当。因此说明硫酸盐的存在，降低了混凝土中氯离子的侵蚀浓度，特别是在侵蚀早期。但是随着侵蚀龄期的延长，硫酸镁的存在对减低混凝土中氯离子的侵蚀浓度变得不明显。

3.3　冻融破坏

我国北方地区的建筑物在冬季运行过程中均存在冰冻作用的问题，使不少工程结构遭受不同程度的冻融破坏。

各类结构和构件的混凝土抗冻级别应根据气候分区、冻融循环次数、表面局部小气候条件、水分饱和程度、结构构件重要性和检修条件等选定。混凝土的抗冻等级一般分为 F400、F300、F200、F150、F100、F50 六级，抗冻等级的测定按 DL/T 5150 规定的快冻法进行。对于海水或盐湖环境中的水工结构，应考虑采用实际环境的水进行混凝土抗冻试验。

关于冻融的 ASTM 试验方法，通常采用连续冻融 300 次循环或直至动弹模量降低至初始值的 60%，两者以先到为准。随后进行耐久性评定。

$$耐久性指数\ DF=\frac{试验结束时的循环次数\times 占初始动弹模量的百分数}{300}$$

根据耐久性指数来评判混凝土是否适用的标准还没建立，上述指标通常只用来比较混凝土材料的相对抗冻性能，不能直接用来进行结构使用年限的预测。现行国标《混凝土结构耐久性设计规范》(GB/T 50476—2008)中针对重要和大型工程，提出了抗冻性耐久性指数 *DF* 最低值(见表 3-8)。

表 3-8 抗冻性耐久性指数 *DF* 推荐最低值 (单位:%)

使用年限	100 年			50 年			30 年		
环境条件	高度饱水	中度饱水	盐碱或化学腐蚀下冻融	高度饱水	中度饱水	盐碱或化学腐蚀下冻融	高度饱水	中度饱水	盐碱或化学腐蚀下冻融
严寒地区	80	70	85	70	60	80	65	50	75
寒冷地区	70	60	80	60	50	70	60	45	65
微冻地区	60	60	70	50	45	60	50	40	55

通过引气在混凝土中引入气泡，可大大提高混凝土的抗冻融性，保证较低的水胶比也可使得混凝土抗冻性能提高。在试验过程中除应控制混凝土含气量和水灰比外，针对重要建筑物有条件时宜进行混凝土气泡间距系数的测试。气泡间距系数可用于判断硬化水泥浆体中引入的气泡是否充足，与混凝土拌和物含气量相比，硬化混凝土气泡间距系数能更准确地反映出混凝土的抗冻能力，硬化混凝土气泡参数对引气混凝土抗冻性起着至关重要的作用。气泡间距与混凝土耐久性的关系如图 3-29。

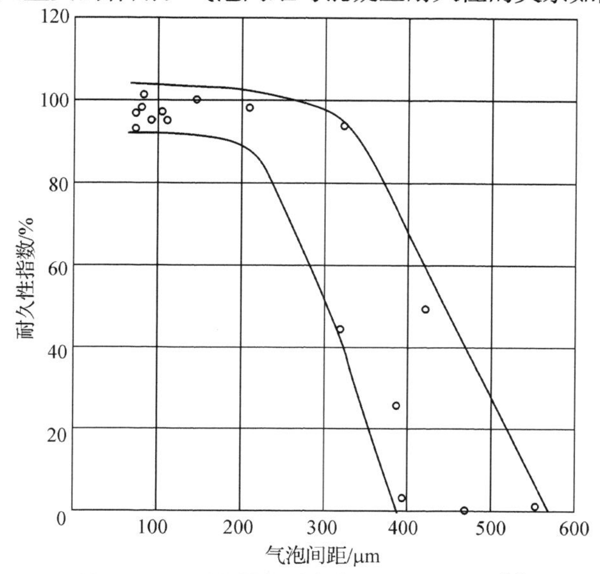

图 3-29 耐久性与引气气泡间距的关系[1]

电力行业规程《水工混凝土耐久性技术规范》(DL/T 5241—2010)根据混凝土抗冻等级和最大骨料粒径提出了有抗冻要求的混凝土含气量值和混凝土最大水胶比(见表3-9、表3-10)。含气混凝土现场施工过程中,皮带机运输和高频振捣会造成混凝土含气量损失。保证新拌混凝土中足够的含气量还不够,气孔还必须稳定地存在,这样混凝土硬化时气孔才能保留。因此,重要的不是混凝土中总含气量而是混凝土中较小气泡间距。对于抗冻等级≥F200的混凝土,宜控制振捣后混凝土的含气量≥3.0%,并宜控制现场或模拟现场的硬化混凝土的气泡间距小于300 μm。

表3-9 有抗冻要求的混凝土含气量

最大骨料粒径/mm	含气量/%	
	抗冻等级≥F200	抗冻等级≤F150
10	7.0±1.0	6.0±1.0
20	6.0±1.0	5.0±1.0
40	5.5±1.0	4.5±1.0

表3-10 有抗冻要求的混凝土最大水胶比

抗冻等级	F300	F200	F100	F50
最大水胶比	0.45	0.50	0.55	0.58

如果混凝土掺有大量粉煤灰,则对引气有一定难度,这是因为球形的粉煤灰比表面积大,粉煤灰中燃烧不完全的一些粉煤灰中残留的碳粒对引气剂有较强的吸附作用,导致混凝土中引入的含气量偏低,对抗冻性有不利影响。目前研究进一步表明,引入适宜的气量(约4%~6%),是否掺入粉煤灰或其掺量的大小对抗冻性而言不是主要影响因素。

有抗冻要求的混凝土中的掺和料掺量应根据混凝土配合比试验确定,其中粉煤灰的掺量应通过试验确定,在结构混凝土中掺量一般不超过30%;硅灰的掺量不宜超过10%;磨细矿渣粉的掺量宜在40%~70%范围内[17]。

粉煤灰掺量分别为0%、20%(单掺)、35%(单掺)和20%(复掺40%矿渣粉),混凝土水胶比0.38,其抗冻性能(快速法,包含质量损失百分比和动弹模量剩余百分比)见图3-30。

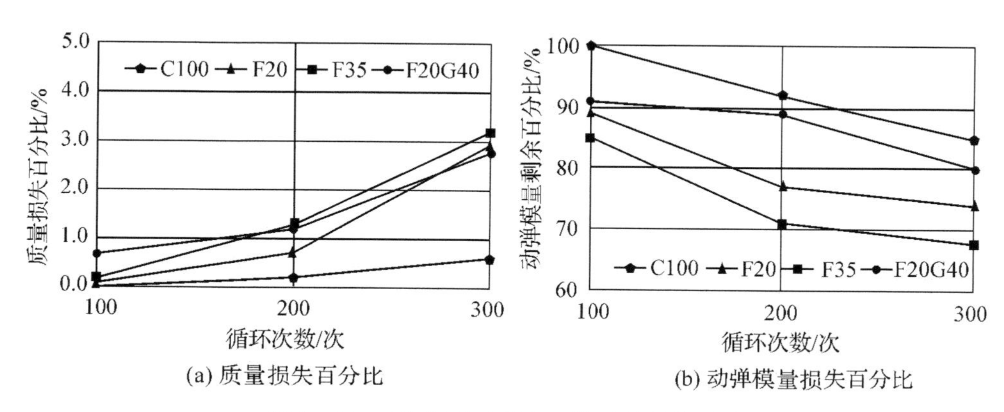

(a) 质量损失百分比　　(b) 动弹模量损失百分比

图 3－30　不同粉煤灰掺量对抗冻性能的影响

结果表明，在相同水胶比时，随着粉煤灰掺量从 0％至 35％增加，试件质量损失和动弹模量损失百分比逐渐增加，说明混凝土抗冻性能下降，但仍能达到 F300 指标要求。粉煤灰复掺矿渣粉后与单掺粉煤灰相比，其混凝土抗冻性能变化不明显。

矿渣粉掺量分别为 0％、50％(单掺)、60％(单掺)和 40％(复掺 20％粉煤灰)，混凝土水胶比为 0.38，其抗冻性能(快速法，包含质量损失百分比和动弹模量剩余百分比)见图 3－31。

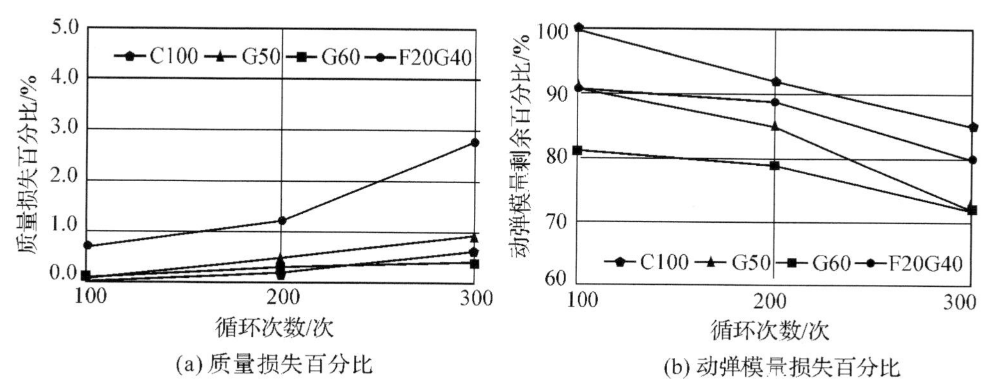

(a) 质量损失百分比　　(b) 动弹模量损失百分比

图 3－31　不同矿渣粉掺量对抗冻性能的影响

结果表明，在相同水胶比时，随着矿渣粉掺量从 0％至 60％增加，试件质量损失变化很小，而动弹模量损失百分比逐渐增加，两项指标变化趋势不一致，难以判断其混凝土抗冻性能的优劣。矿渣粉复掺粉煤灰后与单掺矿渣粉相比，其混凝土抗冻性能两项指标变化也不一致，也无法说明混凝土抗冻性能的优劣。

参考文献

[1] A M 内维尔. 混凝土的性能[M]. 4 版. 刘数华，冷发光，李新宇，等，译. 北京：中国建筑工业出

版社，2011.
[2] 陈迅捷，张燕驰，欧阳幼玲. 活性掺和料对混凝土抗碳化耐久性的影响[J]. 混凝土与水泥制品，2002(3)：7－9.
[3] 牛荻涛，石玉钗. 混凝土碳化的概率模型及碳化可靠性分析[J]. 西安建筑科技大学学报，1995(3)：252－256.
[4] 阿列克谢耶夫. 钢筋混凝土结构中钢筋腐蚀与保护[M]. 黄可信，等，译. 北京：中国建筑工业出版社，1983.
[5] B M 莫斯克文，Φ M 伊万诺夫，C H 阿列克谢耶夫，等. 混凝土和钢筋混凝土的腐蚀及其防护方法[M]. 北京：化学工业出版社，1988.
[6] ACI 201.2R—2008　Guide to Durable Concrete[S]. American Concrete Institute，2008.
[7] 钱文勋，陈迅捷，欧阳幼玲，等. 连云港虹洋热电联产工程混凝土防腐蚀技术研究报告[R]. 南京：南京水利科学研究院，2013.
[8] 金祖权，孙伟，张云升，等. 氯盐对混凝土硫酸盐损伤的影响研究[J]. 武汉理工大学学报，2006(28)：43－46.
[9] 蔡跃波，罗睿，王昌义. 水泥-磨细矿渣水化产物- F 盐的微结构分析[J]. 水利水运工程学报，2001，3：45－49.
[10] 焦瑞敏. 氯盐及掺和料对混凝土硫酸盐腐蚀速率影响规律的研究[D]. 徐州：中国矿业大学，2011.
[11] 金祖权，孙伟. 混凝土在硫酸盐-氯盐环境下的损伤失效研究[J]. 东南大学学报，2006(36)：200－204.
[12] 杜健民，焦瑞敏，姬永生. 氯离子含量对混凝土硫酸盐腐蚀程度的影响研究[J]. 中国矿业大学学报，2012，41(6)：906－912.
[13] 肖佳，赵金辉，陈雷，等. 氯盐对水泥-石灰石粉胶凝材料硫酸盐侵蚀的影响研究[J]. 混凝土与水泥制品，2008(5)：17－20.
[14] Minghua Zhang，Jiankang Chen，Yunfeng Lv，et al. Study on the expansion of concrete under attack of sulfate and sulfate-chloride ions[J]. Construction and Building Materials，2013，39：26－32.
[15] Omar Saeed Baghabra Al-Amoudi，Mohammed Maslehuddin，Yaser A B Abdul-Al. Role of chloride ions on expansion and strength reduction in plain and blended cements in sulfate environments[J]. Construction and Building Materials，1995，9(1)：25－33.
[16] Fouzia Shaheen，Bulu Pradhan. Effect of chloride and conjoint chloride-sulfate ions on corrosion of reinforcing steel in electrolytic concrete powder solution （ECPS）[J]. Construction and Building Materials，2015，101：99－112.
[17] DL/T 5241—2010　水工混凝土耐久性技术规范[S]. 北京：中国电力出版社，2010.

4　钢筋混凝土抗杂散电流腐蚀耐久性

4.1　杂散电流及腐蚀原理

4.1.1　在变电站和高压输变电线路基础钢筋混凝土中存在的杂散电流

从规定的正常电路中流失而在非指定回路中流动的电流被称为杂散电流。由杂散电流引起的金属电解腐蚀被称为杂散电流腐蚀。由于杂散电流作用或感应电流作用等对被保护体系产生的有害影响被称为干扰[1]。

在变电站和高压输变电线路基础钢筋混凝土中存在直流干扰和交流干扰。在直流杂散电流作用下，引起混凝土中钢筋腐蚀电位的变化，这种变化发生在阳极场叫阳极干扰，发生在阴极场叫阴极干扰。交流线路和设备使邻近混凝土中钢筋产生的电压和电流的变化，按干扰时间的长短可分为瞬间干扰、持续干扰和间歇干扰三种[2]。

目前国内电力行业还没有依据钢筋混凝土中杂散电流变化进行杂散电流腐蚀判定的相关标准，而欧洲在这方面研究一直走在前列，并且于2004年制定了杂散电流腐蚀的相关标准即 *Protection Against Corrosion By Stray Current From Direct Current Systems*，(EN 50162—2004)[3]。依据 EN 50162，当测试电流/基准电流>0.7时，即可判定所测钢筋腐蚀受杂散电流影响。

依据《埋地钢质管道腐蚀防护工程检验》(GB/T 19285)规定：当管地电位较自然电位偏移≥20 mV时，确认存在直流干扰；当管地电位较自然电位偏移≥100 mV时，直流干扰较为严重，应采取直流排流保护或其他防护措施。

根据《地铁杂散电流腐蚀防护技术规程》(CJJ 49—1992)[4]，混凝土结构中的钢筋允许的最大泄漏电流密度为0.6 mA/dm^2。

2013年1月在南京山江变电所内对5个测试点进行杂散电流和电位差测试，同时为了与变电所内杂散电流与电位差形成对比，在山江变电所右侧400 m处进行了无交流电条件下杂散电流与电位差测试[5]。

在变电所内杂散电流测试结果显示，在相同的时间点，5个测试点杂散电流测试值相同，而在变电所外杂散电流测试值非常低。有关杂散电流具体测试结果见图4-1、图4-2。

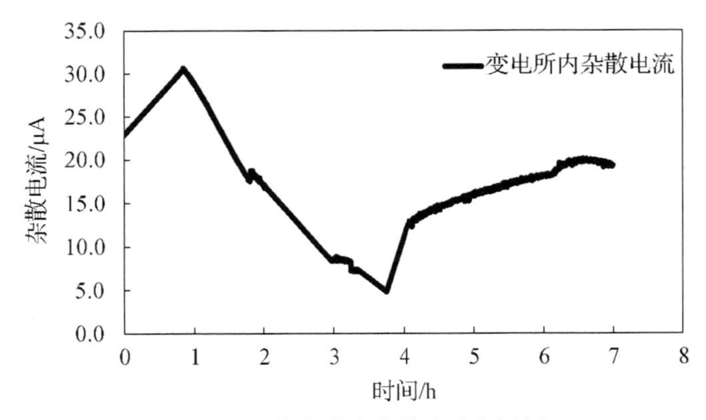

图 4-1 变电所内杂散电流(直流)

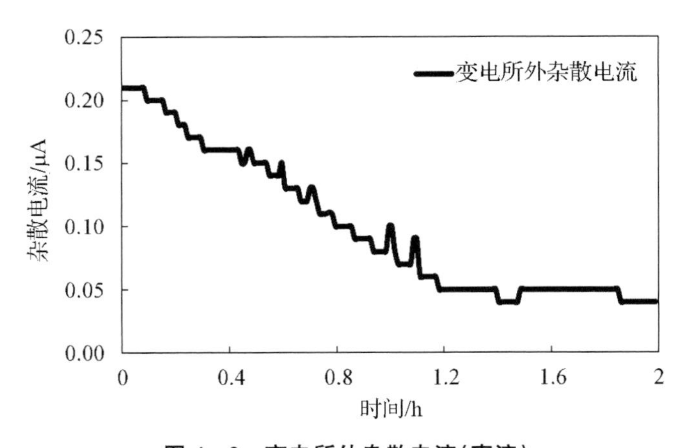

图 4-2 变电所外杂散电流(直流)

图 4-1 是变电所内杂散电流随时间变化图,历时 8 h,变电所内杂散电流的最大值是 30.6 μA,最小值是 4.8 μA。图 4-2 是变电所外杂散电流随时间变化图,变电所外杂散电流从初始测试值的 0.21 μA 逐渐变小,最后在 0.05 μA 附近波动。

变电所内杂散电流的最小值是 4.8 μA,最大值是 30.6 μA,变电所外杂散电流(基准电流)的稳定值是 0.05 μA,96<测试电流/基准电流<612,测试电流与基准电流的比值远远大于 0.7,因此依据 EN 50162,山江变电所内杂散电流对混凝土中的钢筋和接地管网中的钢筋腐蚀产生直接影响。

根据计算,混凝土柱子内部钢筋和地下钢筋网的最大杂散电流密度为 6.1 mA/dm^2。变电所内钢筋杂散电流密度远远高于 CJJ 49—1992 规定值。

变电所内电位差测试结果显示,在相同的时间点,5 个测试点电位差测试值相同;而在变电所外所做的测试电位差非常低。具体测试结果见图 4-3。

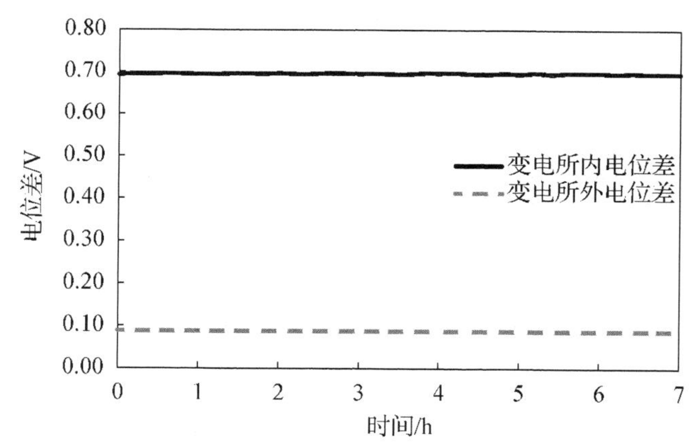

图 4-3 变电所内与变电所外电位差变化图(直流)

图 4-3 测试结果显示,变电所内测试电位差基本维持在 0.69V 附近小幅波动,而变电所外电位差基本维持在 0.09V 附近小幅波动。因此,山江变电所内电位差较自然电位差的偏移量为 0.69 V−0.09 V=0.60 V=600 mV。山江变电所内电位较自然电位偏移量为 600 mV,依据 GB/T 19285 和 EN 50162,变电所内混凝土内部的钢筋和接电管网腐蚀受杂散电流影响较为明显。

根据变电所内和变电所外所测杂散电流、电位差的分析,同时依据 GB/T 19285 和 EN 50162 的判别标准得出如下结论:变电所混凝土内的钢筋和接地管网腐蚀受杂散电流影响较为明显。

4.1.2 杂散电流对钢筋腐蚀原理

杂散电流对混凝土中钢筋的腐蚀在本质上是电化学腐蚀。钢筋电化学腐蚀的机理可以归纳为电池作用和电解作用[6]。电池作用中,绝大多数的钢筋腐蚀作用可以看作为钢筋中电极电位不同的部分直接作电接触,而其表面又同时与电解质溶液接触的原电池作用。电解作用是指外加直流电流电解时阳极发生溶解,从腐蚀的角度看,就是阳极发生了腐蚀变化。在有直流电泄漏的场合,会引起周围钢筋结构发生腐蚀。这时,按电流方向判断,向介质流出电流的钢筋部分为阳极,发生腐蚀。

当杂散电流由阳极区钢筋流出时,该部位的钢筋(Fe)便与周围的电解质发生阳极过程的电解作用,此处的钢筋随即遭受腐蚀。

钢筋发生腐蚀的氧化还原反应可分为以下两种:

(1) 当钢筋周围的介质是酸性电解质时(pH<7),发生的氧化还原反应属于析氢腐蚀:

阳极:$2Fe \longrightarrow 2Fe^{2+} + 4e^-$

阴极:$4H^+ + 4e^- \longrightarrow 2H_2\uparrow$(酸性)

$4H_2O+4e^- \longrightarrow 4OH^- + 2H_2\uparrow$（中性无氧）

（2）当钢筋周围的介质是碱性或中性时（pH≥7），发生的氧化还原反应属于吸氧腐蚀：

阳极：$2Fe \longrightarrow 2Fe^{2+} + 4e^-$

阴极：$O_2 + 2H_2O + 4e^- \longrightarrow 4OH^-$（有氧碱性）

上述两种腐蚀反应通常生成 $Fe(OH)_2$ 而在钢筋表面或介质中析出，部分可以进一步氧化形成 $Fe(OH)_3$。生成的 $Fe(OH)_2$ 继续被介质中的 O_2 氧化成棕红色的 $Fe_2O_3 \cdot 2xH_2O$（铁锈），而 $Fe(OH)_3$ 可以进一步生成 Fe_3O_4（黑铁锈）。

4.2 钢筋混凝土结构杂散电流腐蚀的影响因素

4.2.1 环境因素影响

电化学腐蚀反应进行的前提条件是钢筋与具有离子导体的介质相接触，电极反应只能在电子导体与离子导体接触界面上发生。一般情况下，钢筋在混凝土的高碱性环境中呈钝化状态，不受腐蚀。当混凝土水胶比偏低，钢筋混凝土长期处于碳化腐蚀环境时，混凝土碳化降低钢筋周围混凝土碱度，混凝土中性化破坏了钢筋表面钝化膜，电化学腐蚀随即发生。当钢筋混凝土处于氯盐环境中时，由于氯离子的高渗透性，同样会破坏钢筋的钝化。另外，在钢筋混凝土结构中，直流电场引起的杂散电流是离子流，杂散电流能引起钢筋钝化膜电阻的下降[7]。混凝土的电阻率在腐蚀电池中起到重要作用。即使钢筋的钝化状态受到破坏，在干燥及没有腐蚀性组分离子渗透时，混凝土中的钢筋也不会发生腐蚀。实际结果表明，只要混凝土的电阻率超过 50 000 Ω·cm 时，混凝土中的钢筋就不会发生腐蚀[8]。

混凝土碳化腐蚀主要发生在较高水胶比的钢筋混凝土构件中。试验表明，当混凝土水胶比不大于 0.38 时，钢筋保护层厚度为 50 mm 时，掺入不同掺量的粉煤灰（0～40%）和矿渣粉（0～65%）的混凝土抗碳化耐久性均满足 100 年安全使用要求[9]。因此，在本研究中未考虑混凝土碳化腐蚀对钢筋杂散电流腐蚀的影响。

Bertolini 等[10]的研究表明，对不含氯离子的混凝土施加 1 A/m^2 的直流杂散电流 14 个月后，钢筋仍未发生锈蚀；当将电流增加到 10 A/m^2，通电 10 d 后钢筋就开始锈蚀，这说明控制杂散电流强度能够有效控制钢筋锈蚀。

为了阐明腐蚀环境对钢筋混凝土中杂散电流腐蚀的影响，南京水利科学研究院开展了相关试验研究。将尺寸为 100 mm×100 mm×200 mm 的混凝土试件中心埋设 ϕ6 mm×100 mm 的钢筋，在钢筋的一端焊有绝缘铜线，将 5 面用环氧树脂封闭的混凝土试件和电极板放入盛有饱和 $Ca(OH)_2$ 溶液或 3.5%NaCl 溶液的容器内，试件的开放面与电极板平行，距离 10 mm。试验时接通直流电源，钢筋接正极，电极板接负极，进行加速腐蚀试验(图 4-4)。试验分析对比普通钢筋混凝土和耐腐蚀钢筋混凝土在不同环境介质中抗腐蚀耐久性[11]。

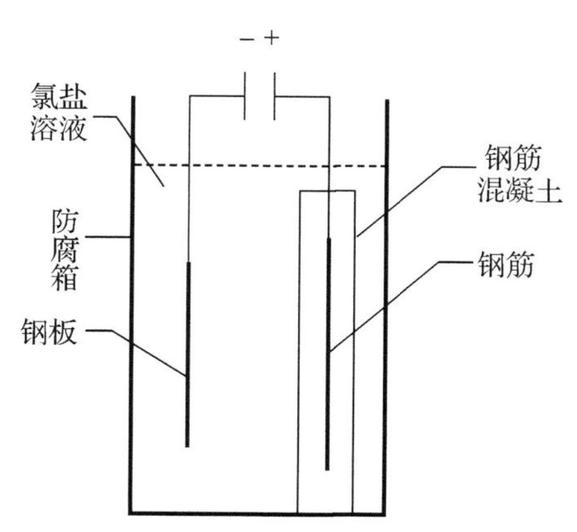

图 4-4　杂散电流快速腐蚀试验方案示意图

普通水泥混凝土和掺加 20%粉煤灰＋40%矿渣的耐腐蚀混凝土试验配合比参数见表 4-1。表中给出采用 RCM 法[12]测定的混凝土氯离子扩散系数。

表 4-1　混凝土试验配合比参数

混凝土	水胶比	胶凝材料比例/%			用水量/(kg/m³)	砂率	坍落度/mm	含气量/%	氯离子扩散系数/($\times10^{-12}$ m²/s)
		水泥	矿渣粉	粉煤灰					
普通	0.38	100	0	0	150	0.41	180	4.5	7.50
耐腐蚀	0.38	40	40	20	150	0.41	185	4.3	1.84

加速腐蚀试验时，直流电源电压由 5 V 至 50 V 逐渐增压，测量直流条件下的电流电压关系。普通混凝土(P)和耐腐蚀混凝土(S)在饱和 $Ca(OH)_2$ 溶液(CH)与 3.5%NaCl 溶液(NC)中的试验结果见图 4-5。

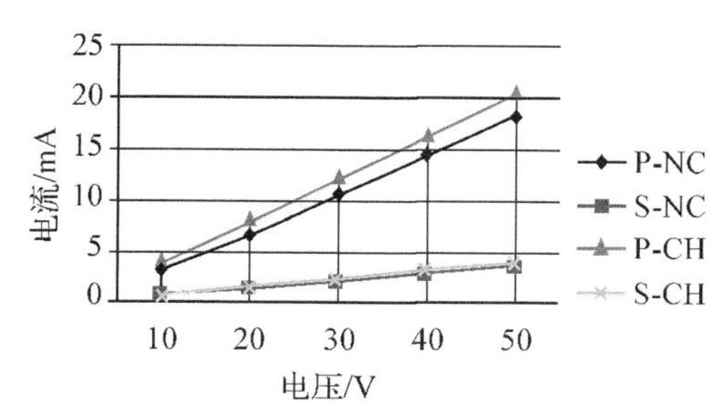

图 4-5　直流电流腐蚀试验的电流电压关系

从图 4-5 中可以看到电流电压关系的线性很好，说明存在欧姆关系，经过回归计算，普通水泥混凝土和耐腐蚀混凝土试件在饱和 $Ca(OH)_2$ 溶液与 3.5%NaCl 溶液中的电阻见表 4-2。

表 4-2 混凝土试件在饱和 $Ca(OH)_2$ 溶液与 3.5%NaCl 溶液中的电阻

混凝土	电阻/kΩ	
	饱和 $Ca(OH)_2$ 溶液	3.5%NaCl 溶液
普通	2.42	2.66
耐腐蚀	12.59	13.26

混凝土试件在液体中存在电阻这一结论表明，在一定的电位差条件下，杂散电流与电阻成反比，即电阻越大，杂散电流越小。耐腐蚀混凝土电阻值为普通混凝土的 5 倍，可有效减缓杂散电流腐蚀。

混凝土在饱和 $Ca(OH)_2$ 溶液和 3.5%NaCl 溶液中的电阻值相差不大，但在两种介质中的杂散电流腐蚀速率差距明显。

将钢筋混凝土试件和电极板分别不完全浸泡于饱和 $Ca(OH)_2$ 溶液和 3.5%NaCl 溶液中，液面距试件顶面保留 5 mm 距离，以混凝土为导体，在直流电压为 5 V 的条件下进行长时间通电，加速模拟试验混凝土杂散电流腐蚀。钢筋锈蚀，混凝土开裂时间见表 4-3。

表 4-3 钢筋混凝土杂散电流加速模拟试验

混凝土	初始电流/mA		断裂时间/d	
	饱和 $Ca(OH)_2$ 溶液	3.5%NaCl 溶液	饱和 $Ca(OH)_2$ 溶液	3.5%NaCl 溶液
普通	1.05	1.82	161	7
耐腐蚀	0.24	0.32	660 未裂	110

从加速腐蚀试验结果可见，在钢筋混凝土内通过 5 V 直流电流，长期浸泡在饱和 $Ca(OH)_2$ 溶液中，普通水泥钢筋混凝土仍会发生腐蚀破坏。相对于饱和碱溶液腐蚀环境，氯化物环境下钢筋混凝土腐蚀破坏速度明显增加，普通水泥钢筋混凝土腐蚀破坏速率提高 23 倍。在电流作用下，氯离子快速进入混凝土到达钢筋表面，破坏钢筋钝化膜，钢筋锈蚀膨胀，混凝土开裂破坏。

耐腐蚀混凝土能够极大地延缓饱和碱溶液环境和氯化物环境中杂散电流的腐蚀破坏时间。在饱和碱溶液环境中 22 个月未见腐蚀破坏，在氯化物环境中腐蚀破坏时间较同水胶比的普通水泥混凝土相应延长 15 倍之多。矿物掺和料的引入可以显著改善混凝土的密实程度，提高混凝土的电阻率，降低杂散电流形成的电场强度。因此矿物掺和料能够抑制杂散电流对固化氯离子的激活作用[13]，故耐腐蚀混凝土抗杂散电流侵蚀能力较普通水泥混凝土显著增强。

4.2.2 混凝土配伍影响

钢筋混凝土采用0.38水胶比，通过调整粉煤灰和矿渣不同掺量，研究混凝土配伍对钢筋混凝土在氯盐环境中抗杂散电流影响的规律。混凝土配合比参数和采用RCM法测定的混凝土氯离子扩散系数见表4-4。

表4-4 混凝土试件的配合比参数

试件编号	水胶比	胶凝材料比例/%			用水量/(kg/m³)	砂率	坍落度/mm	含气量/%	氯离子扩散系数/($\times10^{-12}m^2/s$)
		水泥	粉煤灰	矿渣粉					
100	0.38	100	0	0	156	0.40	190	4.9	8.32
640	0.38	60	40	0	157	0.40	175	4.5	4.52
604	0.38	57	0	43	156	0.40	180	4.6	2.22
307	0.38	35	0	65	156	0.40	170	4.8	1.68
622	0.38	60	16	23	157	0.40	175	4.6	4.16
523	0.38	50	20	30	156	0.40	185	4.5	2.44
424	0.38	40	40	20	158	0.40	190	4.5	1.84
334	0.38	30	30	40	159	0.40	180	4.7	1.80
325	0.38	30	20	50	159	0.40	170	4.9	2.16

通过混凝土胶凝材料中水泥、粉煤灰和矿渣的配伍优化调整，可明显降低混凝土氯离子扩散系数。与普通混凝土相比，适宜掺和料的耐腐蚀混凝土的氯离子扩散系数低于普通水泥混凝土的1/4。

将混凝土试件和电极板放入盛有3.5%NaCl溶液的防腐箱内，试件的开放面与电极板平行。试验时接直流电源，钢筋接正极，铜板接负极，测量直流电源条件下短时间内的电流电压关系。试验得到的电流电压关系见表4-5和图4-6。

表4-5 混凝土在3.5%NaCl溶液中的电流电压

电压/V	1	2	3	4	5
编号	电流/mA				
100	0.32	0.68	1.06	1.44	1.82
640	0.12	0.24	0.37	0.50	0.63
604	0.17	0.35	0.55	0.75	0.96
307	0.07	0.16	0.24	0.33	0.42
622	0.19	0.39	0.60	0.82	1.03
523	0.12	0.25	0.38	0.52	0.68
424	0.06	0.14	0.21	0.29	0.36
334	0.06	0.13	0.21	0.28	0.35
325	0.15	0.28	0.39	0.51	0.64

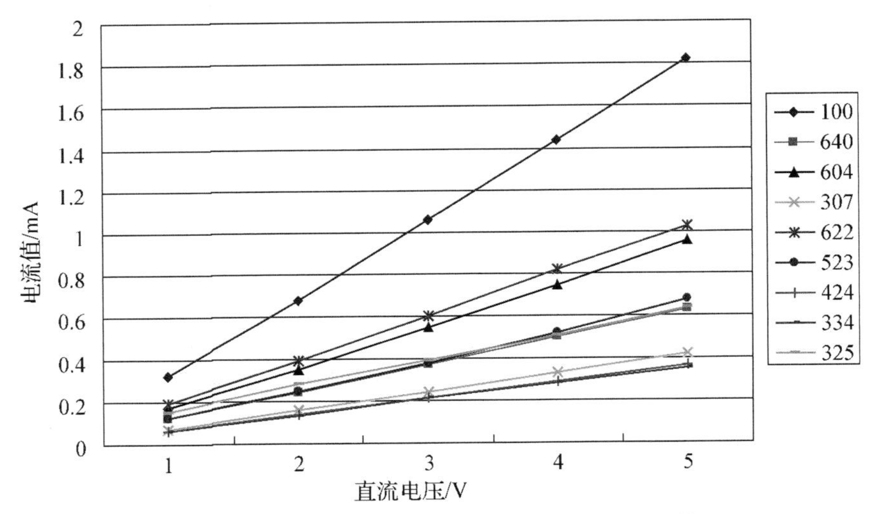

图 4-6 混凝土在 3.5%NaCl 溶液中的电流电压关系

经过回归计算，钢筋保护层厚度为 50 mm 的混凝土试件在 3.5% NaCl 溶液中的电阻见表 4-6。水胶比为 0.38 时，每立方米混凝土中水泥用量与混凝土电阻关系曲线见图 4-7。

表 4-6 试件在 3.5%NaCl 溶液中的电阻及氯离子扩散系数

编号	100	640	604	307	622	523	424	334	325
电阻/kΩ	2.66	7.72	5.06	11.43	4.74	7.22	13.26	13.83	8.20

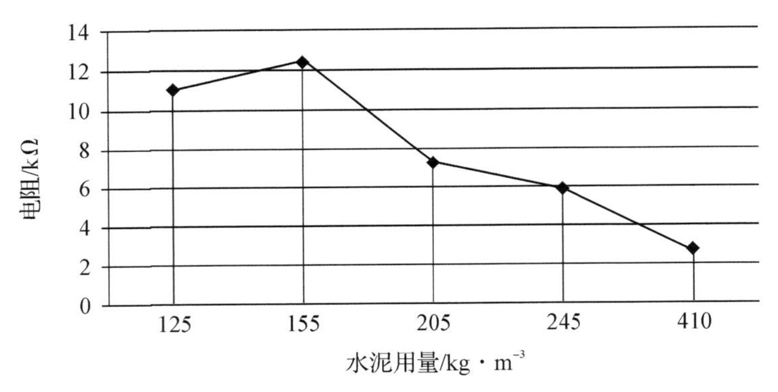

图 4-7 水泥用量与混凝土试件电阻关系

由表 4-6 可知，掺加适量矿物掺和料后，混凝土的电阻明显增大。掺加 20%粉煤灰+40%矿渣的编号为 424 混凝土试件和掺加 30%粉煤灰+40%矿渣的编号为 334 混凝土试件电阻最大，约为编号为 100 的普通水泥混凝土试件的 5 倍。因此，在相同电位差条件下，耐腐蚀混凝土能够大大地降低电流，减少腐蚀。

由试验结果可知，掺加20%粉煤灰+40%矿渣的耐腐蚀混凝土电阻值较同水胶比普通水泥混凝土高出约5倍。因此，在相同电位差下，普通水泥钢筋混凝土需承受的电流密度将5倍于耐腐蚀混凝土。

由于杂散电流的大小与混凝土中钢筋的腐蚀正相关，不同配合比的试件有不同的电阻，我们可以通过配合比优化配制，减少钢筋的腐蚀。耐腐蚀混凝土选择20%粉煤灰+40%矿渣的方案，无论从减少杂散电流腐蚀还是减少氯盐腐蚀而言都是最优方案。此时，每立方米混凝土水泥用量在150 kg/m^{3}左右。

将钢筋保护层厚度为50 mm的不同配比的混凝土试件不完全浸泡于3.5% NaCl腐蚀溶液中，液面距试件顶面保留5 mm距离，同样以混凝土为导体，在直流电压为5 V的条件下进行长时间通电，直至混凝土试件开裂和导线与钢筋的连接被腐蚀中断。在3.5%NaCl溶液中的模拟试验结果见表4-7。

表4-7 混凝土试件在3.5%NaCl溶液中模拟杂散电流腐蚀试验结果

编号	初始电流/mA	开裂电流/mA	断裂时间/d	累计电量/mAh
100	1.82	2.28	7	—
640	0.63	0.58	70	3 742
604	0.59	4.95	98	4 372
307	0.42	9.70	70	4 464
622	0.95	2.22	119	4 400
523	0.67	6.35	70	4 952
424	0.32	9.24	110	4 585
334	3.5	36.0	110	5 098
325	3.3	29.7	70	4 018

从试验结果可见，在存在一定的电压条件下，混凝土试件在3.5%NaCl溶液中电流变动大，腐蚀快，开裂早。在外加恒定电压时，溶液中的氯离子，不仅仅是电荷载体，更重要的是加快了氯离子在混凝土中向钢筋渗透速度，快速破坏钢筋表面钝化膜，并与钢筋、焊接点发生化学反应，改变导电条件，同时很快地腐蚀混凝土、钢筋、焊接点。因此，氯盐溶液极大地增强杂散电流对建筑钢筋混凝土结构的腐蚀，极具破坏性，必须坚决避免。

同样，与编号100的普通水泥混凝土试件相比，掺加20%粉煤灰+40%矿渣的424混凝土试件和掺加30%粉煤灰+40%矿渣的334混凝土试件极大地延缓氯盐环境中杂散电流腐蚀破坏时间，相应延长15倍之多。

4.3 钢筋中杂散电流对混凝土耐久性的影响

上节图 4-4 模拟杂散电流通过钢筋混凝土形成回路的腐蚀试验方案示意图。杂散电流在混凝土中通过离子导电，加速了腐蚀介质向钢筋表面迁移，破坏钢筋表面钝化膜，加速钢筋混凝土腐蚀破坏。

在现实工程中，有部分杂散电流不通过混凝土直接从钢筋混凝土结构钢筋中流动。为此，南京水利科学研究院开展了相关试验研究，模拟试验钢筋混凝土结构钢筋中通过直流杂散电流对钢筋混凝土抗腐蚀耐久性的影响。模拟试验方案示意图如图 4-8 所示。

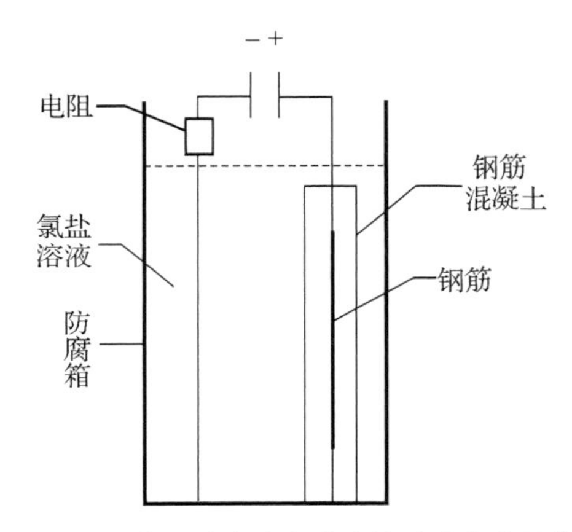

图 4-8 钢筋通过杂散电流腐蚀试验方案示意图

试验采用的混凝土试件尺寸为 100 mm×100 mm×200 mm，并在试件中心位置埋设 ϕ 6 mm×100 mm 钢筋。钢筋两端用导线接出，用以连通直流电源。到相应的试验龄期，测试钢筋混凝土的强度、混凝土中钢筋的半电池电位以及氯离子在混凝土中的扩散浓度。在有冻融的环境中，强度测试则以动弹性模量代替，并测试重量损失。测试氯离子扩散浓度的试件除了一个 100 mm×200 mm 的侧面供外界盐离子渗透外，其余五个表面均用环氧树脂封闭。

试验中通过钢筋的电流密度有 2 种，分别为 15 mA/dm^2 和 75 mA/dm^2，采用 500 mV 直流电源分别通过 10 kΩ 和 2 kΩ 的电阻来调节。500 mV 直流电压与实测的变电所内电位差较自然电位差的偏移量相吻合；10 kΩ 和 2 kΩ 的电阻分别相当于 50 mm 厚钢筋保护层耐腐蚀混凝土和普通水泥混凝土的电阻。

混凝土试验配合比参数以及采用 RCM 法测定的混凝土氯离子扩散系数见表 4-8。

表 4-8 混凝土试验配合比参数

混凝土		水胶比	胶材比例/%			用水量/(kg/m³)	砂率	坍落度/mm	含气量/%	氯离子扩散系数/($\times10^{-12}$ m²/s)
			水泥	粉煤灰	矿渣粉					
普通	P38	0.38	100	0	0	150	0.41	180	4.5	7.50
耐腐蚀	SD43	0.43	40	20	40	154	0.43	190	4.8	4.08
	SD38	0.38	40	20	40	150	0.41	185	4.3	3.37
	SD33	0.33	40	20	40	156	0.38	170	1.4	2.52

每种混凝土各准备三组试件，一组试件置于标准养护室养护，作为强度对比试件；一组试件置于试验箱内的3.5%氯化钠+0.75%硫酸镁的腐蚀溶液中进行干湿循环试验；另一组在3.5%氯化钠+0.75%硫酸镁溶液中干湿循环的同时还加载了杂散电流。后两种混凝土试件均置于全自动混凝土硫酸盐试验机内进行。根据《普通混凝土长期性能和耐久性能试验方法标准》(GB/T 50082—2009)[14]第14部分"抗硫酸盐侵蚀试验"的要求自动进行干湿循环腐蚀试验。整个循环过程为24小时，即1天1个干湿循环。到相应的试验龄期，分别测试混凝土的抗压强度值，并测试混凝土中钢筋的半电池电位，用以判断钢筋的腐蚀性状。同时钻取不同深度混凝土砂浆粉末样品，测定混凝土砂浆中水溶性氯离子的扩散深度及浓度。

4.3.1 杂散电流密度对混凝土中钢筋半电池电位的影响

混凝土中钢筋的半电池点位是指钢筋表面微阳极和微阴极的混合电位。当混凝土中钢筋表面阴极极化性能变化不大时，钢筋半电池电位主要决定于阳极性状，即阳极钝化，电位偏低；阳极活化，电位偏负。根据电力行业标准《水工混凝土试验规程》(DL/T 5150—2001)[15]的评估标准，半电池电位正向大于−200 mV，则此区域发生钢筋腐蚀概率小于10%；半电池电位负向大于−350 mV，则此区域发生钢筋腐蚀概率大于90%；半电池电位在−200～−350 mV范围内，则此区域发生钢筋腐蚀性状不确定。不同腐蚀龄期，杂散电流强度对混凝土中钢筋半电池电位的影响试验结果见表4-9。

表 4-9 不同腐蚀龄期混凝土中钢筋的半电池电位 (单位：mV)

试件编号	杂散电流密度/(mA/dm²)					
	0		15		75	
	90 d	210 d	90 d	210 d	90 d	210 d
P38	−135	−252	−168	−287	−204	−332
SD43	−123	−242	−155	−266	−190	−298
SD38	−126	−236	−151	−262	−189	−298
SD33	−125	−238	−147	−253	−181	−280

随着杂散电流密度和腐蚀龄期的增加，混凝土的半电池电位负向增加，混凝土中钢筋发生腐蚀的概率增加。

耐腐蚀混凝土的半电池电位负向增加明显小于普通水泥混凝土。即在氯盐—硫酸盐—杂散电流多重因素腐蚀条件下，耐腐蚀混凝土中的钢筋不易锈蚀，耐久性能明显高于普通水泥混凝土。在水胶比 0.33～0.43 范围内，耐腐蚀混凝土的半电池电位差异不明显。

4.3.2 杂散电流密度对氯离子扩散系数的影响

在氯盐—硫酸盐腐蚀环境中，混凝土中钢筋直接附加不同杂散电流密度，测试混凝土中氯离子扩散性能和扩散规律。经过不同腐蚀循环后，钻取不同深度混凝土砂浆粉末样品，测定混凝土砂浆中水溶性离子氯含量，结果见图 4-9～图 4-12。

随着杂散电流密度的增加和侵蚀龄期的增长，混凝土中氯离子的浓度也随之增加。对普通水泥混凝土而言，混凝土中不同深度的氯离子的浓度为渐变降低。随着试验龄期增加，通过钢筋的电流密度为 75 mA/dm^2 的混凝土试件内部氯离子浓度明显增加。

耐腐蚀混凝土中的氯离子大多数都集中在混凝土表层，并在距表面 20 mm 内氯离子含量有一陡降突变过程。随着杂散电流密度的增加和侵蚀龄期的增长，陡降突变过程变缓。此现象随混凝土水胶比的增加而更为明显。

由于氯离子在混凝土中的浓度因深度而不同，且随时间而变化，因此本实验中氯离子在混凝土中的扩散符合菲克第二定律，即

$$C(x,t)=C_s(1-erf[x/(2\sqrt{Dt})]) \tag{4-1}$$

式中：$C(x,t)$—— 经过时间 t 后，混凝土中深度 x 处的氯离子含量；

C_s—— 混凝土表层氯离子含量；

D—— 混凝土中氯离子的扩散系数；

erf—— 误差函数。

通过上述公式，根据实测的氯离子在混凝土中的扩散结果，采用最小二乘法分别拟合出氯离子的扩散系数，结果见表 4-10。

当混凝土内钢筋有杂散电流通过时，氯离子在混凝土中的扩散系数会增加，且随着电流密度的增加而增加。特别对普通水泥混凝土而言，杂散电流将显著增加混凝土的氯离子扩散系数，通过钢筋的电流密度为 75 mA/dm^2 的混凝土试件氯离子扩散系数提高 86%。

提高钢筋中杂散电流密度，耐腐蚀混凝土的氯离子扩散系数增加不多。混凝土水胶比越低，杂散电流密度对耐腐蚀混凝土的氯离子扩散系数影响越小。

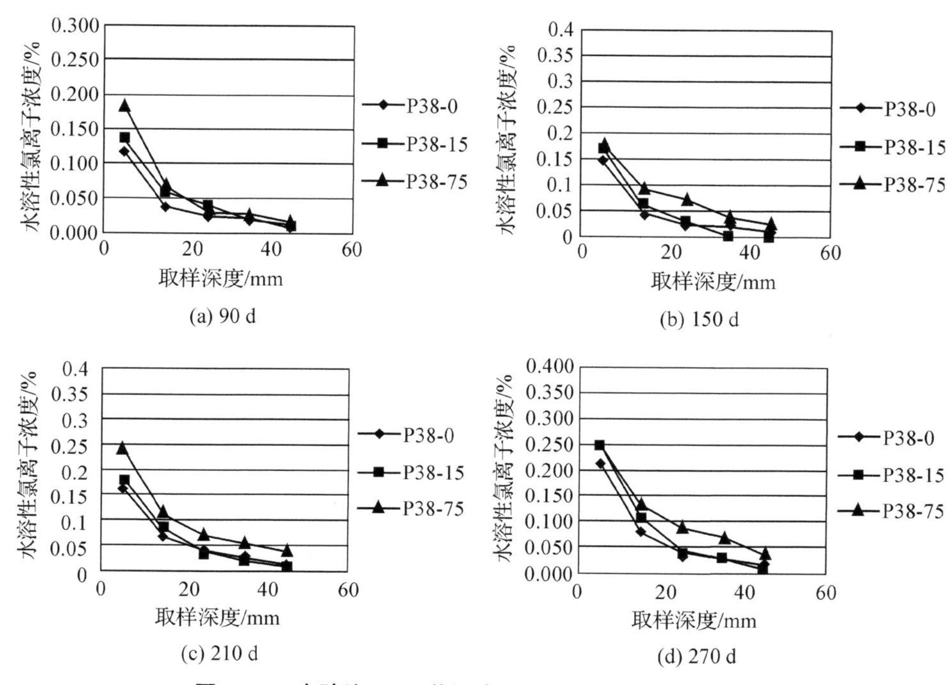

图 4-9 水胶比 0.38 普通水泥混凝土氯离子扩散性能

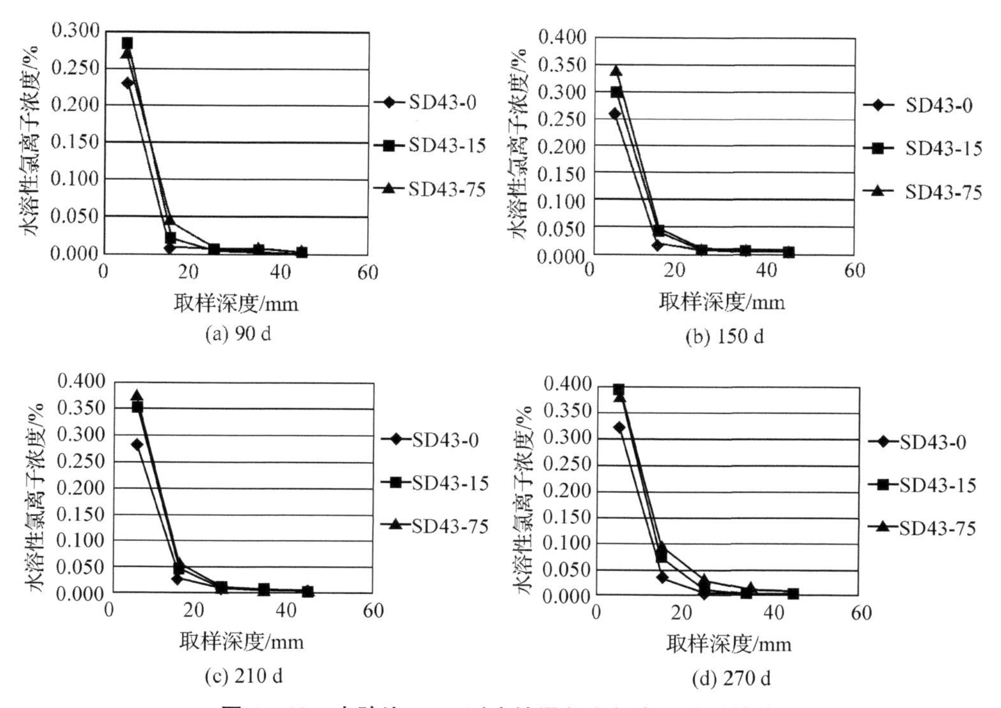

图 4-10 水胶比 0.43 耐腐蚀混凝土氯离子扩散性能

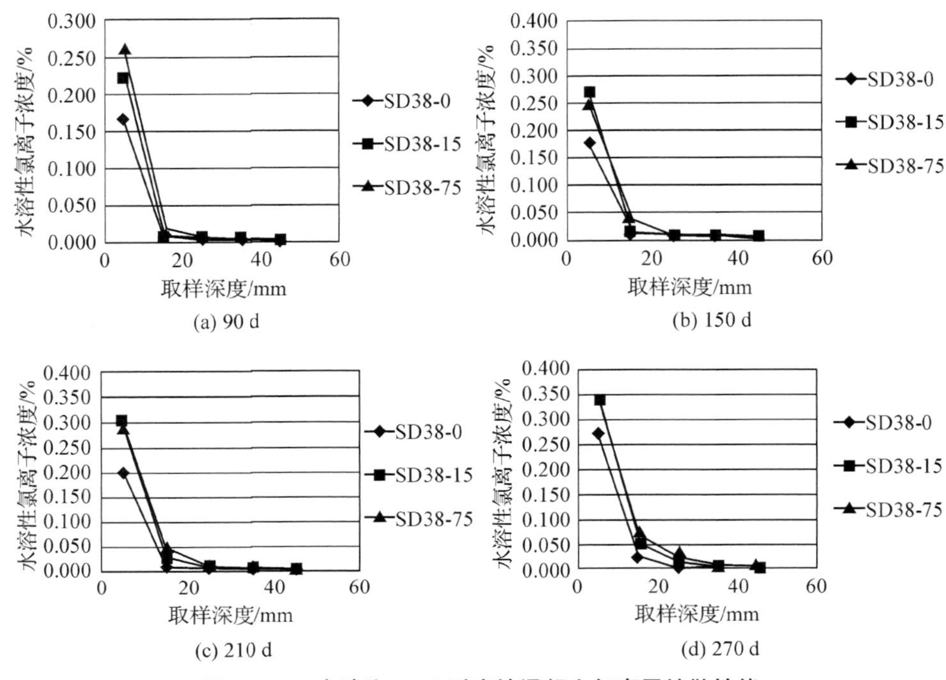

(a) 90 d
(b) 150 d
(c) 210 d
(d) 270 d

图 4-11 水胶比 0.38 耐腐蚀混凝土氯离子扩散性能

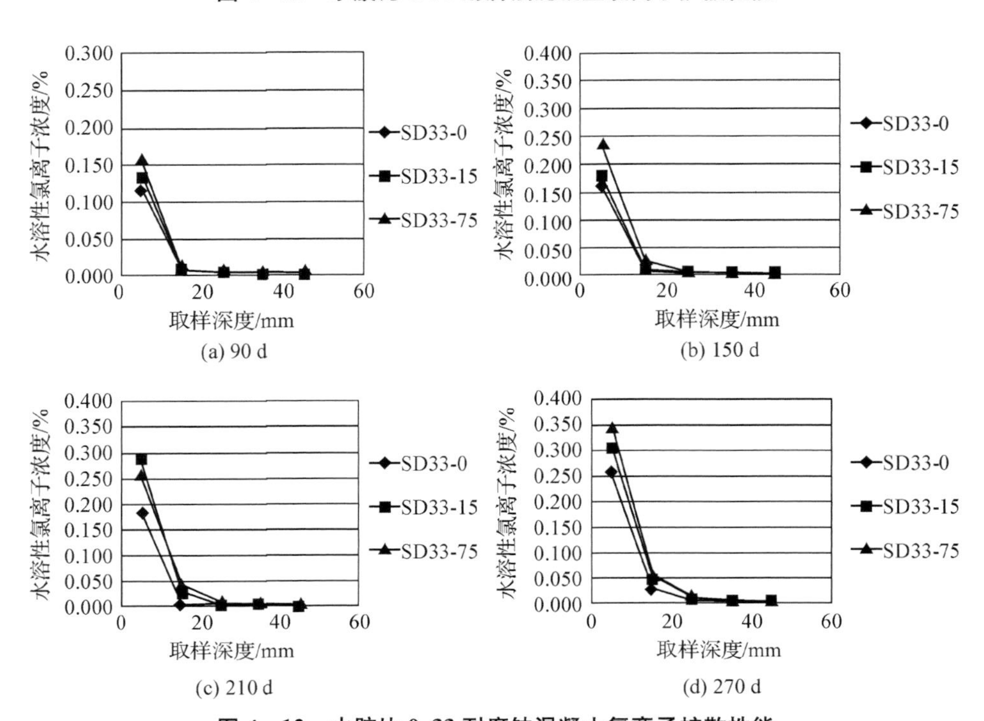

(a) 90 d
(b) 150 d
(c) 210 d
(d) 270 d

图 4-12 水胶比 0.33 耐腐蚀混凝土氯离子扩散性能

表 4-10 氯离子在混凝土中的扩散系数

试件编号	杂散电流密度/(mA/dm^2)	侵蚀循环/d	氯离子扩散系数 D/($\times 10^{-8}\ cm^2/s$)
P38	0	270	9.50
	15	270	10.23
	75	270	17.72
SD43	0	270	3.97
	15	270	4.34
	75	270	5.53
SD38	0	270	3.84
	15	270	4.25
	75	270	4.80
SD33	0	270	4.01
	15	270	4.26
	75	270	4.06

4.3.3 杂散电流密度对抗硫酸盐腐蚀耐久性影响

将在氯盐和硫酸盐溶液中干湿循环同时附加不同杂散电流密度的试件，经过相应的腐蚀龄期后测试其抗压强度，并与同龄期标准养护试件进行对比，干湿循环试件与对比试件抗压强度之比即为抗压强度耐蚀系数。不同杂散电流密度对抗压强度耐蚀系数的影响试验结果见表 4-11 和图 4-13。

在 3.5%氯盐+0.75%硫酸镁溶液中，当无杂散电流时，在试验的 210 d 龄期内，混凝土的强度是增强的。当存在杂散电流，并且通过的电流密度较小时，混凝土在干湿循环阶段的早期，抗压强度是增强的。随着干湿循环次数和杂散电流密度的增加，抗压强度明显下降。而且从图 4-13 中可以看出，虽然耐腐蚀混凝土在最初的增强阶段性能增加不如普通水泥混凝土明显，但在后面的性能下降阶段，其受腐蚀的速率却比普通混凝土慢。

对于耐腐蚀混凝土而言，水胶比越小，耐侵蚀性能越好。水胶比 0.33 的耐腐蚀混凝土抗压强度耐蚀系数一直在 100%以上。

表 4-11 混凝土在氯盐—硫酸盐—杂散电流下的抗压强度耐蚀系数

试件编号	电流密度/(mA/dm^2)	腐蚀龄期 /d	
		90	210
P38	0	124	102
SD43		118	106
SD38		119	105
SD33		115	108
P38	15	128	88
SD43		121	91
SD38		120	98
SD33		121	113
P38	75	103	77
SD43		104	82
SD38		105	93
SD33		121	107

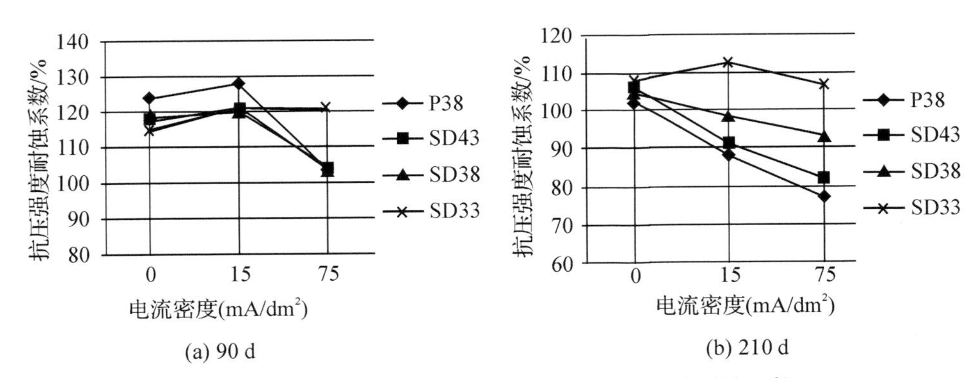

图 4-13 混凝土在不同电流密度下的抗压强度耐蚀系数

混凝土中硫酸镁的侵蚀大致分为两个阶段。在第一阶段，生成的石膏和 $Mg(OH)_2$ 以及析出的盐填充了混凝土的内部孔隙，虽然会产生一定的膨胀内应力，但不足以产生膨胀裂缝，相反，在某种程度上起到填充作用，使得混凝土密实度提高、强度增大；另一方面，形成的腐蚀产物易于阻塞表面孔隙通道，最终导致离子穿过表层向混凝土内部的侵入能力显著衰减。

在第二阶段，混凝土中没有更多的孔隙容纳这些生成物，于是持续生成的石膏或 $Mg(OH)_2$ 会在混凝土内部形成很大的内应力。此外，由于干湿循环作用，混凝土内部还将形成极大的物理结晶压力，加之没有胶结力的水化硅酸镁（M－S－H）的不断生成，混凝土性能逐步劣化。

当无杂散电流时，在试验龄期内，混凝土仍处于第一阶段，因此强度增加。当存在一定的杂散电流的情况下，由于杂散电流的存在将在混凝土内部形成电磁场，腐蚀离子向混凝土内部渗透是扩散与电迁移的共同结果，导致腐蚀离子向混凝土内扩散加速，浓度增加。因此，在侵蚀早期，第一阶段得到加强，混凝土强度得到进一步增加。随着杂散电流的增大或侵蚀龄期增长，混凝土提前结束第一阶段进入第二阶段，性能逐渐劣化，强度下降。

与普通水泥混凝土相比，由于大掺量矿物掺和料的耐腐蚀混凝土水化反应与微集料填充效应的协同作用使得基体孔隙率降低，界面过渡区处浆体结构更加致密，抑制了 $Ca(OH)_2$ 在界面过渡区的集中生成，从而极大地阻碍了石膏型和钙矾石型侵蚀反应的发生。耐腐蚀混凝土孔隙结构得到优化，使得潮湿状态下 Mg^{2+}、SO_4^{2-} 和 Cl^- 传输受阻，干燥状态下由于表层孔隙通道的连通性差使得盐结晶条件往往难以形成，导致混凝土受侵层厚度降低，表现在初始的填充增强阶段，强度增加不如普通水泥混凝土明显，而在后期的腐蚀劣化阶段，其劣化速率也较普通水泥混凝土要慢，抗腐蚀性能明显提高[16]。

钢筋中流动杂散电流对混凝土性能产生影响，一方面是由于钢筋中的定向电流在混凝土中产生电磁感应，促使混凝土孔隙液中的离子流动，加速了腐蚀介质中的离子向混凝土内部渗透。

另一方面，当腐蚀介质在混凝土内靠近钢筋部位发生化学反应，形成膨胀组分填充堵塞毛细孔后，阻挡了电磁感应促使混凝土孔隙液中的离子流动，由此产生应力，该应力与膨胀应力共同作用，加速了混凝土的损伤破坏。

对应于耐腐蚀混凝土，如图 4－14 所示，氯离子多集中于混凝土 20 mm 表层，而较氯离子难以渗透的硫酸镁离子更不易到达钢筋附近。上述阻挡离子流动应力和膨胀应力均普通水泥混凝土低，混凝土损伤破坏相对较轻。此时，混凝土水胶比影响显著，水胶比为 0.43 的耐腐蚀混凝土与水胶比为 0.33 的耐腐蚀混凝土相比，在 15 mA/dm^2 电流密度条件下，210 d 抗压强度耐蚀系数下降 20％；在 75 mA/dm^2 电流密度条件下，210 d 抗压强度耐蚀系数下降 23％。因此，为提高钢筋混凝土抗杂散电流一硫酸盐腐蚀耐久性，混凝土水胶比不宜大于 0.38。

需要说明的是，在大多数情况下，杂散电流是通过混凝土保护层进入钢筋，此时耐腐蚀混凝土相比于同水胶比的普通水泥混凝土更有优势。在同样 500 mV 的电压条件下，普通水泥混凝土承受 75 mA/dm^2 电流密度时，耐腐蚀混凝土仅需承受 15 mA/dm^2 电流密度。此条件下，同水胶比的普通水泥混凝土与耐腐蚀混凝土相比，210 d 抗压强度耐蚀系数下降 22％。

4.3.4 杂散电流强度对混凝土抗冻耐久性影响

在淡水中、3.5%NaCl溶液中和混凝土内钢筋施加电流密度为15 mA/dm^{2}的杂散电流的3.5%NaCl溶液中，进行混凝土抗冻性试验，混凝土试验配合比参数见表4-8。试验结果见表4-12。

冻融—氯化物—杂散电流多重腐蚀环境下，经过100个冻融循环后不同杂散电流密度的普通混凝土(P)和耐腐蚀混凝土(S)不同深度氯离子浓度检测结果见图4-14。

表4-12 不同腐蚀环境中混凝土抗冻性能

混凝土	腐蚀环境	相对动弹模量/%		
		100次循环	200次循环	300次循环
普通	淡水	98	95	95
	3.5%NaCl溶液	86	72	疏松断裂
	冻融—氯化物—杂散电流	73	疏松断裂	—
耐腐蚀	淡水	100	98	95
	3.5%NaCl溶液	80	74	疏松断裂
	冻融—氯化物—杂散电流	77	疏松断裂	—

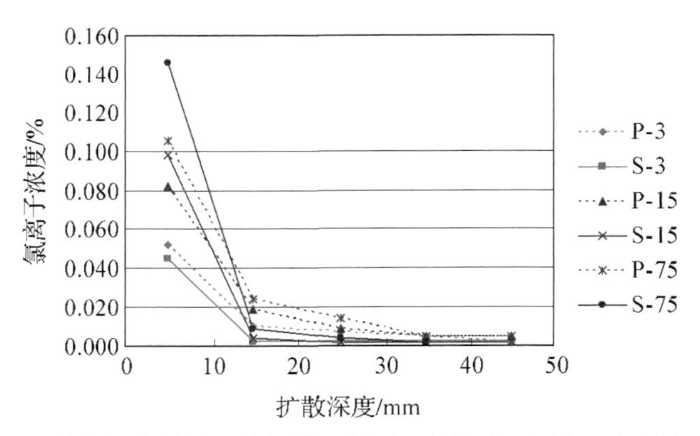

图4-14 冻融—氯化物—杂散电流多重腐蚀环境混凝土氯离子扩散浓度

混凝土在不同杂散电流密度及盐冻条件下的氯离子扩散性能结果表明，随着杂散电流密度的增加，混凝土中氯离子的浓度是随之增加的。混凝土经过100个冻融循环后，耐腐蚀混凝土中的氯离子主要集中在混凝土表层，内部氯离子增加很少；而普通水泥混凝土中氯离子浓度明显比耐腐蚀混凝土大，氯离子浓度随着扩散深度而减小，且随着杂散电流密度的增加，混凝土内部氯离子浓度增加。

混凝土抗冻等级为F300的混凝土试件，在没有杂散电流存在的条件下，经过

200 次 3.5%NaCl 溶液冻融循环后试件均无破坏，300 次冻融循环后试件疏松破坏。在电流密度为 15 mA/dm² 的杂散电流存在的条件下，混凝土经过 200 次 3.5% NaCl 溶液冻融循环后，试件均已松散冻坏，而其中的钢筋却并无锈胀。由此可知，杂散电流的存在加剧了混凝土在盐溶液中的冻融破坏。

杨全兵[17]通过试验分析论证，在相同的饱水度下，随着氯化钠浓度的增加，溶液结冰膨胀率和结冰压显著降低。当氯化钠浓度达到 20%以上时，即使饱水度接近 100%，溶液的结冰膨胀率和结冰压也很小。这些是氯化钠存在的条件下降低混凝土盐冻破坏的最有利因素。另一方面，混凝土内部毛细管吸水饱水度和吸水速度随着氯化钠浓度的增加而显著提高，这是氯化钠存在的条件下加剧混凝土盐冻破坏的最不利因素。基于混凝土内部毛细管吸水饱水度、溶液结冰膨胀率和结冰压的实测数据，经分析、计算证明了浓度为 2%～6%的氯化钠溶液将产生最大的结冰压，从而很好地解释了这一混凝土盐冻破坏最独特的现象，即中低浓度盐溶液产生的盐冻破坏最严重这一现象。

我们的相关试验研究表明，随着混凝土水胶比的增加，在模拟海水环境中混凝土试件冻融循环质量损失率增加，腐蚀破坏速度加快。控制新拌混凝土含气量在 6%±1%，同水胶比的普通混凝土和高性能混凝土抗冻耐久性相当。矿渣粉的二次水化作用降低硬化高性能混凝土含气量，但气泡间隔系数仍低于 200 μm。为满足混凝土在海洋环境中抗冻耐久性要求，在保证混凝土气泡间隔系数低于 300 μm 的同时，混凝土水胶比不宜大于 0.40[18]。混凝土水胶比对混凝土试件冻融循环质量损失率的影响见图 4－15。

与杂散电流—氯盐—硫酸盐腐蚀不同，在杂散电流—氯盐—冻融腐蚀环境中，耐腐蚀混凝土与同水胶比普通水泥混凝土相比，并无明显优势。

在氯盐—冻融腐蚀环境中，混凝土试件破坏形式为混凝土试件表层疏松剥落，混凝土质量损失率增大。而在杂散电流—氯盐—冻融腐蚀环境中，混凝土试件破坏更为提前，且为试件整体疏松断裂。

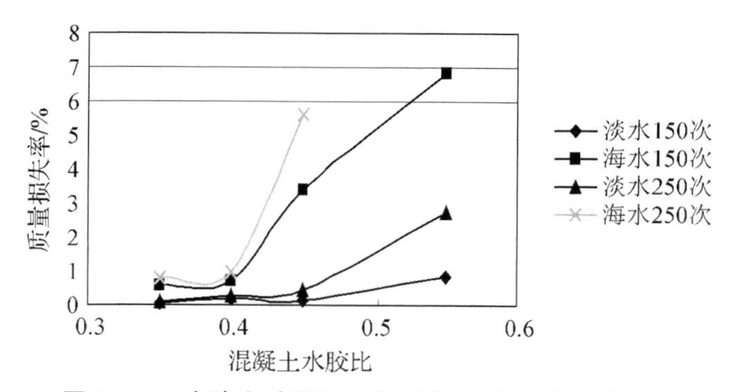

图 4－15　水胶比对混凝土冻融循环质量损失率的影响

我们认为，在杂散电流—氯盐—冻融腐蚀环境中，钢筋混凝土试件中的钢筋通过杂散电流，电磁感应促使混凝土孔隙液中的离子流动，加速了氯盐向混凝土试件内渗透。混凝土内部毛细管吸水饱水度和吸水速度增加，结冰压力增大，混凝土破坏加速。另一方面，在混凝土内部毛细管溶液冰冻过程中，阻挡了电磁感应促使混凝土孔隙液中的离子流动，由此产生应力，该应力与结冰膨胀应力共同作用，加速了混凝土的损伤破坏。

当混凝土水胶比和含气量相同，且钢筋通过的电流密度也相同时，耐腐蚀混凝土和普通水泥混凝土内部结冰压和阻挡离子流动产生应力相差不大。因此，在相同电流密度下，耐腐蚀混凝土并不能明显改善在杂散电流—氯盐—冻融腐蚀环境中混凝土冻融破坏。

上述研究发现对于保证沿海寒冷地区高压输变电基础工程钢筋混凝土耐久性具有重要指导意义。控制混凝土水胶比和含气量是满足钢筋混凝土构件在杂散电流—氯盐—冻融腐蚀环境中抗冻耐久性的主要保证措施，或者采用钢筋混凝土防腐涂层等外加防护措施。

4.4 提高钢筋混凝土抗杂散电流腐蚀的措施

4.4.1 提高钢筋混凝土抗杂散电流腐蚀的措施

减缓钢筋混凝土杂散电流腐蚀，主要从两个方面解决：第一，降低钢筋中杂散电流密度；第二，改善钢筋混凝土腐蚀环境，降低腐蚀介质在混凝土中向钢筋渗透的速度。

降低钢筋中杂散电流密度有两个途径：①降低杂散电流电压；②提高电阻。降低杂散电流电压，主要通过施工工艺解决，保持变电线路通畅，减少电流散失。提高电阻，主要通过加强绝缘层解决，也可以通过混凝土配合比优化提高混凝土保护层电阻。

改善钢筋混凝土腐蚀环境，降低腐蚀介质在混凝土中向钢筋渗透速度，主要可通过混凝土优化配制和混凝土外加保护措施实现。混凝土外加保护措施主要采用钢筋阻锈涂层和混凝土防腐涂层。

4.4.2 混凝土优化配制

混凝土配合比优化设计原则为满足结构设计强度，以耐久性为核心，强调工作性，突出抗裂性。

(1) 混凝土水胶比

混凝土水胶比在满足混凝土结构设计强度等级要求的同时，必须满足钢筋混凝土耐久性要求。

混凝土的配制强度为

$$f_{cu,k}=f_{cu,0}+t\sigma$$

式中：$f_{cu,k}$——设计强度等级；

t——概率度系数，当混凝土强度保证率为95%时，$t=1.645$；

σ——混凝土立方体抗压强度标准差。

在杂散电流腐蚀环境中，满足耐久性要求的耐腐蚀混凝土最大水胶比限制建议见表4-13。

表4-13 杂散电流腐蚀环境中的混凝土最大水胶比

腐蚀环境	混凝土最大水胶比		
	严寒地区	寒冷地区	温和地区
杂散电流—淡水	0.40	0.45	0.50
杂散电流—氯盐	0.36	0.36	0.40
杂散电流—氯盐—硫酸盐	0.36	0.36	0.40

注：严寒地区为最冷月平均气温低于−10 ℃的地区；寒冷地区为最冷月平均气温−10～−3 ℃的地区；温和地区为最冷月平均气温高于−3 ℃的地区[19]。

由于钢筋中通过杂散电流会加剧混凝土盐冻腐蚀破坏，其破坏机理仅为分析推断，尚需得到试验论证。只有破坏机理明确，才能对症解决问题。因此目前只能通过降低混凝土微孔间隔系数和降低混凝土水胶比的方法保证寒冷地区和严寒地区杂散电流一氯盐一硫酸盐腐蚀环境的耐久性，或者采用钢筋混凝土防腐涂层等外加防护措施。

(2) 矿渣粉和粉煤灰掺量

混凝土中掺加适量矿渣粉和粉煤灰能明显改善混凝土抗腐蚀性能，可提高混凝土抗氯离子渗透性能和抗硫酸盐侵蚀性能，并数倍提高混凝土电阻，有效提高混凝土抗杂散电流腐蚀。混凝土中掺加适量矿渣粉和粉煤灰，还能有效提高混凝土抗裂性。粉煤灰和矿渣粉掺量过大，混凝土早期强度降低，且混凝土抗碳化耐久性下降。粉煤灰适宜掺量为胶凝材料总量15%～30%，矿渣粉适宜掺量为30%～50%。为满足混凝土工作性和抗裂性要求，宜双掺矿渣粉和粉煤灰。

(3) 混凝土含气量

混凝土中引入一定量的细微气泡，对混凝土性能有如下优点：①混凝土工作性改善；②混凝土抗冻性提高；③混凝土抗硫酸盐性能提高；④混凝土抗氯离子渗透性略有提高；⑤每立方混凝土用量降低，节约资源成本。混凝土含气量适宜控制在4%～6%。

(4) 推荐混凝土配合比参数

温和地区，在杂散电流一氯盐和杂散电流一氯盐一硫酸盐腐蚀环境中，推荐的混凝土配合比主要参数如下：

水胶比：不大于0.40；

最低水泥用量：不小于 120 kg/m^3；

粉煤灰掺量：胶凝材料总量 20%～30%；

矿渣粉掺量：胶凝材料总量 30%～40%；

含气量：5%±1%。

寒冷地区和严寒地区，在杂散电流—氯盐和杂散电流—氯盐—硫酸盐腐蚀环境中，混凝土水胶比不宜大于 0.36。其他混凝土配合比参数与温和地区相同。

参考文献

[1]《电力工程地下金属构筑物防腐技术导则》(DL/T 5394—2007)，中国电力出版社，2007.

[2]《埋地钢质管道腐蚀防护工程检验》(GB/T 19285—2014)，中国标准出版社，2014.

[3]《Protection Against Corrosion By Stray Current From Direct Current Systems，EN 50162—2004.

[4]《地铁杂散电流腐蚀防护技术规程》(CJJ 49—1992)，中国计划出版社，1993.

[5] 朱雅仙，钱文勋，陈迅捷，等. 盐碱环境中变电站建设的抗腐蚀技术研究[R]. 南京：南京水利科学研究院，2013.

[6] 曹楚南. 腐蚀电化学[M]. 北京：化学工业出版社，1995.

[7] 贺鸿珠，史美伦，陈志源. 粉煤灰对地铁杂散电流的抑制作用[J]. 混凝土与水泥制品，2001(1)：21 - 23.

[8] 赵宇辉. 地铁杂散电流腐蚀及其对隧道结构可靠度与耐久性的影响[D]. 成都：西南交通大学，2006.

[9] 陈迅捷，张燕驰，欧阳幼玲. 活性掺和料对混凝土抗碳化耐久性的影响[J]. 混凝土与水泥制品，2002(3)：7 - 9.

[10] Bertolini L，Carsana M，Pedeferri P. Corrosion behaviourof steel in concrete in the presence of stray current[J]. Corrosion Science，2007，49(3)：1056 - 1068.

[11] 陈迅捷，欧阳幼玲，钱文勋，等. 环境中杂散电流对钢筋混凝土腐蚀影响[J]. 水利水运工程学报，2014(2)：33 - 36.

[12] SL 352—2006 水工混凝土试验规程[S]. 北京：中国水利水电出版社，2006.

[13] 胡曙光，耿健，丁庆军. 杂散电流干扰下掺矿物掺和料水泥石固化氯离子的特点[J]. 华中科技大学学报：自然科学版，2008，36(3)：32 - 34.

[14] GB/T 50082—2009 普通混凝土长期性能和耐久性能试验方法标准[S]. 北京：中国建筑工业出版社，2009.

[15] DL/T 5150—2001 水工混凝土试验规程[S]. 北京：中国电力出版社，2002.

[16] 蔡跃波，陈迅捷，等. 深圳地铁 11 号线地下结构耐久性专题研究[R]. 南京：南京水利科学研究院，2014.

[17] 杨全兵. 混凝土盐冻破坏机理(I)——毛细管饱水度和结冰压[J]. 建筑材料学报，2007，10(5)：522 - 527.

[18] 陈迅捷，欧阳幼玲. 海洋环境中混凝土抗冻融循环试验研究[J]. 水利水运工程学报，2009(2)：68 -71.

[19] SL677—2014 水工混凝土施工规范[S]. 北京：中国水利水电出版社，2014.

5　高耐久混凝土设计和工程实例

5.1　设计思路

配合比设计思路以耐久性设计要求为主，同时满足混凝土基本物理力学性能要求。耐久性设计流程如下(图 5－1)。

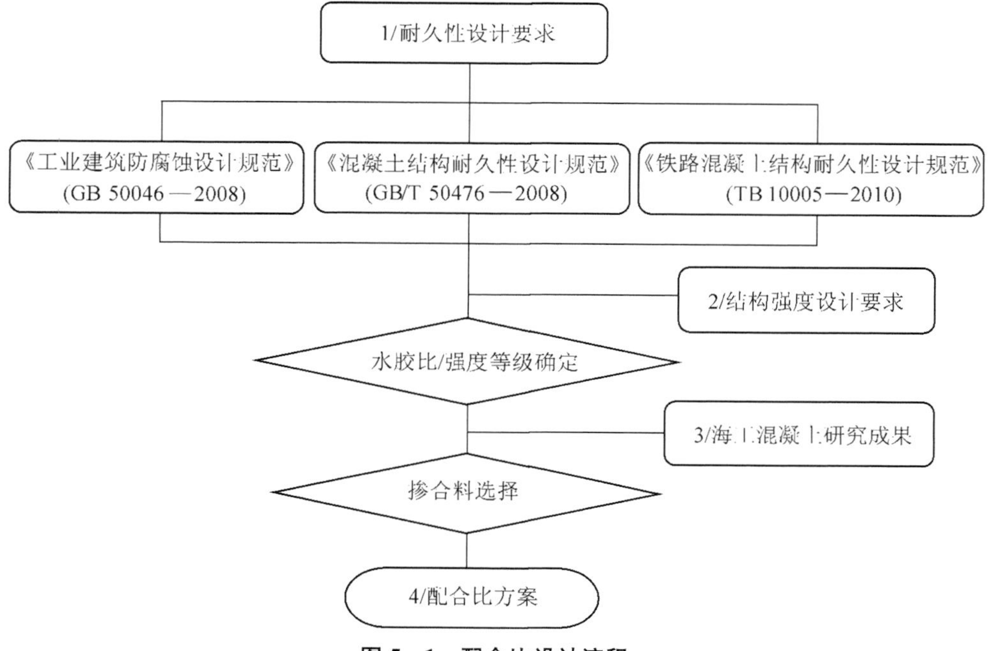

图 5－1　配合比设计流程

现行国家标准对腐蚀环境中设计年限下桩身混凝土强度等级、水胶比等主要参数均有一定要求。《建筑地基基础设计规范》(GB 50007—2011)中规定，腐蚀环境中桩身混凝土的强度等级、材料、最小水泥用量、水胶比等应符合现行国家标准《混凝土结构设计规范》(GB 50010)、《工业建筑防腐蚀设计规范》(GB 50046)及《混凝土结构耐久性设计规范》(GB/T 50476)的相关规定。

根据《工业建筑防腐蚀设计规范》(GB 50046—2008)的要求，在地基基础设计时应根据场地水、土的腐蚀性等级选用适宜的地基处理方案，并采取适宜的防腐蚀措施。一般可考虑采用抗硫酸盐硅酸盐水泥，掺入抗硫酸盐的外加剂、钢筋阻锈剂等外加剂，掺入矿物掺和料等措施，当混凝土不能满足防腐蚀性能时，可采用增加混凝土腐蚀裕量或表层涂刷防腐蚀涂层的措施。等级为强腐蚀性的混凝土防腐蚀基本要求为：最低强度等级 C40，最小胶凝材料（水泥＋矿物掺和料）用量 340 kg/m^3，最大水胶比 0.40。

江苏沿海或西北盐碱地区部分地处寒冷或者严寒地区，应控制混凝土遭受长期冻融循环作用引起的损伤。根据《混凝土结构耐久性设计规范》，有氯盐寒冷地区的水位变动区构件所处的冻融环境作用等级为Ⅱ－E，应采用引气混凝土 C40；有盐或化学腐蚀环境下，重要工程或大型工程混凝土应考虑抗冻耐久性指标。

综上，设计的基础混凝土耐久性指标参数的确定主要参考了国家或行业标准中关于混凝土结构耐久性设计的要求。其中氯化物环境中钢筋混凝土的抗氯离子侵入性指标以 28 d 氯离子扩散系数 D_{RCM}为主要指标，这在《混凝土结构耐久性设计规范》中有明确的要求；国标和大部分行业标准针对不同化学腐蚀环境（以硫酸盐为主），规定相应的抗硫酸盐等级较为模糊，目前可参考《铁路混凝土结构耐久性设计规范》，根据硫酸盐浓度得到盐类结晶破坏环境作用等级，明确抗硫酸盐等级。

5.2 原材料选用

具有较高潜在活性的矿渣，能在水泥水化反应之后，再逐步进行二次水化，并在很长时期内维持这种反应。矿渣的二次水化，使混凝土随龄期的增长愈来愈密实。另一方面，由于掺加大掺量矿渣的混凝土能够吸收大部分侵入到混凝土内部的氯离子（其中一部分为物理吸附作用，另一部分为化合与离子交换形成复盐），从而使扩散到混凝土内部的氯离子失去“游离”性质，难以到达钢筋的周围。同样，掺加粉煤灰后，由于粉煤灰的二次水化作用，在相当长的时间内使得混凝土越来越致密，从而减少氯离子的侵入，将氯离子对钢筋混凝土的侵蚀作用控制在一个极低的限度。

根据南京水利科学研究院在海南八所港长期海工高耐久混凝土暴露试验结果，钢筋混凝土选择具有较高潜在活性的矿渣粉并复合多组分的防腐混合材料作为掺和料，或者采用较高掺量的粉煤灰单掺或复掺，配制的海工高耐久混凝土都具有较好的抗氯盐侵蚀性能。

主要掺和料的品质指标要求如下：

（1）粉煤灰

粉煤灰应选用 F 类粉煤灰，等级为Ⅰ级或者Ⅱ级，关键品质要求如表 5－1。

表 5-1　用于高耐久混凝土的粉煤灰品质要求

项目		技术要求	
		Ⅰ级	Ⅱ级
1	细度(45 μm 方孔筛筛余)/%	≤12.0	≤25.0
2	需水量比/%	≤95	≤105
3	烧失量/%	≤5.0	≤8.0
4	三氧化硫/%	≤3.0	
5	游离氧化钙/%	≤1.0	

（2）矿渣粉

矿渣粉应选用 S95 级或者 S105 级，其主要品质指标要求如表 5-2。

表 5-2　用于高耐久混凝土的矿渣粉品质要求

项目			技术要求	
			S95	S105
1	比表面积/(m^2/kg)		≥400	≥500
2	活性指数/%	7 d	≥75	≥95
		28 d	≥95	≥105
3	流动度比/%		≥95	
4	三氧化硫/%		≤4.0	
5	烧失量/%		≤3.0	

大掺量矿渣粉混凝土具有优良的抗氯离子侵蚀性能，但同时也存在混凝土工作性不佳的现象，采用粉煤灰与其复掺，充分发挥粉煤灰的形态效应和微集料效应，改善新拌混凝土的流变性能，这是目前高耐久混凝土设计的主要技术手段。

单掺一种掺和料的掺量范围建议如表 5-3。同时掺入粉煤灰和矿渣粉时，建议总量不超过胶凝材料总量的 70%，其中粉煤灰掺量不宜大于 25%。

表 5-3　掺和料单掺时掺量控制范围/%(胶凝材料质量百分比)

水泥品种	掺和料品种	
	粉煤灰	矿渣粉
PⅠ或 PⅡ型硅酸盐水泥	25～40	50～80
P·O 型普通硅酸盐水泥	20～35	40～70

（3）激发剂

南京水利科学研究院研制出一种激发剂，用于氯盐和硫酸盐中、强腐蚀环境中的耐腐蚀混凝土，该产品可提高混凝土的密实性、体积稳定性和耐久性，其主要品质指标如表 5-4。

表 5-4 激发剂的品质指标

品种	细度(80 μm 筛筛余)/%	含水量/%	烧失量/%	28 d 活性指数/%
激发剂	≤20	≤1.0	≤ 8.0	≥75

5.3 配合比设计

采用两组水胶比(0.35 和 0.38),除空白组外,各组方案如下:

(1) 粉煤灰单掺(20%和 35%两组);

(2) 矿渣粉、激发剂复掺(45%+5%和 55%+5%两组);

(3) 粉煤灰、矿渣粉和激发剂复掺(15%+30%+5%和 20%+35%+5%两组)。

采用的原材料参见第 2 章,其中减水剂为萘系高效减水剂,引气剂为 DH-9,激发剂为南京水利科学研究院研制产品,用于提高大掺量矿渣混凝土的密实性。

考虑现场混凝土泵送施工,坍落度控制在(180±20) mm,含气量控制在(4±1)%。

经试拌,拟定如下配合比(见表 5-5)。

表 5-5 基础混凝土配合比

试件编号	水胶比	每立方米混凝土原材料用量/(kg/m³)									坍落度/mm	含气量/%
		水	水泥	粉煤灰	矿渣粉	激发剂	砂	石	减水剂	引气剂		
G35-0	0.35	158	451	0	0	0	708	1 048	2.25	0.031 6	160	5.0
G35-F1		158	361	90	0	0	680	1 040	2.25	0.036 1	170	3.5
G35-F2		158	293	158	0	0	655	1 045	2.25	0.040 6	170	3.6
G35-G1		158	225	0	203	23	685	1 048	2.25	0.033 8	160	3.4
G35-G2		158	180	0	248	23	684	1 046	2.25	0.036 1	160	4.2
G35-H1		158	225	68	135	23	679	1 038	2.25	0.033 8	180	4.0
G35-H2		158	180	90	158	23	667	1 042	2.25	0.033 8	190	4.2
G38-0	0.38	160	420	0	0	0	734	1 033	2.10	0.029 4	180	5.0
G38-F1		160	336	84	0	0	706	1 035	2.10	0.033 6	170	3.0
G38-F2		160	273	147	0	0	682	1 042	2.10	0.037 8	190	3.0
G38-G1		160	210	0	189	21	711	1 043	2.10	0.031 5	180	4.7
G38-G2		160	168		231	21	710	1 042	2.10	0.033 6	190	5.0
G38-H1		160	210	63	126	21	700	1 030	2.10	0.031 5	180	4.0
G38-H2		160	168	84	147	21	692	1 035	2.10	0.031 5	170	4.2

5.4 混凝土性能

5.4.1 力学性能

各组配合比的 7 d 和 28 d 抗压强度结果见表 5-6。

表 5-6 基础混凝土抗压强度

编号	水胶比	掺和料掺量/%			抗压强度/MPa	
		粉煤灰	矿渣粉	激发剂	7 d	28 d
G35-0	0.35	—	—	—	46.0	55.8
G35-F1		20	—	—	42.7	53.3
G35-F2		35	—	—	34.6	43.3
G35-G1		—	45	5	35.4	49.1
G35-G2		—	55	5	35.6	48.3
G35-H1		15	30	5	35.2	49.4
G35-H2		20	35	5	34.4	48.2
G38-0	0.38	—	—	—	45.0	51.6
G38-F1		20	—	—	40.3	51.1
G38-F2		35	—	—	32.0	42.8
G38-G1		—	45	5	34.2	48.8
G38-G2		—	55	5	33.2	46.4
G38-H1		15	30	5	34.8	48.6
G38-H2		20	35	5	32.1	47.9

各组配合比测得 28 d 抗压强度均大于 40 MPa，考虑施工时强度保证率 95%，则混凝土 28 d 的配制强度应为 48.2 MPa[标准差 $\sigma=5.0$ MPa，强度等级 C40，参见《水工混凝土配合比设计规程》(DL/T 5330—2005)]，故粉煤灰掺量为 35%的 G35-F2、G38-F2 组和矿渣粉、激发剂复掺的 G38-G2 组以及复掺组 G38-H2 的配制强度略低。

5.4.2 热学性能

(1) 绝热温升

不同掺和料配伍下混凝土的线膨胀系数的试验结果见表 5-7 和图 5-2。

表 5-7 基础混凝土的绝热温升

试件编号	入模温度/℃	绝热温升/℃					拟合曲线					
							指数方程			双曲线方程		
		1 d	3 d	7 d	14 d	28 d	最终温升/℃	表达式	相关系数	最终温升/℃	表达式	相关系数
G38-F1	21.0	35.2	46.4	47.6	47.9	48.9	48.9	$T=48.9\times(1-e^{-1.28t^{0.735}})$	0.999	50.1	$T=\frac{50.1\times t}{0.387+t}$	0.997
G38-F2	17.9	22.0	37.5	39.7	41.0	43.1	43.1	$T=43.1\times(1-e^{-0.742t^{0.808}})$	0.992	48.4	$T=\frac{48.4\times t}{2.23+t}$	0.888
G38-G1	20.8	26.8	48.6	50.5	51.5	52.2	52.2	$T=52.2\times(1-e^{-0.721t^{1.19}})$	0.999	55.7	$T=\frac{55.7\times t}{0.846+t}$	0.981
G38-G2	15.6	14.6	40.2	43.9	45.0	47.4	47.4	$T=47.4\times(1-e^{-0.372t^{1.46}})$	0.991	51.8	$T=\frac{51.8\times t}{1.55+t}$	0.960
G38-H1	16.0	21.0	42.7	44.1	45.5	46.7	46.7	$T=46.7\times(1-e^{-0.599t^{1.46}})$	0.996	50.0	$T=\frac{50.0\times t}{1.02+t}$	0.974
G38-H2	16.2	14.2	36.6	42.2	43.5	45.3	45.3	$T=45.3\times(1-e^{-0.387t^{1.28}})$	0.994	50.9	$T=\frac{50.9\times t}{2.51+t}$	0.942

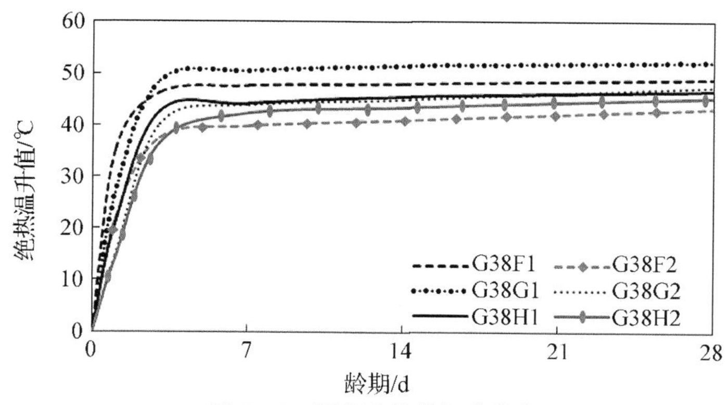

图 5-2 混凝土绝热温升曲线

结果显示，随着粉煤灰掺量增加，混凝土 28 d 绝热温升下降明显；综合指数方程和双曲线方程拟合的结果，其中 G38-F2、G38-H2 和 G38-H1 组 28 d 最终温升值较低，基础大体积混凝土配合比设计时可优先考虑。

（2）线膨胀系数

不同掺和料配伍下混凝土的线膨胀系数的试验结果见表 5-8。结果显示，单掺粉煤灰的试验组其线膨胀系数较小，掺入矿渣粉和激发剂后混凝土线膨胀系数有所增加，混凝土线膨胀系数在(10.6～12.3)×10^{-6}/℃范围内波动。

表 5-8 混凝土的线膨胀系数

试件编号	掺和料掺量/%			线膨胀系数/(×10^{-6}/℃)
	粉煤灰	矿渣粉	激发剂	
G38-F1	20	—	—	10.8
G38-F2	35	—	—	10.6
G38-G1	—	45	5	12.3
G38-G2	—	55	5	12.3
G38-H1	15	30	5	12.1
G38-H2	20	35	5	12.2

5.4.3 体积稳定性

（1）干缩性能

不同水胶比和掺和料配伍下混凝土的干燥收缩试验结果见表 5-9。结果显示，掺入掺和料后，与基准混凝土(无掺和料)相比，混凝土后期干缩值下降；在水胶比为 0.35 时，单掺粉煤灰组(G35-F1 和 G35-F2)的干缩值较小，掺和料复合组(G35-H1 和 G35-H2)次之，而掺矿渣粉组(G35-G1 和 G35-G2)略大。在水胶比为

0.38 时，掺和料复合组(G38－H1 和 G38－H2)的干缩值较小，掺矿渣粉组(G38－G1 和 G38－G2)次之，而单掺粉煤灰组(G38－F1 和 G38－F2)略大。

表 5－9 混凝土的干缩结果

试件编号	干缩率/$\times10^{-6}$						
	1 d	3 d	7 d	14 d	28 d	60 d	90 d
G35－0	70	128	183	292	379	496	633
G35－F1	62	108	156	286	357	476	588
G35－F2	52	102	126	255	317	447	558
G35－G1	68	125	157	269	352	467	602
G35－G2	70	130	167	283	354	478	612
G35－H1	71	129	180	301	360	482	598
G35－H2	70	128	178	289	347	478	589
G38－0	65	95	173	330	383	489	627
G38－F1	76	104	168	322	357	511	593
G38－F2	76	104	174	251	315	498	578
G38－G1	61	104	158	319	379	472	559
G38－G2	78	121	186	276	367	464	576
G38－H1	70	101	172	312	366	452	551
G38－H2	64	87	135	242	305	424	538

(2) 自生体积变形

不同掺和料配伍下混凝土的自生体积变形试验结果见表 5－10 和图 5－3。结果显示，90 d 混凝土自生体积变形范围为(－25～－55)$\times10^{-6}$，单掺粉煤灰组和掺和料复掺组自生体积变形值较小。

表 5－10 混凝土的自生体积变形

试件编号	自生体积变形/$\times10^{-6}$						
	1 d	3 d	7 d	14 d	28 d	60 d	90 d
G38－F1	－9	－15	－17	－18	－23	－24	－25
G38－F2	3	－6	－16	－17	－26	－27	－28
G38－G1	－3	－8	－26	－30	－35	－44	－46
G38－G2	4	－10	－30	－32	－49	－54	－55
G38－H1	－2	－13	－18	－21	－25	－33	－40
G38－H2	10	1	－6	－12	－11	－21	－27

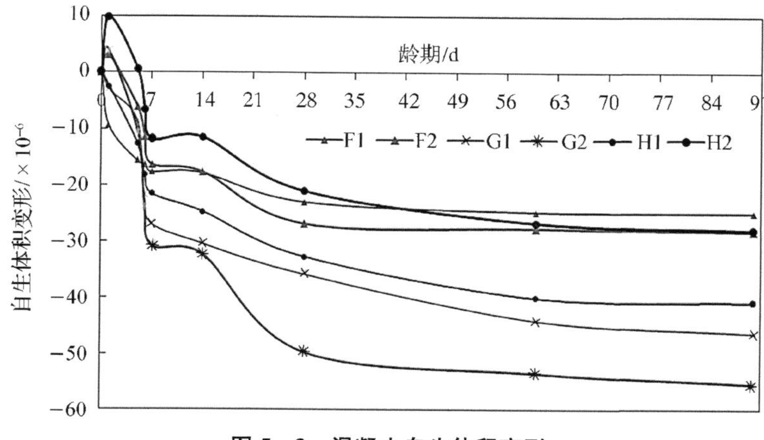

图 5-3 混凝土自生体积变形

5.4.4 耐久性

(1) 抗氯离子渗透性能

不同水胶比和掺和料配伍下混凝土抗氯离子渗透性能结果见表 5-11。

表 5-11 不同配合比混凝土抗氯离子渗透性能

试件编号	水胶比	掺和料掺量/%			氯离子扩散系数 $D_{RCM}/(\times10^{-12}m^2/s)$	
		粉煤灰	矿渣粉	激发剂	28 d	56 d
G35-0	0.35	—	—	—	9.69	4.55
G35-F1		20	—	—	6.50	3.85
G35-F2		35	—	—	3.69	1.32
G35-G1		—	45	5	4.50	2.90
G35-G2		—	55	5	4.03	3.41
G35-H1		15	30	5	5.10	3.05
G35-H2		20	35	5	4.71	3.15
G38-0	0.38	—	—	—	11.6	10.7
G38-F1		20	—	—	7.49	5.50
G38-F2		35	—	—	5.45	3.15
G38-G1		—	45	5	4.66	3.04
G38-G2		—	55	5	4.30	3.68
G38—H1		15	30	5	5.30	3.30
G38—H2		20	35	5	5.05	3.25

根据《混凝土结构耐久性设计规范》(GB/T 50476—2008)规定，接触高浓度氯盐环境，有干湿交替时(Ⅳ-E级)，如设计使用年限为50年时，混凝土28 d氯离子扩散系数应不大于6.0×10^{-12} m^2/s。结果表明，随着水胶比降低，各组配合比的氯离子扩散系数也随之降低；水胶比为0.35和0.38、无掺和料的基准混凝土28 d氯离子扩散系数均大于6.0×10^{-12} m^2/s；单掺20%粉煤灰的混凝土28 d氯离子扩散系数也大于6.0×10^{-12} m^2/s，而其56 d的氯离子扩散系数均小于6.0×10^{-12} m^2/s；其他组混凝土28 d氯离子扩散系数均小于6.0×10^{-12} m^2/s，满足规范要求。

(2) 抗硫酸盐和综合抗盐腐蚀性能

① 抗硫酸盐等级

试验按国标《普通混凝土长期性能和耐久性能试验方法标准》(GB/T 50082—2009)中“抗硫酸盐侵蚀试验”进行，侵蚀介质为浓度5%的Na_2SO_4溶液，以浸泡15 h—常温风干1 h—高温烘6 h—冷却2 h为一个干湿循环(24 h)，依据不同循环次数下混凝土试件的抗压强度变化来评判混凝土抗硫酸盐性能(见表5-12)。

表5-12 不同配合比混凝土抗硫酸盐性能

试件编号	水胶比	掺和料掺量/%			抗压强度耐蚀系数/%	
		粉煤灰	矿渣粉	激发剂	90次循环	120次循环
G35-0	0.35	—	—	—	101	89
G35-F1		20	—	—	100	86
G35-F2		35	—	—	99	88
G35-G1		—	45	5	105	100
G35-G2		—	55	5	109	109
G35-H1		15	30	5	106	95
G35-H2		20	35	5	108	97
G38-0	0.38	—	—	—	99	92
G38-F1		20	—	—	109	94
G38-F2		35	—	—	100	99
G38-G1		—	45	5	107	104
G38-G2		—	55	5	110	102
G38-H1		15	30	5	103	91
G38-H2		20	35	5	107	94

试验结果表明，各组配合比抗压强度耐蚀系数均大于75%，均能达到KS120的抗硫酸盐等级；掺矿渣粉和激发剂组的耐腐蚀系数较大，单掺粉煤灰试验组的较小，

而粉煤灰和矿渣粉复掺试验组居中。

② 综合抗盐腐蚀性能

根据地质勘测结果，模拟现场 Cl^- 和 SO_4^{2-} 离子浓度，其中 Cl^- 浓度为 29 636 mg/L，SO_4^{2-} 浓度为 2 786 mg/L。同样以浸泡 15 h—常温风干 1 h—高温烘6 h—冷却 2 h 为一个干湿循环(24 h)，依据不同循环次数下混凝土试件的抗压强度变化来评判混凝土抗盐侵蚀性能(见表 5 - 13)。

表 5 - 13　不同配合比混凝土抗盐腐蚀性能

试件编号	水胶比	掺和料掺量/%			抗压强度耐蚀系数/%	
		粉煤灰	矿渣粉	激发剂	90 次循环	120 次循环
G35 - 0	0.35	—	—	—	97	81
G35 - F1		20	—	—	92	82
G35 - F2		35	—	—	92	84
G35 - G1		—	45	5	99	95
G35 - G2		—	55	5	105	100
G35 - H1		15	30	5	98	88
G35 - H2		20	35	5	99	87
G38 - 0	0.38	—	—	—	99	87
G38 - F1		20	—	—	97	89
G38 - F2		35	—	—	97	91
G38 - G1		—	45	5	95	86
G38 - G2		—	55	5	102	100
G38 - H1		15	30	5	92	90
G38 - H2		20	35	5	94	89

参照《普通混凝土长期性能和耐久性能试验方法标准》(GB/T 50082—2009)中“抗硫酸盐侵蚀试验”抗压强度耐蚀系数的评价方法，经 120 次循环后，各组配合比抗压强度耐蚀系数均大于 75%。

采用现场模拟盐溶液干湿浸烘后，抗压强度耐蚀系数较混凝土抗硫酸盐试验值(表 5 - 12)要小，说明采用现场模拟盐溶液干湿浸烘后，混凝土抗压强度损失率较标准抗硫酸盐浸烘试验高。

(3) 碳化性能

不同水胶比和掺和料配伍下混凝土的抗碳化性能试验结果见表 5 - 14 和

图5－4。

表 5－14 不同配合比混凝土碳化试验结果

试件编号	水胶比	混凝土碳化深度/mm			
		7 d	14 d	28 d	60 d
G35－0	0.35	0.0	0.0	0.0	0.0
G35－F1		0.4	0.8	2.5	3.0
G35－F2		3.0	3.1	5.4	7.4
G35－G1		0.5	2.0	3.0	5.0
G35－G2		1.9	4.1	6.0	9.5
G35－H1		1.0	2.2	2.8	6.0
G35－H2		4.6	5.9	8.5	15.6
G38－0	0.38	0.0	0.0	0.0	0.4
G38－F1		0.6	0.9	3.5	3.6
G38－F2		3.5	6.8	8.4	11.4
G38－G1		0.7	2.7	5.4	6.3
G38－G2		3.6	4.7	6.7	11.7
G38－H1		2.0	4.2	5.4	10.8
G38－H2		6.2	9.4	9.8	24.6

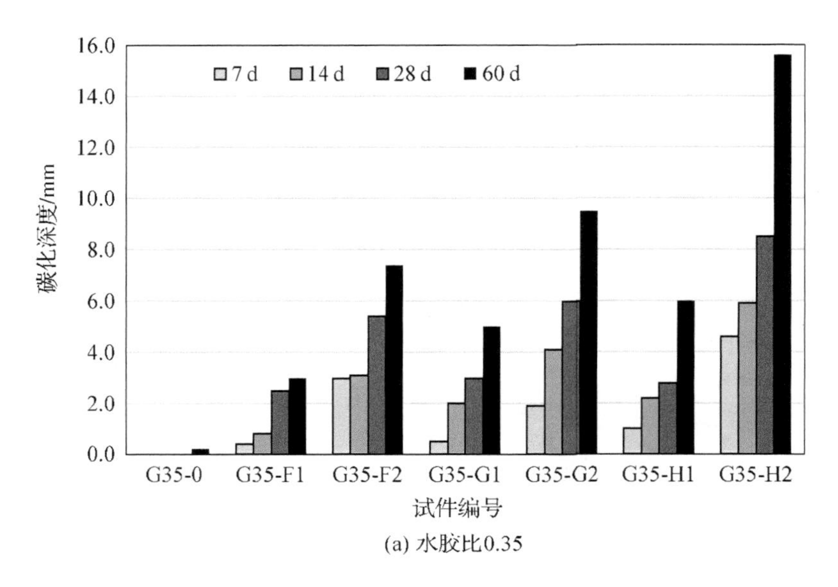

(a) 水胶比0.35

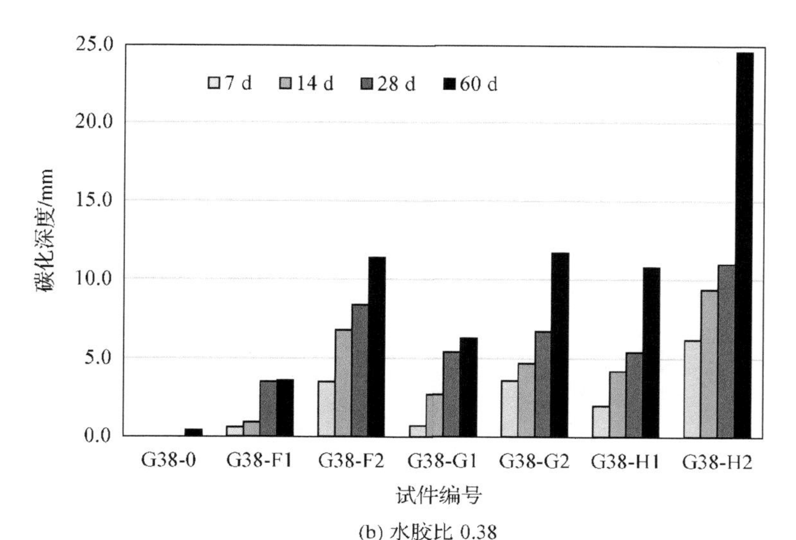

(b) 水胶比 0.38

图 5－4　不同配合比混凝土的抗碳化性能

碳化试验结果表明，随着水胶比的增加和掺和料掺量的增加，混凝土的抗碳化性能是逐渐下降的。依据《混凝土耐久性检验评定标准》(JGJ/T 193—2009)，在快速碳化试验中，若 28 d 碳化深度小于 20 mm 的混凝土，其抗碳化性能较好，一般认为可满足大气环境下 50 年的耐久性要求。各试验组 28 d 碳化深度均未超过 20 mm，掺和料较多的 G38－H2 组其 60 d 的碳化深度接近 25 mm。

（4）抗冻性能

不同掺和料配伍下混凝土的抗冻性能试验结果见表 5－15 和图 5－5。结果表明，各组试件均能达到 F300 的抗冻等级。其中 G38－F2 试验组经 300 次冻融循环后，其相对动弹模量降至 68%(即混凝土抗冻耐久性指标 *DF*)，依据《混凝土结构耐久性设计规范》(GB/T 50476—2008)，寒冷地区，混凝土设计使用年限 50 年时，重要工程和大型工程混凝土的抗冻耐久性指标 *DF* 不应低于 70%，所以该组配合比未能满足规范要求，其他各试验组的抗冻耐久性指标 *DF* 均满足要求。

表 5－15　不同配合比混凝土的抗冻性能

试件编号			G38－0	G38－F1	G38－F2	G38－G1	G38－G2	G38－H1	G38－H2
冻融循环	100	质量损失率/%	0	0.1	0.2	0.1	0.1	0.1	0.7
		相对动弹模量/%	100	89	85	91	81	98	91
	200	质量损失率/%	0.2	0.7	1.3	0.5	0.3	0.8	1.2
		相对动弹模量/%	92	77	71	85	79	92	89
	300	质量损失率/%	0.6	2.9	3.2	0.9	0.4	1.5	2.8
		相对动弹模量/%	85	74	68	72	72	82	80
耐久性指数 *DF*/%			85	74	68	72	72	82	80

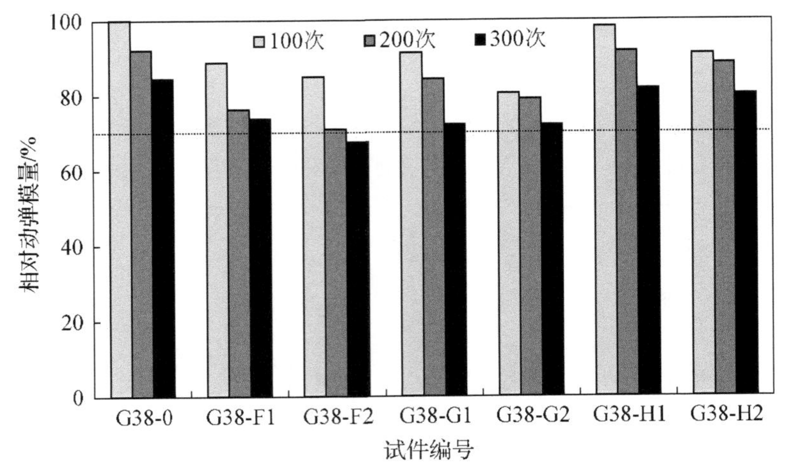

图 5-5 不同混凝土抗冻性比较

5.5 高耐久混凝土推荐

5.5.1 配合比基本参数

综合设计方对基础混凝土的强度要求和耐久性设计要求，结合本试验论证，建议基础混凝土选择最大水胶比 0.38，强度等级不小于 Ca40，含气量控制在(4±1)%。

综合上述各节对水胶比为 0.35 和 0.38 各配合比的强度值、热学性能、体积稳定性和耐久性能结果，建议采用大掺量掺和料混凝土(G38-H1 或 G38-H2 组)，其中矿渣粉掺量 30%～35%，粉煤灰掺量 20%～25%。

5.5.2 原材料要求

选取强度等级不低于 42.5 的硅酸盐或者普通硅酸盐水泥。

掺和料选取 S95 级矿渣粉和Ⅱ级或者Ⅰ级粉煤灰，同时复合激发剂。

细骨料选取天然河砂，细度模数在 2.3～3.0 范围，粗骨料选择 5～31.5 mm 连续级配的人工碎石。

外加剂的选择应以能较好控制含气量为准则。

5.5.3 耐久性指标

混凝土 28 d 氯离子扩散系数应不大于 $6.0\times10^{-12}\,m^2/s$。

抗硫酸盐等级不小于 KS120。

抗冻耐久性指标 *DF* 不低于 70%(可选)。

5.5.4 混凝土参考配合比

表 5-16 混凝土参考配合比

原材料/(kg/m³)									坍落度/mm	含气量/%
水	水泥	矿渣粉	粉煤灰	激发剂	砂	石	高效减水剂	引气剂		
160	210	126	63	21	700	1 030	2.1	0.034	180	4.0

5.6 工程应用实例

工程实例1:南水北调中线一期工程总干渠某标段抗硫酸盐混凝土配合比设计

南水北调中线工程经过我国华北部分盐碱地区,其中河北保定周边地区和天津西部地区盐碱情况较为严重。研究表明地下水和土壤中的硫酸盐和镁盐等盐类对混凝土的腐蚀破坏较为严重,传统做法是通过提高混凝土强度等级、增加胶凝材料或者使用抗硫酸盐水泥来解决这类腐蚀问题。而长期实践表明,在腐蚀程度较为严重、温湿度环境较恶劣的情况下,这些措施还不足以保证混凝土良好的耐久性能。与此同时,大型输水渡槽底部墩台或者渠道建筑物多为大体积混凝土,采用高胶凝材料掺量的高强混凝土往往又提高了混凝土内部温度应力,造成开裂风险。因此,在混凝土配合比设计中采用新型抗盐蚀混凝土材料,且能兼顾大体积混凝土的体积稳定性,就显得十分必要。

混凝土中因硫酸盐侵入导致混凝土破坏的主要反应有:(1) Na_2SO_4 和 $Ca(OH)_2$反应生成石膏。(2) 腐蚀生成的石膏与混凝土中的水化铝相反应生成钙矾石[1]。前者生成的石膏在混凝土中浓度达到一定程度时,就产生石膏结晶($CaSO_4 \cdot 2H_2O$)腐蚀;外界后渗入的 Na_2SO_4 部分向纵深推进,部分在干湿交替条件下在表层产生芒硝结晶($Na_2SO_4 \cdot 10H_2O$)腐蚀,这在混凝土周围温湿度环境较为恶劣时易发生。后者因反应生成钙矾石而产生的破坏是盐类对混凝土各种腐蚀作用中破坏力最强的一种。反应生成的钙矾石主要填充在混凝土的孔洞里和骨料-浆体界面区,在腐蚀初期,这些产物填充在混凝土孔隙中使得混凝土结构更为密实,宏观上表现出混凝土力学性能有所改善。但随龄期增加,大量新生成的产物填满混凝土的孔隙和界面区,造成混凝土的膨胀开裂,裂纹的逐步扩展开辟了外部腐蚀介质的新通道,导致整个腐蚀的恶性循环。

通过对硫酸盐腐蚀机理的研究,目前国内学者普遍采用的防护措施主要有混凝土内防护和外防护两种。混凝土内防护采取的手段就是在混凝土中添加各种外加剂(包括化学外加剂和矿物外加剂),一方面是提高混凝土密实程度,另一方面是减少水泥水化产物氢氧化钙的含量。工程应用中一般采用高效减水剂降低混凝土水胶比和掺入硅粉、粉煤灰或者矿渣等措施，这对于处在中等腐蚀、常规温湿度环境下的混凝土有较好的抗盐蚀效果。混凝土外防护一般是采用防腐涂料，如沥青、有机硅等，这在沿海交通工程中有广泛研究和应用。

仅单一考虑混凝土抗盐蚀因素来设计高耐久混凝土目前已有较多研究，但很少能兼顾实际工程应用中的其他附加因素。大体积混凝土内部水化热的问题就是一个不容忽视的因素。如果考虑混凝土内部水化热问题，则采用高胶凝材料掺量、低水胶比或者硅粉等措施设计抗盐蚀高耐久混凝土的做法就值得商榷。

南水北调中线一期工程总干渠某标段第三施工标段工程区地下水类型为上第三系基岩孔隙裂隙水，具低承压性，含水层为粉砂岩，具中等透水性。场区地下水化学类型均为 $SO_4^{2-}-HCO_3^{-}-Mg^{2+}-Ca^{2+}$ 型，其 SO_4^{2-} 含量为 280.21 mg/L，大于 250 mg/L 界限指标，对普通水泥具结晶类硫酸盐型弱腐蚀性。由于抗硫酸盐水泥不好采购，因此建议混凝土采用掺外加剂的方式解决抗硫酸盐侵蚀问题。

根据设计要求和腐蚀环境等级，采用大掺量矿渣高性能混凝土作为施工混凝土方案，并进行试验验证。根据委托方提供的原材料，提出抗硫酸盐侵蚀等级 KS30 的 C20W6F150 和 C30W6F150 两组混凝土参考配合比设计方案。

水泥为 P・O 42.5 普通硅酸盐水泥，矿渣粉采用的是 S95 级矿渣粉；细骨料为当地人工中粗砂，粗骨料为当地生产的人工碎石，采用二级配，小石颗粒大小为5～20 mm，中石颗粒大小为 20～40 mm；外加剂为 TGC-YS 高效减水剂和 XJ-6 引气剂。

混凝土配合比设计按《水工混凝土配合比设计规程》(DL/T 5330—2005)进行。试验时混凝土的水灰比(水胶比)以骨料在饱和面干状态下的混凝土单位用水量与单位胶凝材料用量的比值为准。

根据表 1-2 的环境作用等级和表 5-17 的侵蚀程度的判定标准，对于本工程而言，场区地下水 SO_4^{2-} 含量为 280.21 mg/L，属中等环境作用等级(Ⅴ-C)低限，对普通水泥具结晶类硫酸盐型弱腐蚀性。因此，对 C20 混凝土而言，从达到 26.6 MPa 的配制强度的条件来考虑，由表 5-17 可知，在 0.38～0.46 的水灰比范围内均可满足其强度要求。但是，由表 5-18 可知，中等环境侵蚀条件下，抗硫酸盐混凝土的最大水胶比为 0.45，故 C20 抗硫酸盐混凝土的水灰比确定为 0.44。对 C30 混凝土而言，从达到 37.4 MPa 的配制强度及 KS30 的抗硫酸盐等级条件来考虑，其水灰比确定为 0.38。

表 5 - 17　环境水对混凝土侵蚀类型及侵蚀程度的判定(DL/T 5241—2010)

腐蚀性类型		腐蚀性特征判定依据	腐蚀程度	界限指标	
				普通水泥	抗硫酸盐水泥
结晶类	硫酸盐型	SO_4^{2-} 含量/(mg/L)	无腐蚀	$SO_4^{2-}<250$	$SO_4^{2-}<3\ 000$
			弱腐蚀	$250\leqslant SO_4^{2-}<400$	$3\ 000\leqslant SO_4^{2-}<4\ 000$
			中等腐蚀	$400\leqslant SO_4^{2-}<500$	$4\ 000\leqslant SO_4^{2-}<5\ 000$
			强腐蚀	$500\leqslant SO_4^{2-}<1\ 000$	$5\ 000\leqslant SO_4^{2-}<10\ 000$

表 5 - 18　耐硫酸盐腐蚀混凝土的防护措施(DL/T 5241—2010)

侵蚀程度	宜用的水泥品种及掺和料	最大水胶比	抗渗等级
弱侵蚀	硅酸盐水泥或普通硅酸盐水泥($C_3A<8\%$),并采取下列措施之一: ① 掺磨细矿渣粉 ② 掺粉煤灰 ③ 掺硅粉	0.50	$\geqslant$W8
	普通抗硫酸盐水泥($C_3A<5\%$)	0.50	
中等侵蚀	硅酸盐水泥、普通硅酸盐水泥($C_3A<8\%$)或普通抗硫酸盐水泥($C_3A<5\%$)并采取下列措施之一: ① 掺磨细矿渣粉 ② 掺粉煤灰 ③ 掺硅粉	0.45	$\geqslant$W10
	高抗硫酸盐水泥($C_3A<3\%$)	0.45	
强侵蚀	硅酸盐水泥或普通硅酸盐水泥($C_3A<8\%$)、普通抗硫酸盐水泥($C_3A<5\%$)或高抗硫酸盐水泥($C_3A<3\%$)	专题论证	

通过以上混凝土配合比试验和分析,提出的混凝土参考配合比见表 5 - 19。

表 5 - 19　混凝土配合比

试件编号	每立方米混凝土原材料用量/(kg/m^3)							
	引气剂	水泥	矿渣	砂	小石	中石	水	减水剂
C20	164	200	824	577	577	160	2.545	0.025
C30	208	208	727	576	576	158	2.911	0.029

根据《水工混凝土耐久性技术规范》(DL/T 5241—2010)中有关耐硫酸盐腐蚀混凝土的防护措施要求(见表 5 - 18),中等环境侵蚀条件下,抗硫酸盐混凝土的抗渗等级$\geqslant$W10。因此,本次抗渗试验的水压力加至了 1.1 MPa,试验结果见表 5 - 20。

表 5 - 20　混凝土的抗渗性能

试件编号	水压力/MPa	渗水高度/mm	抗渗等级
C20	1.1	29	W10
C30	1.1	25	W10

将水压力逐级加压至 1.1 MPa 时，混凝土试件无一透水。C20 混凝土和 C30 混凝土的平均渗水高度分别为 29 mm 和 25 mm，混凝土的抗渗等级达到 W10，同时满足了设计和相关规范的要求。

混凝土的抗冻性能见表 5 - 21。两组混凝土均满足 F150 的抗冻等级要求。

表 5 - 21　混凝土抗冻性能

<table>
<tr><td colspan="3">试件编号</td><td>C20</td><td>C30</td></tr>
<tr><td rowspan="6">冻融循环</td><td rowspan="2">50</td><td>质量损失率/%</td><td>0.19</td><td>0.10</td></tr>
<tr><td>相对动弹模量/%</td><td>100</td><td>98</td></tr>
<tr><td rowspan="2">100</td><td>质量损失率/%</td><td>0.43</td><td>0.42</td></tr>
<tr><td>相对动弹模量/%</td><td>93</td><td>91</td></tr>
<tr><td rowspan="2">150</td><td>质量损失率/%</td><td>0.64</td><td>0.67</td></tr>
<tr><td>相对动弹模量/%</td><td>88</td><td>86</td></tr>
<tr><td colspan="3">抗冻等级</td><td>>F150</td><td>>F150</td></tr>
</table>

根据《混凝土耐久性评定检验标准》(JGJ/T 193—2009)，抗硫酸盐侵蚀试验的评定指标为抗硫酸盐等级。《普通混凝土长期性能和耐久性能试验方法标准》(GB/T 50082—2009)规定，当抗压强度耐蚀系数低于 75%，或者达到规定的干湿循环次数即可停止试验，此时记录的干湿循环次数即为抗硫酸盐等级(以 KS+干湿循环次数表示)。抗硫酸盐侵蚀试验一般只有当工程环境中有较强的硫酸盐侵蚀时才进行该试验，因此，为保证此类工程具有足够的抗硫酸盐侵蚀性能，将抗硫酸盐等级的下限值设为 KS30。

对于本工程而言，场区地下水 SO_4^{2-} 含量为 280.21 mg/L，属中等环境作用等级(V - C)低限，对普通水泥具结晶类硫酸盐型弱腐蚀性。因此，KS30 的抗硫酸盐等级已可保证本工程具有足够的抗硫酸盐侵蚀性能。

经过 30 次干湿循环后，混凝土抗硫酸盐侵蚀试验结果见表 5 - 22。两组混凝土抗硫酸盐侵蚀性能见表 5 - 23。两组混凝土均满足 KS30 的抗硫酸盐等级要求。

表 5-22 混凝土抗硫酸盐侵蚀试验结果

试件编号	标准养护	干湿循环 30 次(5%Na_2SO_4 溶液)		
	抗压强度/MPa	抗压强度/MPa	质量/g	
			干湿循环前	干湿循环后
C20	40.6	37.3	2 431	2 476
C30	49.1	46.2	2 452	2 495

表 5-23 混凝土抗硫酸盐侵蚀性能

试件编号	抗硫酸盐侵蚀性能/%	
	强度耐蚀系数	质量耐蚀系数
C20	91.9	100
C30	94.0	100
KS30 指标要求(GB/T 50082—2009)	≥75	≥95

综上,提出的 C20W6F150 和 C30W6F150 两组混凝土参考配合比均能满足设计的要求,其耐久性指标(抗冻、抗渗和抗硫酸盐侵蚀性能)均符合相关规范要求。

工程实例 2:江苏连云港某变电站基础混凝土工程

连云港某变电站站址东北面靠徐圩盐场,东距黄海岸 9 km,站址区现主要为盐田。根据《江苏盐渍土地区输电线路钢筋混凝土基础设计、施工技术导则》,所处腐蚀环境等级为 F 级。

处于盐碱地区的基础钢筋混凝土受到盐类的侵蚀,这种侵蚀作用的发生主要是含有盐分的地下水渗入混凝土,或盐离子扩散到混凝土内部,与水泥的水化产物产生化学反应,引起混凝土膨胀,或随着毛细孔水分蒸发,盐分结晶产生膨胀所致。且连云港处于微冻地区,冻融与盐结晶双重因素破坏加剧。

经地质勘探检测,该变电站站址地基土和地下水中含有高浓度的氯盐和硫酸镁。地基土中氯离子浓度最高达 15 600 mg/kg,硫酸根离子浓度最高达 1 600 mg/kg,镁离子浓度最高达 680 mg/kg;地下水中氯离子浓度最高达 34 900 mg/kg,硫酸根离子浓度最高达 1 000 mg/kg,镁离子浓度最高达 2 700 mg/kg。

硫酸镁可对混凝土本体产生腐蚀破坏,氯离子渗透至钢筋表面破坏钢筋的钝化膜,使之活化后锈蚀膨胀,导致混凝土破坏。

混凝土配合比设计按《水工混凝土配合比设计规程》(DL/T 5330—2005)进行。试验时混凝土的水灰比(水胶比)以骨料在饱和面干状态下的混凝土单位用水量与单位胶凝材料用量的比值为准。根据所用的砂石情况、要求的坍落度值和所用的减水剂品种,经试拌并结合经验选择用水量。根据选定的水胶比和用水量计算相应的胶凝材料用量,选取数种不同的砂率,进行混凝土试拌,测定其坍落度,观察其和易性，选择坍落度相对较大、和易性较好的砂率为最佳砂率。

项目开展了混凝土在抗氯盐、抗硫酸盐腐蚀等单因素腐蚀，氯盐-杂散电流双重因素腐蚀，氯盐-杂散电流-冻融多重因素腐蚀条件下，普通混凝土、大掺量磨细矿渣耐腐蚀混凝土的抗腐蚀性能试验研究。结果表明，大掺量矿渣高耐腐蚀混凝土与同强度等级普通混凝土相比，抗氯离子侵蚀能力提高3～4倍；抗杂散电流腐蚀性能提高6～8倍；明显改善混凝土抗硫酸盐结晶膨胀破坏性能，耐久年限提高30%～50%。无论是在氯盐、硫酸盐、冻融或杂散电流单一或双重或多重因素腐蚀条件下，大掺量矿物掺和料的耐腐蚀混凝土均比无掺和料的普通混凝土耐腐蚀性能优越。大掺量矿物掺和料的掺入能改善混凝土内部的微观结构和水化产物的组成，降低混凝土的孔隙率，使孔径细化。

基于此变电站所处腐蚀环境和使用耐久年限(大于30年)，基础设施用钢筋混凝土应满足下列技术要求：

(1) 混凝土密实性好，能抵抗盐结晶膨胀破坏；混凝土有适宜的含气量，满足混凝土抗冻性要求；混凝土能够抵抗冻融与盐结晶双重因素破坏。

(2) 混凝土抗氯离子渗透性能好，满足钢筋混凝土抗氯离子侵蚀耐久性能要求。

(3) 混凝土电阻率高，减少杂散电流的危害。满足钢筋混凝土抗杂散电流和氯离子侵蚀双重因素破坏。

根据上述要求，此变电站钢筋混凝土基础建议采用大掺量矿渣高耐腐蚀混凝土，混凝土水胶比不大于0.40，混凝土电通量小于1 000 C，混凝土抗冻等级大于F100。

采用混凝土原材料包括P·O 42.5普通硅酸盐水泥、S95级矿渣粉；细骨料为中粗砂，细度模数2.30～2.80；粗骨料为当地碎石，粒径范围5～40 mm，连续级配。混凝土拌和物的坍落度控制在160～200 mm范围内，引气混凝土的含气量控制在3.0%～4.0%。

C40普通泵送混凝土、大掺量矿渣高耐腐蚀混凝土基本配合比见表5-24。

表5-24 C40普通泵送混凝土、高耐腐蚀混凝土基本配合比 (单位：kg/m^3)

品种	水	水泥	矿渣粉	激发剂	砂	碎石	
						5～20 mm	20～40 mm
高耐腐蚀混凝土	160	190	210	60	680	330	770

混凝土拌和物和耐久性指标控制如下：① 凝结时间≤24 h；② 60 d抗氯离子渗透性能：电通量不大于800 C。

现场取样后，检测结果如表5-25，结果均满足耐久性设计要求。

表 5-25 现场检测结果

组别	H1	H2	H3	H4	H5	H6
电通量/C	657	796	534	528	741	700

工程实例 3:连云港某热电联产工程高耐久管桩

连云港某热电联产工程作为连云港徐圩开发区配套的公共热源点,为开发区内的企业提供热能。本工程计划建设本期 4 台 440 t/h 高温超高压燃煤锅炉和 3×40 MW 级抽背式汽轮发电机组,规划预留同容量机组建设条件。

该热电联产工程位于连云港市徐圩新区临港工业园,离海岸线约5 km,所在地的地勘结果和腐蚀性评价见表 5-26 和表 5-27。

表 5-26 地下水水质和场地土易溶盐分析试验结果

取样地点 \ 分析项目	地下水		场地土	
	Cl^- /(mg/L)	SO_4^{2-} /(mg/L)	Cl^- /(mg/kg)	SO_4^{2-} /(mg/kg)
1C12	19 729	1 249	15 775	1 357
1C17	29 636	2 786	5 140	3 182

表 5-27 地下水和场地土腐蚀性评价

所处环境及评价对象	地下水			场地土	
	混凝土结构	钢筋混凝土结构中钢筋		混凝土结构	钢筋混凝土结构中钢筋
		长期浸水	干湿交替		
腐蚀介质	SO_4^{2-}	Cl^-	Cl^-	SO_4^{2-}	Cl^-
腐蚀等级	中	弱	强	中	强

根据上述地勘结果,参照《岩土工程勘察规范》(GB 50021—2001)及当地的建筑经验,经综合分析,厂址区地下水对混凝土结构具中等腐蚀性,对钢筋混凝土结构中钢筋在长期浸水条件下具弱腐蚀性,在干湿交替条件下具强腐蚀性。地下水位以上的场地土对混凝土结构具中等腐蚀性,对钢筋混凝土结构中钢筋具强腐蚀性,对钢结构具强腐蚀性。

根据《混凝土结构耐久性设计规范》(GB/T 50476—2008),处于高浓度氯化物水体,有干湿交替情况,考虑氯化物环境作用等级为Ⅳ-E 级,按 50 年设计使用年限,明确提出氯化物环境中钢筋混凝土的抗氯离子侵入性指标,即 28 d 氯离子扩散系数 D_{RCM}不大于 6×10^{-12} m^2/s。

如按照该规范关于化学腐蚀环境下的作用等级,则根据地下水或场地土中硫酸盐的浓度可明确化学腐蚀环境作用等级为Ⅴ-D 级。国标和大部分行业标准针对不同化学腐蚀环境(以硫酸盐为主),规定相应的抗硫酸盐等级较为模糊,目前可参考《铁路混凝土结构耐久性设计规范》(TB 10005—2010),依据该规范,现地下水硫酸根离子浓度最高为 2 786 mg/L,场地土硫酸根离子浓度最高为 3 182 mg/kg,可确定盐类结晶破坏环境作用等级为 Y3 级,按 60 年设计使用年限,抗硫酸盐等级应不小于 KS120。

根据《工业建筑防腐蚀设计规范》(GB 50046—2008)的规定,在地基基础设计时应根据场地水、土的腐蚀性等级选用适宜的地基处理方案,并采取适宜的防腐蚀措施。一般可考虑采用抗硫酸盐硅酸盐水泥,掺入抗硫酸盐的外加剂、钢筋阻锈剂等外加剂,掺入矿物掺和料等措施,当混凝土不能满足防腐蚀性能时,可采用增加混凝土腐蚀裕量或表层涂刷防腐蚀涂层的措施。采用预应力混凝土管桩时混凝土的强度等级不应低于 C60,抗渗等级不应低于 S10,钢筋的混凝土保护层厚度不应小于 35 mm;桩尖宜采用闭口桩,并可考虑采取通长灌芯的措施提高防腐蚀性能,也可根据当地建筑经验采取其他有效的防腐蚀措施。

为减轻挤土效应,并考虑材料经济性,设计方拟采用 C80 高耐久管桩方案(开口桩尖)代替封闭桩尖、通长灌芯的防腐措施。为考察该方案的可行性,受设计方委托故开展 C80 高耐久管桩混凝土方案试验研究。

管桩桩体混凝土的初步防腐方案采用预应力管桩,型号 PHC - 600(130),桩顶约在土下 3.5 m。桩顶标高在相对标高 −3~−5 m 之间,对应绝对标高为 1.6~−0.4 m,场地绝对标高现平均为 2.3 m,故桩顶实际上是在现地面下 0.7~2.7 m,故宜考虑桩端位于干湿交替区间。

考虑环境作用等级为Ⅳ - E 级和Ⅴ - D 级,按《混凝土结构耐久性设计规范》(GB/T 50476—2008)要求,拟采用的管桩混凝土强度等级应大于 C50,水胶比不大于 0.36,保护层厚度不小于 50 mm。考虑高强管桩结构强度要求,选用 C80 高强混凝土。其中耐久性指标为:抗氯离子侵入性指标,即 28 d 氯离子扩散系数 D_{RCM}不大于 6×10^{-12} m^2/s;抗硫酸盐等级不小于 KS120。

基于上述分析,本方案拟采用大掺量矿渣与硅酸盐水泥配伍设计 C80 高耐久混凝土管桩,考虑硫酸盐侵蚀、氯离子渗透单因素和双因素作用,开展抗腐蚀性能研究,通过试验验证 C80 高耐久混凝土防腐方案的可行性。

混凝土耐久性指标要求如下:

(1) 抗氯离子侵入性指标,即 28 d 氯离子扩散系数 D_{RCM}不大于 6×10^{-12} m^2/s;

(2) 抗硫酸盐等级不小于 KS120。

水胶比必须同时满足混凝土强度和耐久性的要求,对于掺和料混凝土可用水胶比来控制。

根据前期研究成果并参考《普通混凝土配合比设计规程》(JGJ 55—2011),确定配制 C80 强度混凝土水胶比范围为 0.26~0.30;耐久性要求规定高耐久混凝土的水胶比应不大于0.36。综上所述，确定C80管桩水胶比范围为0.26～0.30。

根据《高强混凝土结构技术规程》(CECS 104：99)要求，C80混凝土配制强度不低于强度等级值的1.12倍。配合比参数初选见表5-28。

表5-28 配合比参数初步选择

强度等级	配制强度/MPa	水胶比	水泥用量/(kg/m³)	总胶凝材料用量/(kg/m³)	砂率/%
C80	89.6	0.26～0.30	<500	<600	28～34

选择三种水胶比(0.26、0.28和0.30)，矿渣粉掺量为30%、40%，进行C80混凝土配合比试验。水胶比为0.28的两组配合比的氯离子迁移系数(D_{RCM})见表5-29。

表5-29 管桩混凝土抗氯离子渗透性能

试件编号	水胶比	矿渣粉掺量/%	氯离子迁移系数 D_{RCM}/($\times10^{-12}$ m²/s)	
			14 d	28 d
W2G30	0.28	30	3.00	2.77
W2G40		40	2.60	2.52

试验结果表明，初选的水胶比为0.28的两组配合比的氯离子扩散系数(D_{RCM})能满足设计要求。

抗硫酸盐侵蚀试验依据《普通混凝土长期性能和耐久性能试验方法标准》(GB/T 50082—2009)中抗硫酸盐侵蚀试验进行。

水胶比为0.28的两组配合比的抗硫酸盐侵蚀试验结果参见表5-30。

表5-30 管桩混凝土抗硫酸盐侵蚀性能

试件编号	水胶比	矿渣粉掺量/%	抗压强度耐蚀系数/%	
			90次	120次
W2G30	0.28	30	98	96
W2G40		40	105	100

结果表明，采用的水胶比为0.28，矿渣粉掺量30%和40%的抗硫酸盐等级均能达到KS120。

根据地质勘测结果，模拟现场Cl^-和SO_4^{2-}离子浓度，其中Cl^-浓度为29 636 mg/L，SO_4^{2-}浓度为2 786 mg/L。参照抗硫酸盐侵蚀试验方法，依据不同循环次数下混凝土试件的抗压强度变化来评判混凝土抗盐侵蚀性能。

水胶比为0.28的两组配合比的抗盐侵蚀试验结果参见表5-31。

表 5-31 管桩混凝土抗盐侵蚀性能

试件编号	水胶比	矿渣粉掺量/%	抗压强度耐蚀系数/%	
			90 次	120 次
W2G30	0.28	30	91	88
W2G40		40	99	92

结果表明，采用的水胶比为 0.28，矿渣粉掺量 30%和 40%的试验组抗压强度耐蚀系数为 88%和 92%。参照抗硫酸盐侵蚀试验评判方法，其耐蚀系数未超过 75%，满足 120 次干湿循环指标要求。

综合比较各项性能，考虑矿渣粉掺量 40%的配合比工作性能较黏稠，故选用矿渣粉掺量 30%的配合比。

C80 高耐久管桩混凝土推荐配合比见表 5-32。

表 5-32 C80 高耐久管桩混凝土推荐配合比

水胶比	矿渣粉掺量/%	每立方米混凝土原材料用量/(kg/m³)					
		水	水泥	矿渣粉	砂	石	减水剂
0.28	30	126	315	135	605	1 415	5.4

为协助业主控制混凝土质量，对此热电联产工程开展现场混凝土耐久性质量检测，检测内容和频率如下：

预应力管桩 PHC-600(130)，共计 7 000 根，约 56 000 m^3；检测混凝土抗氯离子渗透性能[电通量和氯离子扩散系数(RCM 法)]，检测 2 批次(共 4 组)；抗硫酸盐等级(以 KS120 计)，检测 1 批次(共 2 组)。

现场检测结果表明，预应力管桩高耐久混凝土的抗氯离子渗透性能和抗硫酸盐等级均满足设计要求。

工程实例 4：其他工程及综合

新疆某水利枢纽工程的发电引水洞竖井防腐处理中，针对 SO_4^{2-} 浓度达 1 679～12 487 mg/L、Cl^- 浓度 837～1 775 mg/L、Mg^{2+} 浓度 388～2 675 mg/L、pH 值3.0～4.6 的强腐蚀性竖井围岩裂隙水，采用了先涂抹丙乳防腐砂浆、再涂刷聚氨酯耐磨防渗防腐涂料、最后浇注高性能防腐混凝土的方案。对于高性能防腐混凝土，分别选取了高抗硫硅酸盐水泥混凝土、高抗硫硅酸盐水泥硅粉磨细矿渣混凝土、高抗硫硅酸盐水泥硅粉粉煤灰混凝土，以及掺磨细矿渣配制的高抗硫硅酸盐水泥高性能混凝土等四种方案进行了抗侵蚀试验。结果表明，掺磨细矿渣配制的高抗硫硅酸盐水泥高性能混凝土具有较好的防腐蚀能力。该防腐处理施工于 2000 年 2 月结束，运行至今，效果良好。

新疆北疆输水工程中渠道衬砌混凝土遇到 SO_4^{2-} 侵蚀环境(环境水中 SO_4^{2-} 平

均浓度为 557 mg/L)，对比了普硅水泥、高抗硫水泥、中抗硫水泥以及在普硅水泥中掺矿渣粉或粉煤灰的混凝土在 SO_4^{2-} 浓度为 557～8 000 mg/L 的硫酸钠溶液中的抗侵蚀能力。结果表明，掺 50%矿渣粉或掺 25%粉煤灰的 28 d 抗蚀系数比高抗硫水泥分别提高 16%和 10%，并且随着龄期的延长提高得更明显，180 d 分别提高 36%和 22%。

根据《工业建筑防腐蚀设计规范》(GB 50046—2008)，等级为强腐蚀性的混凝土防腐蚀基本要求为最低强度等级 C40，最小胶凝材料(水泥＋矿物掺和料)用量 340 kg/m³，最大水胶比 0.40。钢筋的混凝土保护层最小厚度为 50 mm。

根据《混凝土结构耐久性设计规范》(GB/T 50476—2008)，处于高浓度氯化物水体，有干湿交替情况，考虑环境作用等级为Ⅳ-E 级，按 50 年设计使用年限，混凝土强度等级应不小于 C45，最大水胶比 0.40，当采用引气混凝土时，强度等级可降低一级，水胶比提高 0.05。如按照本规范关于化学腐蚀环境下的作用等级，则根据地下水或场地土中硫酸盐的浓度可确定为Ⅴ-D 级，按 50 年设计使用年限，混凝土配合比强度等级应不小于 C45，水胶比不大于 0.40，同时规范备注说明对含有高浓度地下水、土，可不单独考虑硫酸盐作用。连云港地处寒冷地区，应控制混凝土遭受长期冻融循环作用引起的损伤。根据《混凝土结构耐久性设计规范》(GB/T 50476—2008)，有氯盐寒冷地区的水位变动区构件所处的冻融环境作用等级为Ⅱ-E，应采用引气混凝土 Ca40；有盐或化学腐蚀环境下，重要工程或大型工程混凝土的抗冻耐久性指数 *DF* 应不低于 70%。

国标和大部分行业标准针对不同化学腐蚀环境(以硫酸盐为主)，规定相应的抗硫酸盐等级较为模糊，目前可参考《铁路混凝土结构耐久性设计规范》(TB 10005—2010)，依据该规范，现地下水硫酸根离子浓度最高为 2 786 mg/L，场地土硫酸根离子浓度最高为 3 182 mg/kg，可确定盐类结晶破坏环境作用等级为 Y3 级，按 60 年设计使用年限，抗硫酸盐等级应不小于 KS120。

具有较高潜在活性的矿渣能在水泥水化反应之后再逐步进行二次水化，并在很长时期内维持这种反应。矿渣的二次水化使混凝土随龄期的增长愈来愈密实。另一方面，由于大掺量的矿渣混凝土能够吸收大部分侵入到混凝土内部的氯离子(其中一部分为物理吸附作用，另一部分为化合与离子交换形成复盐)，从而使扩散到混凝土内部的氯离子失去“游离”性质，难以到达钢筋的周围。同样，粉煤灰的二次水化作用，在相当长的时间内使得混凝土越来越致密，从而减少氯离子的侵入，将氯离子对钢筋混凝土的侵蚀作用控制在一个极低的限度。根据南京水利科学研究院在海南八所港长期海工高耐久混凝土暴露试验结果，钢筋混凝土选择具有较高潜在活性的矿渣粉并复合多组分的调整剂作为掺和料，或者采用较高掺量的粉煤灰，配制的海工高耐久混凝土都具有较好的抗氯盐腐蚀性能。

综上所述，针对盐碱地区，氯盐和硫酸盐腐蚀为强腐蚀等级时，可拟定以下配合比设计参数：

（1）水胶比不大于0.40，强度等级不小于C40。

（2）采用大掺量掺和料混凝土，粉煤灰单掺、矿渣粉复合激发剂和粉煤灰、矿渣粉和激发剂复合。

（3）根据需要，推荐采用引气混凝土，含气量一般控制在(4±1)%。

（4）混凝土耐久性指标控制：混凝土28 d氯离子扩散系数应不大于$6.0\times10^{-12}\,m^2/s$；抗硫酸盐等级不小于KS120；抗冻耐久性指标DF不低于70%。

6 混凝土耐久性寿命的综合评估

6.1 混凝土寿命预测研究现状

混凝土材料的劣化主要是有害物质侵入混凝土内部的结果，这些物质进入混凝土内部的传输机理可以是扩散，渗透或者吸收等。盐碱环境中，尤其海洋环境，因氯离子侵入造成钢筋腐蚀是目前混凝土破坏的首要原因。

南京水利科学研究院对华东、华南沿海地区盐碱环境中的混凝土结构物调研表明，有严重破坏（Ⅳ级）的构件占总数 41%左右，建筑物在盐碱环境中运行 15 年以内发生Ⅳ级破坏的占本级数量的 50%，20 年内发生Ⅳ级破坏的占 67%。破坏情况主要是钢筋大面积锈蚀、锈断、钢筋锈蚀处混凝土大面积剥落、混凝土顺筋开裂松散等[1]。另外，南京水利科学研究院通过试验得出因氯离子侵入造成钢筋腐蚀是目前盐碱环境混凝土破坏的首要原因[2]。

6.1.1 菲克第二定律现状及发展趋势

自 20 世纪 70 年代初开始，菲克第二定律被用于计算氯离子侵入混凝土深度并预测钢筋开始锈蚀年限，菲克第二定律是目前描述氯离子入侵混凝土机理最多的模型。计算模型如下：

$$C(x,t) = C_{sa} \cdot \left[1 - \mathrm{erf}\left(\frac{x}{2\sqrt{D_a \cdot t}}\right)\right] \tag{6-1}$$

式中：$C(x,t)$——经过时间 t，表面深度 x 处氯离子浓度；

C_{sa}——混凝土表面氯离子浓度；

D_a——氯离子扩散系数。

以菲克第二定律为基础对氯离子在混凝土中的扩散和迁移特性进行混凝土结构耐久性评估和预测目前应用最为广泛。但是菲克第二扩散定律描述的是一种稳态扩散过程，其数值解有着严格的限制条件，如混凝土材料必须是无限均质材料、氯离子不与混凝土发生反应等。然而氯离子在混凝土中的扩散迁移过程是受很多因素和机制制约的，是一个非线性和非稳态的复杂过程。即便如此，在许多情况下，尤其是在盐碱环境下，扩散被认为是最主要的侵入方式，菲克第二定律的应用也最为成熟。

但是,近年来,考虑各种影响因素,针对该模型的边界条件确定由简单向复杂转变。Buenfeld 和 Newman 研究表明[3],氯离子侵入水泥基材料的速度随着时间的增长而降低,这可能是由于混凝土与海水逐步反应使结构密实的原因。Mangat 等[4]将氯离子扩散系数的时间依赖性归结为混凝土孔结构的时间依赖性。范志宏等[5]在研究广东湛江港盐碱环境中工程材料暴露试验站中暴露试件氯离子扩散系数时发现,长期暴露的普通混凝土试件,混凝土中的氯离子扩散系数随着暴露时间的延长而减小。Boddy、Mangat 和 Molloy 等[4][6]考虑温度及时间对氯离子扩散系数的影响时提出扩散系数随时间和温度变化的模型:

$$D(t,T)=D_{ref}\cdot\left(\frac{t_{ref}}{t}\right)^{m}\cdot\exp\left[\frac{U}{R}\cdot\left(\frac{1}{T_{ref}}-\frac{1}{T}\right)\right] \tag{6-2}$$

王仁超等利用上述模型对菲克第二扩散定律进行修正和推广[7],采用海南八所港码头浪溅区暴露实测数据和天津港码头暴露 11 a 和 24 a 实测数据和模型计算数据比较,充分地验证了该扩散迁移模型。Mangat 等[4]还研究了混凝土内部湿度对氯离子扩散系数的模型修正。暴露于盐碱环境的混凝土结构物,暴露条件不同,氯化物的侵入机理也有不同。干湿交替强烈影响氯化物侵入混凝土表面。即使在同一结构上就海水和风的活动,阳光照射情况的差异也会导致腐蚀破坏程度的显著差异[8]。因此,类似于氯离子扩散系数 D 受不同环境条件的变化而变化,在扩散模型研究中,混凝土表面氯离子浓度 C_{sa} 参数也需考虑环境因素。Frederiksen 等学者[9~11]研究认为,不仅氯离子扩散系数随时间变化,混凝土表面氯离子浓度也随时间变化。

水下区、水位变动区、浪溅区和大气区都有各自的氯离子源。水位变动区和浪溅区的氯离子源来自于波浪或喷沫,随波浪而周期性变化;大气区和水下区的氯离子源主要是周围的海洋环境,比较稳定。混凝土结构表面氯离子浓度的确定一般通过对氯离子的分布曲线反推而得,而氯离子的分布曲线是长期扩散累积的结果。Bamforth[12]调查英国海洋浪溅区的混凝土氯离子浓度发现其通常占混凝土质量的 0.3%～0.7%之间,偶有高至 0.8%;当混凝土中有矿物掺和料,C_{sa} 增加;浪溅区混凝土表面的 C_{sa} 值还与迎风和背风方向有关,而大气区的 C_{sa} 值则与离开海面的标高和构件表面的朝向有关。结构表面氯离子的浓度除与环境条件有关外,还与混凝土自身材料对氯离子的吸附性能有关。试验表明,不同的混凝土种类,在相同的氯离子含量溶液中浸泡相同的时间,其表面浓度是不同的[13]。

氯离子在混凝土中的侵入过程是氯离子浓度差引起的扩散作用、水压力引起的渗透作用以及毛细管作用和电化学迁移几种作用的组合,工程构件表面氯离子浓度不可能在短期达到定值。同时混凝土中氯离子扩散过程还受到温度、湿度和混凝土材料对氯离子结合作用的影响,在氯离子作用期间并非恒定,这些因素导致菲克第二定律中的重要参数表面氯离子浓度和扩散系数在工程早期设计阶段难以准确获得，而只有通过一定暴露时间后钻芯取样实测混凝土不同深度的氯离子浓度值，再经数据拟合回归获取[14]。因此，利用菲克第二定律，仅仅通过室内研究，较难准确预测混凝土耐久性，大大限制了该模型的工程应用范围。

综上所述，利用菲克第二定律建立氯离子扩散模型，在表面氯离子的浓度 C_{sa} 和氯离子扩散系数 D 这两个重要参数的选择上，需详细区分不同海洋环境和混凝土自身配合比（主要考虑掺和料的作用）。温度和湿度是影响混凝土中氯离子扩散的重要因素，开展混凝土材料劣化机理研究时需考虑不同腐蚀环境，同时结合常规室内试验结果与现场检测结果共同进行。

6.1.2 混凝土结构使用寿命预测研究现状

混凝土中钢筋锈蚀在房屋建筑、公路桥梁、港口、大坝等混凝土结构中普遍存在，是影响钢筋混凝土结构耐久性的最主要因素之一。正确评估和准确预测混凝土的使用寿命已成为混凝土耐久性的主要目的和重要发展方向。

混凝土材料的劣化机理及其结构耐久性评估与其承受的荷载和所处的环境有关，受到诸多因素的影响。工程实践证明，混凝土材料的劣化包括氯离子侵蚀、混凝土碳化（中性化）、冻融循环、碱集料反应、硫酸盐结晶、化学侵蚀等。混凝土的耐久性设计一般根据混凝土结构所处环境中材料的主要的劣化机理进行。盐碱环境中输电线基础、桥隧、地铁工程失效破坏主要是氯离子侵蚀引发钢筋腐蚀，一般采用氯离子侵蚀劣化模型。表 6-1 是国内外大型桥隧、地铁工程根据工程本身的特点、环境、腐蚀等级等诸多因素的考虑，在工程设计时预先考虑的混凝土材料劣化类型。

表 6-1 国内外大型桥隧、地铁工程考虑的混凝土材料劣化类型

工程名称	材料退化类型
上海长江口越江隧道	氯离子侵蚀、碳化
荷兰 Green Heart 隧道	氯离子侵蚀、碳化
荷兰 Western Scheldt 隧道	氯离子侵蚀、碳化
韩国釜山—巨济岛连接线	氯离子侵蚀
东海大桥	氯离子侵蚀
金塘大桥	氯离子侵蚀
青岛胶州湾大桥	氯离子侵蚀、冻融、碱集料
杭州湾大桥	氯离子侵蚀、碳化
广州地铁	氯离子侵蚀、碳化、地下水溶蚀

国内外在氯离子渗透导致混凝土材料劣化失效方面做了大量的研究工作，氯离

子在混凝土中的运输理论得到了空前发展，主要进展包括：由恒定扩散系数向变化扩散系数模型发展；由水饱和状态下扩散向非饱和状态下多作用耦合发展；由非荷载、无裂缝向加载、开裂和损伤混凝土发展。目前，如何建立多因素耦合作用下的劣化模型用于评估复杂环境下的混凝土耐久性是工程界研究的热点和难点。

国内外的混凝土结构使用寿命预测方法大多建立在钢筋锈蚀基础上，根据锈蚀原因的不同，混凝土结构使用寿命预测方法有两类：碳化理论和氯离子扩散理论。前者经过几十年的研究已经形成了完善、基本统一的理论体系，并具有了一定的应用价值，后者逐渐成为学术界新的研究热点。通常，氯离子在混凝土中的侵入过程是氯离子浓度差引起的扩散作用、水压力引起的渗透作用以及毛细管作用和电化学迁移几种作用的组合，工程构件表面氯离子浓度不可能在短期达到定值；同时混凝土中氯离子扩散过程还受到温度、湿度和混凝土材料对氯离子结合作用的影响，在氯离子作用期间并非恒定，这些因素导致菲克定律中的重要参数表面氯离子浓度和扩散系数在工程早期设计阶段难以准确获得，而只有通过一定暴露时间后钻芯取样实测混凝土不同深度的氯离子浓度值，再经数据拟合回归获取。因此，利用菲克第二定律，仅仅通过室内研究，较难准确预测混凝土耐久性，大大限制了该模型的工程应用范围。如何在工程前期设计阶段或者后期修复方案择取时提供较准确的耐久性预测是目前工程界的研究热点。欧盟、美国和日本目前均已初步建立了以氯离子扩散模型为核心的海工混凝土设计方法，荷兰学者基于欧共体的 DuraCrete 方法[15]，开展“Durability of Marine Concrete Structures”(DuMaCon)计划，目的在于对本国现有海工结构建立劣化模型和破化的可能性预测。我国《海港混凝土结构防腐蚀技术规范》(JTJ 275—2000)和《混凝土结构耐久性设计与施工指南》(CCES 01—2004)针对混凝土所处腐蚀环境提出了包含原材料选择、配合比设计和防护措施等基本要求，但是尚未根据我国沿海环境建立可靠的数字预测模型。

国内许多单位有多年盐碱地区建筑物的调查资料，对盐碱环境下混凝土的中长期腐蚀状况有详细的了解。但是多年的调查报告目前尚无深入归纳总结，仅是依据菲克第二定律进行简单的耐久性预测，尚未根据我国盐碱环境的变化以及混凝土配合比的变化对氯离子扩散模型进行系统的完善。正是由于缺乏针对不同海洋腐蚀环境以及混凝土配合比择取的数字模型研究，目前国内针对海工混凝土的设计单一追求高性能和低水胶比，忽略了掺和料对氯离子扩散的特殊抑制效果，同时造成混凝土的其他一些弊端。建立环境因素和混凝土掺和料对氯离子扩散作用的数字模型，可从根本上解决海工混凝土配合比设计的误区，因地制宜，物尽其用。同时通过修正上述关键参数，建立氯离子扩散数字模型，可为我国海工钢筋混凝土工程的前期设计及后期修复提供理论依据。

混凝土在盐碱环境和除冰盐等恶劣条件下的耐久性参数设计一直是混凝土材料和结构专家关心的问题，氯离子扩散理论是迄今为止建立的唯一将混凝土指标与其使用寿命联系在一起的理论，它是实现混凝土耐久性设计的基础。为了定量地表征氯离子在混凝土中的扩散行为，并据此对混凝土使用寿命进行预测，人们不断地发展着各种混凝土寿命预测的数学模型。

混凝土结构的使用寿命一般划分为3个阶段，混凝土结构的寿命公式为式(6-3)：

$$t=t_1+t_2+t_3 \tag{6-3}$$

式中：t——混凝土结构的使用寿命；

t_1——诱导期，指暴露一侧混凝土内钢筋表面氯离子浓度达到临界氯离子浓度所需时间，或 Cl^- 侵入混凝土并聚于钢筋表面引起钢筋去钝时间，国内结构寿命预测指诱导期寿命；

t_2——发展期，指钢筋表面钝化膜破坏到混凝土保护层发生开裂所需时间；

t_3——失效期，指从混凝土保护层开裂到混凝土结构失效所需要的时间。

氯离子侵入混凝土的机理因环境而异，影响因素众多，国内外学者对混凝土在氯离子环境下的寿命预测也提出了多种预测模型，这些模型多数预测混凝土的诱导期寿命，即暴露一侧混凝土内钢筋表面氯离子浓度达到临界氯离子浓度所需的时间。大多数模型建立在扩散的基础上，在参数选取、计算方法上各不相同。按侵入机制划分，可以分为水饱和状态氯离子扩散计算模型和非水饱和状态的氯离子扩散计算模型两大类，前者也称为标准扩散计算模型。通常，氯离子的侵蚀是渗透、扩散和毛细作用等几种侵入方式的组合，另外，还受到氯离子与混凝土材料之间的化学结合、物理粘结、吸附等作用的影响。而对于特定的条件，以其中的一种侵蚀方式为主。虽然氯离子在混凝土中的传输机理非常复杂，但在许多情况下，扩散仍然被认为是最主要的传输方式之一。

当假定混凝土材料是各向同性均质材料，氯离子不与混凝土发生反应，氯离子扩散系数不变，氯离子在混凝土中的扩散视为半无限大平板时，氯离子传输遵从菲克第二定律。菲克第二定律可以表示为式(6-4)：

$$\frac{\partial C}{\partial t}=D\frac{\partial^2 C}{\partial x^2} \tag{6-4}$$

式中：C——氯离子的浓度(氯离子占胶凝材料或混凝土的质量百分比)；

t——结构暴露于氯离子环境中的时间(s)；

x——距离混凝土表面的深度(m)；

D——氯离子的扩散系数(m^2/s)。

菲克第二定律可以方便地将氯离子的扩散浓度、扩散系数与扩散时间联系起来,拟合结构的实测结果。

当边界条件为 $C(0,t)=C_s$,$C(\infty,t)=C_0$,初始条件为 $C(x,0)=C_0$ 时,可以得到式(6-4)的解析解式(6-5):

$$C(x,t)=C_0+(C_s-C_0)\left[1-erf\left(\frac{x}{2\sqrt{Dt}}\right)\right] \tag{6-5}$$

式中:$C(x,t)$——t 时刻 x 深度处的氯离子浓度(氯离子占胶凝材料或混凝土的质量百分比);

C_0——初始浓度(氯离子占胶凝材料或混凝土的质量百分比);

C_s——表面浓度(氯离子占胶凝材料或混凝土的质量百分比);

D——氯离子的扩散系数(m^2/s);

erf——误差函数。

余红发、孙伟[16]基于菲克第二定律,推导出综合考虑混凝土的氯离子结合能力、氯离子扩散系数的时间依赖性和混凝土结构微缺陷影响的新扩散方程为式(6-6):

$$C(x,t)=C_0+(C_s-C_0)\left[1-erf\left(\frac{x}{2\sqrt{\frac{H\cdot D_0\cdot t_0{}^n}{(1+R)\cdot(1-n)}\cdot t^{(1-n)}}}\right)\right] \tag{6-6}$$

式中:H——混凝土氯离子扩散性能的劣化效应系数;

R——混凝土的氯离子结合能力;

n——氯离子扩散系数的时间依赖性常数,$n=0.64$。

余红发还综合考虑了混凝土的 Cl^- 结合能力、Cl^- 扩散系数的时间依赖性和混凝土结构微缺陷影响,对菲克扩散定律进行了修正,得到混凝土 Cl^- 扩散新方程,并运用该模型和大量的文献数据,预测了海洋与除冰盐条件下暴露 7～18 年的实际混凝土结构的 Cl^- 浓度,还根据混凝土结构的预期使用寿命和使用环境探讨了混凝土结构的耐久性参数设计问题。

DuraCrete 模型是氯离子侵入的经验模型,一个重要的因素为钢筋表面的氯离子达到一定浓度(达到腐蚀临界浓度)所需要的时间。求解这一模型需要取得在实验室和现场条件下获得的边界条件和初始条件,边界条件和初始条件反映了结构的材料、环境和施工是如何影响氯离子侵入的。模型通过引入“转换系数”给出了实验室向现场条件的转换,所以可用于现场条件。这一模型的规则是在实验室测定材料特性,根据现场条件进行修正,再用模型进行现场条件下的氯离子的侵入预测。模型的主要形式如式(6－7)所示：

$$C_x = C_{SN}\left[1 - erf\left(\frac{x}{2\sqrt{D_0(t)\cdot t}}\right)\right] \quad (6-7)$$

式中：C_x——某一深度氯离子浓度(氯离子占胶凝材料或混凝土的质量百分比)；

C_{SN}——表面氯离子浓度(氯离子占胶凝材料或混凝土的质量百分比)；

x——氯离子渗透深度(m)；

t——暴露时间(s)；

$D_0(t)$——氯离子扩散系数(m^2/s)。

这一模型的优点是可以直接用观测到的氯离子分布情况预测未来的氯离子分布。模型最大限度地从实际结构中氯离子渗透情况导出，无须验证其有效性。但是在使用已有的氯离子分布时要十分谨慎，特别是当并非所有的背景资料，如暴露环境、取样点、分析方法等都清楚的情况下。另一个优点是，DuraCrete 模型考虑了扩散系数随时间的减少。但是至少要有同一配合比在相同暴露条件下三个不同龄期的氯离子分布才能有效地预测。

Roelfstra 等[17]提出了混凝土结构中氯离子渗透的数学模型，这一模型与水的迁移侵入作用有显著的关系，是专门应用于老化混凝土的模型。该模型考虑了离子的扩散以及水的侵入和水泥水化发生对流的影响，是对 Seatta 等[18]人的氯离子扩散模型的改进，并结合 Roelfstra 关于水化过程模型的早期研究。

很多模型都是以菲克第二扩散定律为基础的，并且简单地假定扩散系数是常值。有研究质疑了仅利用氯离子侵蚀的简单扩散模型进行预测的准确性。考虑氯离子的离子特性，Chatterji[19]认为仅仅基于菲克第二定律建立的模型是不可靠的。同时他指出，这一扩散模型没有考虑通过吸收作用传输的氯离子，吸收作用的影响是随时间而减小的。此外，把混凝土的氯离子总水准作为未来腐蚀风险的主要指标也是不可靠的，原因如下：(1) 混凝土的氯离子扩散值随时间不是常数，可能由于水化作用的影响而降低；(2) 距混凝土表面的深度不同，扩散速率随之变化；(3) 如果混凝土表面处于干湿交替环境下，则表面氯离子浓度随时间而增大；(4) 对于不同胶凝材料对氯离子的凝结作用，目前还未进行充分研究；(5) 建立在实验室加速实验基础上的曲线，与实际结构中的混凝土性能相关性不是很好。

不受菲克定律的假定条件限制的模型较少，典型的有 Clear[20] 1976 年根据实验和工程应用发展了一个计算钢筋锈蚀起始时间的经验模型。模型表明，混凝土中钢筋开始锈蚀的时间与混凝土的保护层厚度的 1.22 次方成正比，与暴露环境介质的氯离子质量浓度和混凝土的水灰质量比成反比。该经验模型曾成功地用于海洋油罐和河堤等大型混凝土工程使用寿命的设计和验证,取得了理想的效果。但是从该模型的表达形式上可以发现其实用性有限。Tumidajski[21]基于 Boltzmann-Matano 分析方法推导氯离子扩散系数,发现氯离子扩散系数是时间、距离和浓度的函数,通过试验得出氯离子扩散系数可以表达为 Boltzmann 变量的线性函数的结论。Dhir[22]提出了基于半无限介质中的氯离子浓度可以表达为 Boltzmann 变量指数衰减函数的假定,提出了确定氯离子浓度分布的数学模型,该模型反映了扩散系数与浓度和时间有关。施养杭采用类似于结构的极限状态法进行混凝土寿命预测的可靠度评估,引入失效概率 P_f,设极限状态函数为式(6-8):

$$P_f = P(C_T - C(x,t) < 0) \leqslant \Phi(-\beta) \tag{6-8}$$

式中:$C(x,t)$——钢筋表面氯离子浓度;

C_T——氯离子临界浓度。

当钢筋表面氯离子浓度达到临界值时钢筋开始锈蚀,即为极限状态,引入氯离子扩散模型的主要参数为随机变量,按照上式可以求出混凝土在某一失效概率下的寿命。更为有效的方法是根据试验与观察找出材料、环境等变量的统计参数及其分布,然后进行 Monte Carlo 随机模拟,求出相关模型的统计参数,建立预测模型。

众多学者在氯离子向混凝土内传输方面做了许多有益的工作。对氯离子传输进行预测的一个关键变量就是氯离子的扩散系数。对已有研究成果的分析可以看出,扩散系数的确定是一个耗时且不能完全精确的过程,由于数学背景不充分和各种困难而使得扩散系数的估计很繁冗。困难之一就是对扩散系数估计方法的不固定,再有就是与渗透过程有关的主要数学关系应用时所包含的假设和不确定性。不同的研究者提出的评估方法,使得在选择合适恰当的模型应用时显得无所适从。对氯离子扩散的预测无论是理论的还是经验的,多是基于菲克第二定律基础上提出的两类模型。以往的氯离子传输预测模型均是基于未开裂混凝土在饱和盐溶液作用下的试验分析,即使对实际在役结构的测试数据,也多是基于上述情况进行的回归处理。对氯离子侵蚀混凝土的研究也由单一的扩散向多机理共同作用的方向发展。相应地,一些新的研究方法也不断得以应用,如模糊理论分析技术、神经网络技术等。探讨更多的研究方法,从不同的角度去实现氯离子浓度分布的预测应该是一个不错的选择。已有的研究成果众多,但多数未得到广泛的工程验证。有些预测模型近乎合理,但具体应用时参数难以确定,也很难获得广泛的应用。经验预测公式的形式虽简单,但是往往不能全面包含影响因素,而且不同环境条件下不同结构实测钢筋锈蚀量的离散性较大,因此现有的经验模型还有待工程实测结果的进一步验证和修正。

6.2 氯离子扩散规律的数字模型研究

6.2.1 试验设计

选择粉煤灰、磨细矿渣粉和硅粉作为掺和料,根据经验进行掺量配伍。配合比设计时,通过外加剂调整混凝土工作性,每组混凝土控制坍落度(160±20) mm。具体配合比设计见表 6-2。

表 6-2 混凝土配合比设计

试件编号	水胶比	胶凝材料配伍/%			
		水泥	粉煤灰	矿渣粉	硅粉
W1	0.30	100	—	—	—
W2	0.40	100	—	—	—
W3	0.50	100	—	—	—
F1	0.40	85	15	—	—
F2		70	30	—	—
G1		60	—	40	—
G2		50	—	50	—
G3		40	—	60	—
S1		95	—	—	5
FG1		40	20	40	—
FG2		50	15	35	—
FS1		75	20	—	5

混凝土试件成型后,开展如下室内和现场试验:

(1) 盐雾试验(盐碱环境大气区模拟)

自制温控养护箱(循环水泵+加热器),底部为浓度 3.5%的 NaCl 盐溶液,控制 20℃和 40℃的水温,试验龄期:180 d、1 a 和 2 a。见图6-1。

(2) 全浸泡试验(盐碱环境水下区模拟)

自制温控养护箱(循环水泵+加热器),底部为浓度 3.5%的 NaCl 盐溶液,控制 20℃和 40℃的水温,试样放置底部盐溶液中,试验龄期:180 d、1 a 和 2 a。见图6-1。

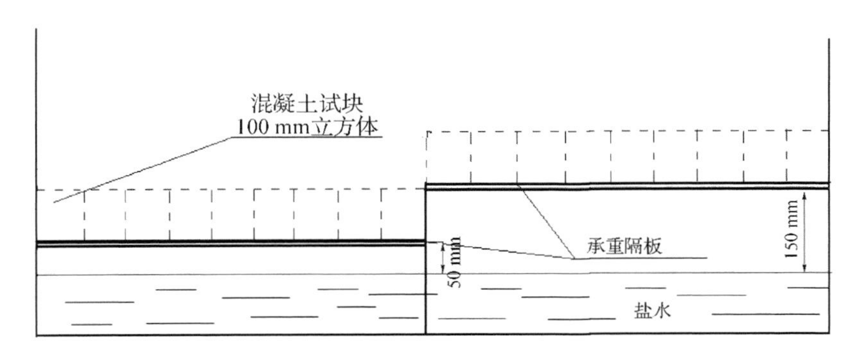

图 6-1 自制温控养护箱示意图

(3) 浸烘试验

将混凝土试件浸泡在浓度为 3.5%的氯化钠溶液中 1 天，然后在 60℃温度下烘干 13 天，接着再浸泡再烘干。至计划的循环次数后钻取不同深度混凝土砂浆粉末样品，测定混凝土砂浆中水溶性氯离子含量。

(4) 现场暴露试验

南京水利科学研究院在海南省八所港支持下，从 1989 年起，完成了对原八所港暴露试验站的改造、完善，于 1992 年 3 月在暴露试验站投放了七种技术条件(包含普通硅酸盐水泥，单掺粉煤灰，单掺矿渣粉等)的混凝土及钢筋混凝土试件，并进行了初期及为期 29、42、81 和 166 个月的观察和检测工作。

2011 年在东海大桥建设指挥部的支持下，在东海大桥附近的洋山港乌龟岛设置浪溅区的暴露试验站，见图 6-2。

浪溅区的氯离子渗透规律采用现场暴露试验数据。

图 6-2 暴露试验(浪溅区)

结合本试验的配合比设计，选择相关的三组对比试验组，分别是不掺掺和料组、单掺粉煤灰组和单掺矿渣粉组。经长期观测检测，数据如表 6-3 所示。

表 6-3 现场暴露试件有效扩散系数拟合值 (单位：$\times 10^{-12}$ m^2/s)

安放位置	暴露时间/月	试件种类		
		OPC(无掺和料，W/C=0.45)	FA(掺粉煤灰 20%)	GGBS(掺矿渣粉 70%)
浪溅区	29	16.0	1.50	0.40
	42	5.90	1.40	0.32
	81	4.80	0.30	0.29
	166	4.30	—	—

测试方法采用 D_{RCM} 非稳态氯离子迁移系数测试和根据各层 Cl^- 浓度推算氯离子扩散系数。

6.2.2 氯离子扩散系数随龄期的变化模型

研究表明，氯离子扩散随时间的关系可用幂函数规律描述，其中指数是材料（如混凝土矿物掺和料种类及掺量等）和环境（如温度和湿度）的函数，借鉴该函数，考察迁移系数随时间的发展规律。

$$D(t)=D_0\left(\frac{t_{28}}{t}\right)^{\alpha} \tag{6-9}$$

式中：$D(t)$ ——t 时间的扩散系数；

D_0——$t=t_0$ 时测得的扩散系数；

α——时间依赖性常数。

依据表 6-2 中的 12 组配合比开展了氯离子渗透室内快速试验（RCM 法），测试了 28 d、180 d、1 a 和 2 a 结果，依据式(6-9)模型，考察迁移系数随时间的发展规律。

根据中国土木工程学会标准《混凝土结构耐久性设计与施工指南》(CECS 01—2004)(2005 年修订版)中混凝土氯离子扩散系数快速测定的 RCM 法试验，开展 12 组配合比的测试，试验结果如表 6-4 所示。氯离子扩散系数(RCM 法)拟合曲线见图 6-3。

表 6-4 不同配比混凝土氯离子渗透性能试验结果

试件编号	氯离子扩散系数(RCM 法)/($\times 10^{-12}$ m^2/s)				拟合关系	
	28 d	180 d	1 a	2 a	α	R^2
W1	6.80	4.55	3.05	1.05	0.32	0.905
W2	8.50	5.60	4.33	3.89	0.24	0.993
W3	10.80	8.70	5.29	4.77	0.22	0.852

续表

试件编号	氯离子扩散系数(RCM法)/($\times10^{-12}$ m²/s)				拟合关系	
	28 d	180 d	1 a	2 a	α	R^2
F1	7.49	5.50	3.68	1.33	0.31	0.820
F2	5.45	3.15	3.05	0.33	0.37	0.791
G1	6.50	4.50	3.80	1.73	0.27	0.866
G2	4.90	3.04	2.87	1.08	0.28	0.831
G3	4.30	2.98	2.08	0.29	0.35	0.785
S1	5.60	4.15	3.81	1.66	0.31	0.858
FG1	5.30	3.30	1.34	0.18	0.47	0.857
FG2	5.05	3.25	1.11	0.13	0.48	0.836
FS1	5.20	3.50	1.92	0.15	0.41	0.811

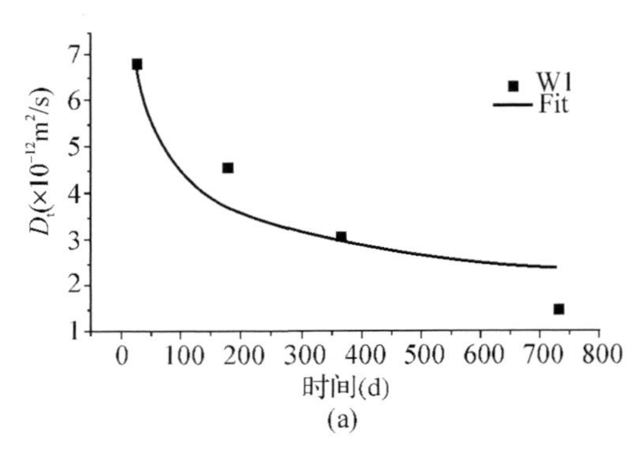

(a)

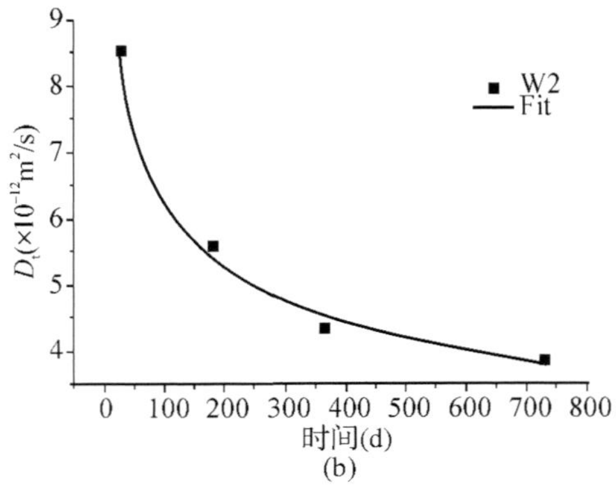

(b)

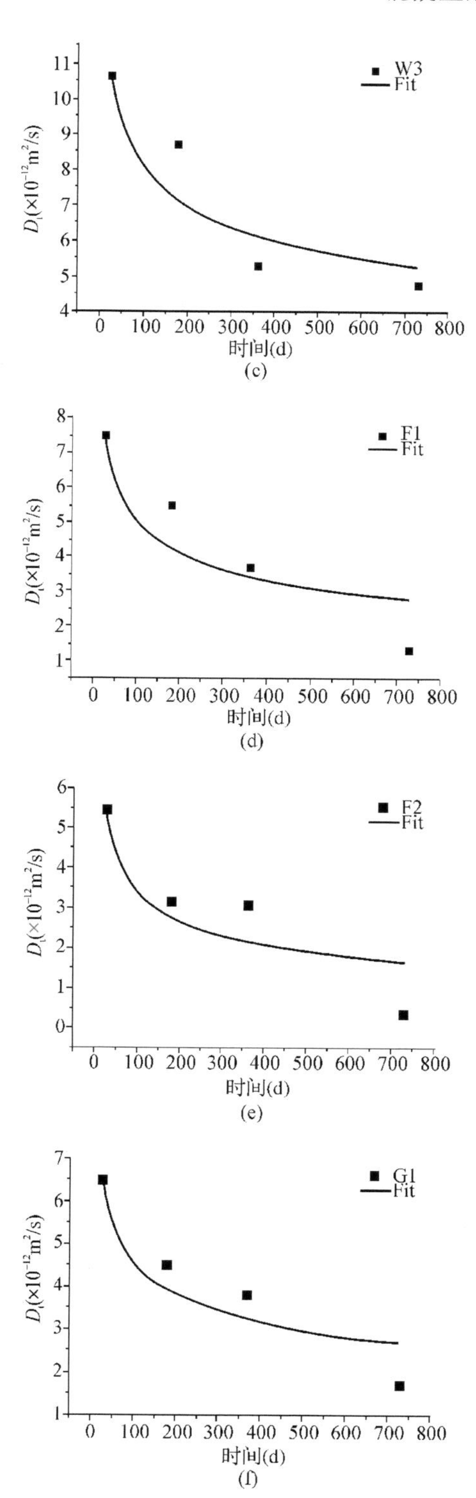
W3
Fit
$D_t(\times10^{-12}m^2/s)$
时间(d)
F1
Fit
$D_t(\times10^{-12}m^2/s)$
时间(d)
F2
Fit
$D_t(\times10^{-12}m^2/s)$
时间(d)
G1
Fit
$D_t(\times10^{-12}m^2/s)$
时间(d)

(c)

(d)

(e)

(f)

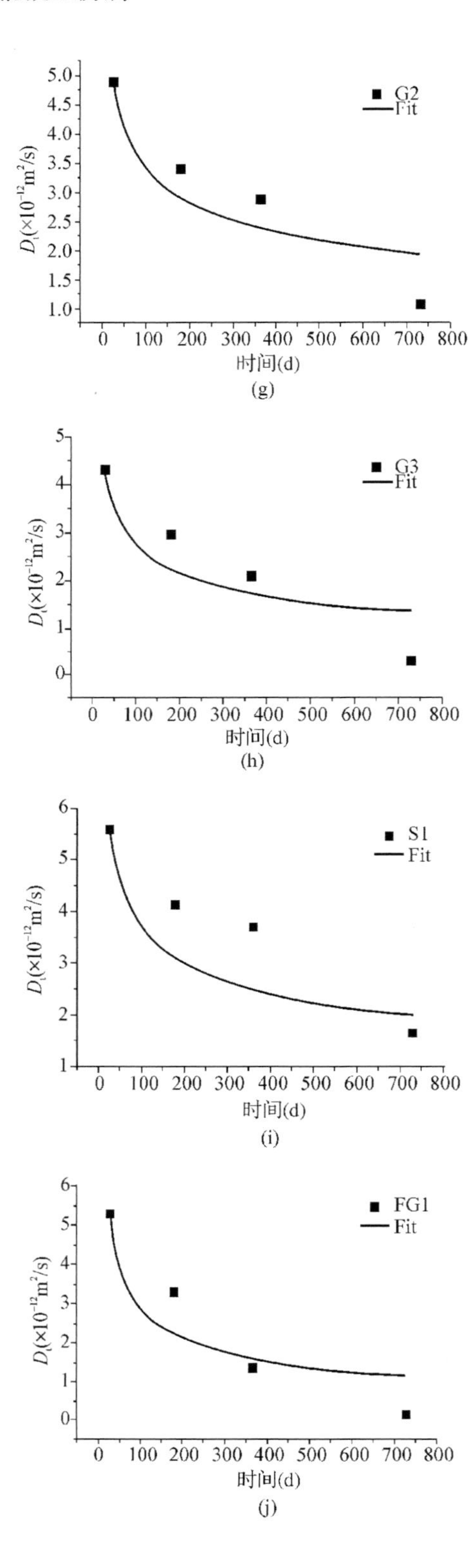

(g)

(h)

(i)

(j)

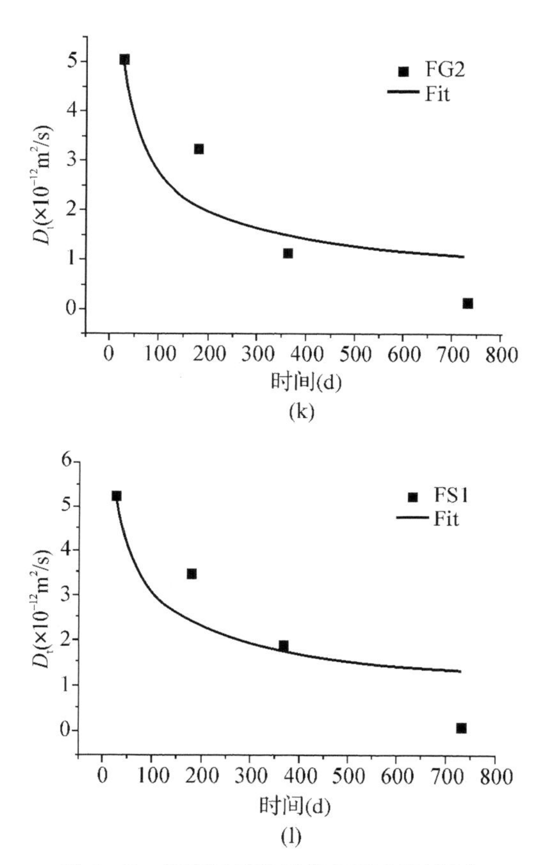

图 6-3 氯离子扩散系数(RCM 法)拟合

根据幂函数规律描述，开展拟合，拟合后的结果见表 6-4，其中拟合参数 α 指数是材料(如混凝土矿物掺和料种类及掺量等)和环境(如温度和湿度)的函数。依据美国混凝土学会 365 委员会开发的 Life-365 计算程序中的 α 解释，其值与矿物掺和料关系如下：

$$\alpha=0.2+0.4\times(FA\%/50+G\%/70) \tag{6-10}$$

参照式(6-10)中描述的规律，本试验结果与其类似，普通混凝土(无掺和料)的 α 值在 0.2 左右，粉煤灰和矿渣的掺入提高了其数值，且随着掺和料的掺量增加而增加。

6.2.3 氯离子扩散系数随温度的变化模型

参考欧洲 DuraCrete 方法，引入扩散系数的修正系数的方法公式如下：

$$D(t)=D_0\cdot k_T\cdot\left(\frac{t_{28}}{t}\right)^{\alpha} \tag{6-11}$$

采用室内不同温度(20℃和 40℃)，浸泡 1 a 和 2 a 后实测的各层氯离子浓度拟合所得氯离子扩散系数值进行分析。

考虑试验数据的准确性，引入扩散系数温度修正值 k_T，定义如下：

$$k_T = D_T / D_0 \tag{6-12}$$

式中：D_T——为浸泡温度为 40℃时拟合的氯离子扩散系数；

D_0——为浸泡温度为 20℃时拟合的氯离子扩散系数。

结果见图 6-4 和图 6-5。

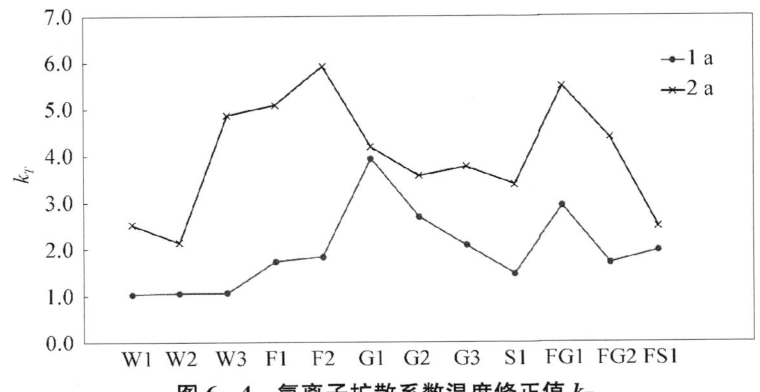

图 6-4　氯离子扩散系数温度修正值 k_T

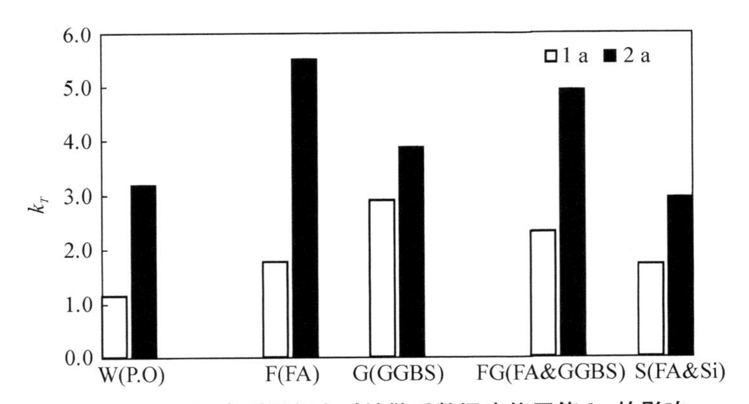

图 6-5　不同类型混凝土对扩散系数温度修正值 k_T 的影响

结果表明，随着温度升高，显然提高了浸泡在水中的混凝土氯离子扩散系数。对于纯硅酸盐水泥的混凝土，扩散系数温度修正值 k_T 值较低，1 a 龄期时平均值 1.1 左右，2 a 时为 3.2 左右。而掺加粉煤灰、矿渣粉或硅粉后，各龄期的温度修正值显著增加，其中 1 a 龄期时单掺矿渣粉的混凝土的 k_T 值接近 3.0，说明在 40℃温度下，单掺矿渣粉混凝土 1 a 龄期的氯离子扩散系数受温度影响最大；而 2 a 龄期时单掺粉煤灰的混凝土的 k_T 值达 5.5，说明在 40℃温度下，单掺粉煤灰混凝土 2 a 龄期的氯离子扩散系数受温度影响最大。

6.2.4 不同环境条件下氯离子扩散模型

菲克第二定律被普遍用于计算氯离子侵入混凝土深度并预测钢筋开始锈蚀年限，计算模型见式(6-13)。

$$c(x,t) = c_s\left(1 - \mathrm{erf}\frac{x}{2\sqrt{Dt}}\right) \tag{6-13}$$

式中：$c(x,t)$——经过时间 t 后，混凝土中深度 x 处的氯离子含量，用于寿命预测时，按照偏安全的考虑；

c_s——混凝土表层氯离子含量；

D——混凝土中氯离子的渗透系数($\times 10^{-12}\,\mathrm{m^2/s}$)；

t——设计寿命(s)。

菲克第二定律是目前描述氯离子入侵混凝土机理最多的模型。但是，近年来，考虑各种影响因素，针对该模型的边界条件确定由简单向复杂转变。美国混凝土学会365委员会(使用寿命预测委员会)组织研究开发的Life-365计算程序，目标是逐步发展成为一种“标准”的寿命预测模型。程序以菲克第二定律为基础。

上述工程耐久性设计方法中均直接或间接采用了菲克扩散模型，但是模型在参数的取值上有较大差异。因此，应该结合工程的具体环境条件，在广泛调查的基础上选用。

研究表明，扩散系数 D 随环境氯离子作用时间或年限的增长而降低，符合指数衰减规律：

$$D(t) = D_i\left(\frac{t_i}{t}\right)^n \tag{6-14}$$

式中：D_i——历经环境作用时间 t_i 后测得的扩散系数；

n——与胶凝材料种类、掺量及不同环境条件有关，一般取值范围0.3～0.9，参考表6-4中的 α 值。

由于式中环境作用年限对于试件刚开始接触氯离子环境时的龄期要长得多，即 $t \gg t_0$，所以 t 也可以认为就是混凝土的龄期，于是式(6-14)可得：

$$D(t) = D_0\left(\frac{t_0}{t}\right)^n = D_{p0}\left(\frac{t_0}{t}\right)^n \tag{6-15}$$

式中：D_{p0}——实验室标准快速试验法测得 t_n 时的扩散系数。

结合式(6-14)，可得

$$c(x,t) = c_s\left(1 - erf\frac{x}{2\sqrt{D_{p0}\cdot t_0^n\cdot t^{1-n}}}\right) \tag{6-16}$$

参照 DuraCrete 方法，结合本章开展的研究工作，引入扩散系数的温度修正系数 k_T 和环境条件修正系数 k_e，对式(6－16)进行修正，得如下公式：

$$D(t)=k_T\cdot k_e\cdot D_{p0}\cdot\left(\frac{t_0}{t}\right)^n \quad (6-17)$$

将修正后的 $D(t)$ 值代入式(6－15)，即得不同环境条件下的氯离子扩散模型。

本章采用室内不同温度(20℃和 40℃)，浸泡 1 a 和 2 a 后实测的各层氯离子浓度拟合所得氯离子扩散系数值进行研究，初步探讨温度修正系数 k_T，参见 6.2.3 节。环境条件修正系数 k_e 初步采用室内干湿循环得到的氯离子扩散系数和现场暴露试验获得的氯离子扩散系数间关系确定。此外本章考虑位置因素来探讨大气区氯离子扩散规律。

6.2.5 环境条件修正系数 k_e 探讨(室内试验和现场暴露试验关系)

依据本试验得到的常温下的水中浸泡混凝土试件的氯离子扩散系数经时变化系数 α、室内浸烘循环(4 次、8 次和 12 次)后混凝土内部氯离子的扩散规律和氯离子非稳态迁移的扩散系数(RCM 法)测试结果，结合现场浪溅区试件暴露试验所得的有效扩散系数开展相对关系的比较分析。

现场暴露试验数据采用八所港暴露站的数据，参见表 6－3，同时补充了 $t_0=$ 28 d 时的初始扩散系数(根据经验公式反推确定)，然后采用公式(6－15)，扩散系数受环境氯离子作用时间或年限的增长而降低，符合指数衰减规律，拟合得到各类混凝土在室内浸烘循环下混凝土氯离子扩散系数经时变化关系(图 6－6)和现场暴露下混凝土氯离子扩散系数经时变化关系(图 6－7)。

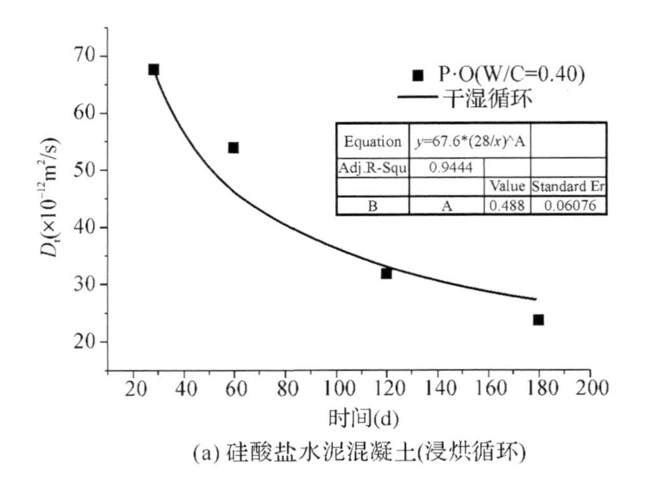

(a) 硅酸盐水泥混凝土(浸烘循环)

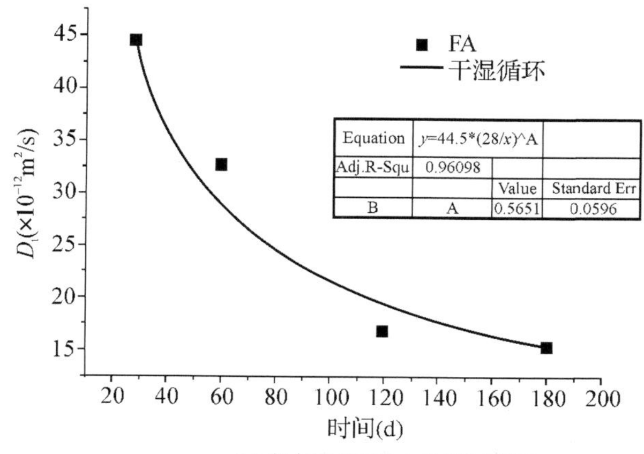

(b) 粉煤灰混凝土(浸烘循环)

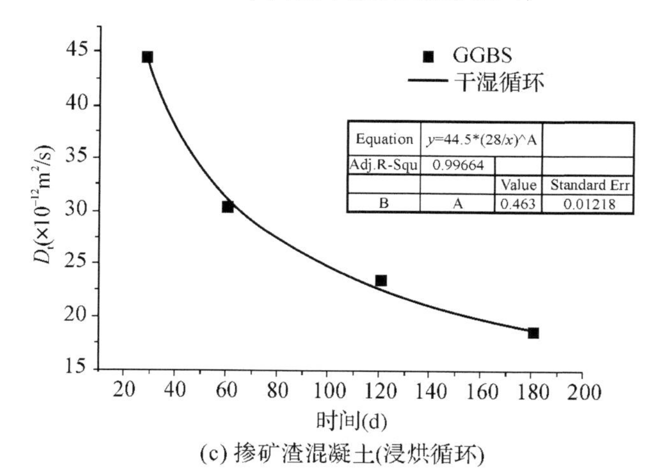

(c) 掺矿渣混凝土(浸烘循环)

图 6-6　室内浸烘循环下混凝土氯离子扩散系数经时变化

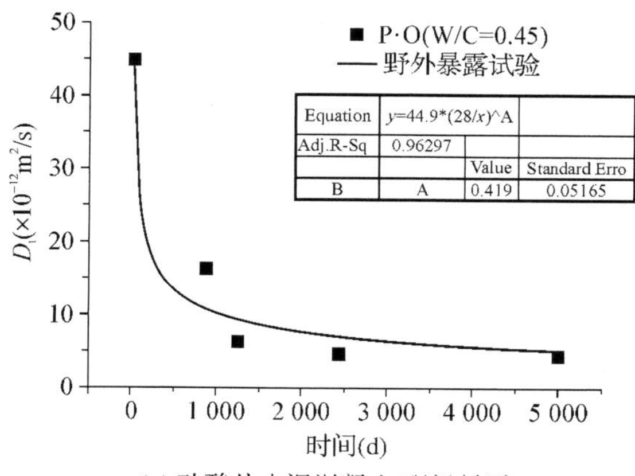

(a) 硅酸盐水泥混凝土(现场暴露)

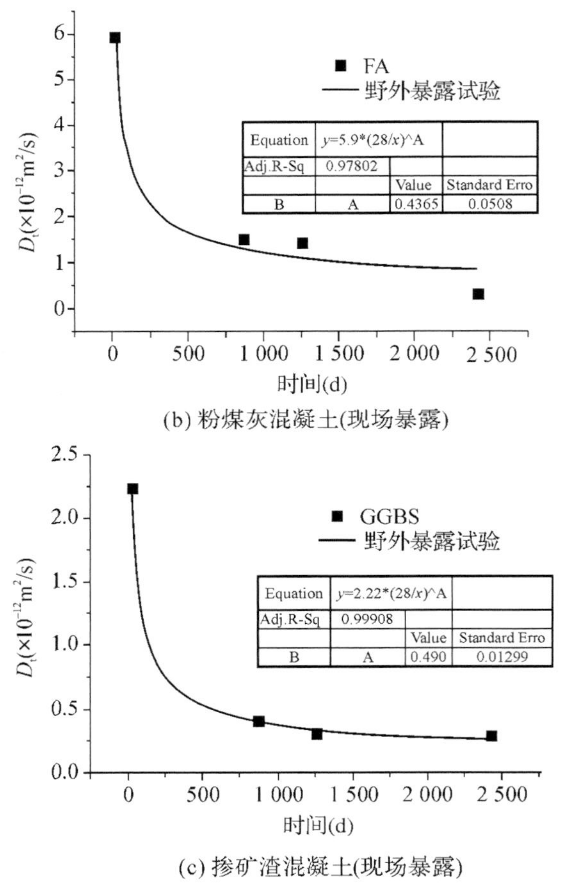

图 6-7　现场暴露下混凝土氯离子扩散系数经时变化

表 6-5 为四种试验方法得到的氯离子扩散系数经时衰减系数的比较，结果表明，采用现场暴露试验和室内浸烘循环所得扩散系数经时衰减系数整体较为接近，其中掺粉煤灰的衰减系数略大。而非稳态快速法（RCM 法）所得的扩散系数经时衰减系数 α 与现场暴露试验有一定的差异，整体偏小，而常温浸泡下拟合的扩散系数经时变化系数 α 由于试验基准龄期为 180 d，故此值和其他值相比，明显偏大。

综上所述，采用室内浸烘循环试验可在一定程度上模拟现场暴露试验的氯离子渗透情况，但是本试验结果显示，由于室内试验得到的初始扩散系数（本试验采用 28 d 为 t_0，根据经验公式反推确定）和现场暴露试验的扩散值有较大差异，导致长龄期拟合的氯离子扩散系数与现场暴露试验有明显不同，参见表 6-6 的拟合结果和实测值的对比。

表 6－5 混凝土氯离子渗透性能试验结果

编号	混凝土种类	扩散系数经时变化系数 α			
		RCM 法*	常温浸泡	室内浸烘循环	现场暴露试验
1	纯硅酸盐水泥	0.23	1.03	0.49	0.42
2	掺粉煤灰	0.34	1.12	0.56	0.44
3	掺矿渣粉	0.35	2.04	0.46	0.49

* RCM 的取值说明：现场暴露试验采用 0.45 水灰比，本试验取 0.40 和 0.50 水灰比拟合的 α 平均值(表 6－4)；考虑现场暴露试验中粉煤灰的掺量与本试验有不同，取表 6－4 中掺粉煤灰组的平均值；现场暴露试验矿渣粉掺量与 G3 组一致，故取 G3 组的 α 值。掺粉煤灰和掺矿渣组常温浸泡和浸烘循环下的 α 值取各掺量的平均。

如果根据公式(6－17)，采用环境修正系数进行室内试验和现场暴露试验间的关系确定，k_e 定义如下：

$$k_e = D_t / D_{p,t} \tag{6-18}$$

表 6－6 氯离子有效扩散系数拟合值对比($\times 10^{-12}\ m^2/s$)

编号	混凝土种类	试验环境条件	暴露时间(龄期)/d			
			870	1 260	2 430	4 980
1	硅酸盐水泥	RCM 法拟合	3.86	3.54	3.04	2.58
		室内浸烘循环拟合	12.6	8.39	3.60	1.88
		现场暴露试验实测	16.0	5.90	4.80	4.30
2	掺粉煤灰	RCM 法拟合	1.71	1.51	1.21	—
		室内浸烘循环拟合	6.38	3.82	1.35	—
		现场暴露试验实测	1.50	1.40	0.30	—
3	掺矿渣粉	RCM 法拟合	1.29	1.13	0.90	—
		室内浸烘循环拟合	9.07	5.22	2.96	—
		现场暴露试验实测	0.40	0.32	0.29	—

表 6－6 的数据经分析后列于表 6－7 中。显然，室内浸烘循环和现场暴露试验之间获得的 k_e 值离散系数大，k_e 无法合理取值；而 RCM 拟合得到的数据和现场暴露试验数据间的 k_e 值经处理后，离散系数较小，其中无掺和料的混凝土 k_e 值可取1.6～1.7，掺粉煤灰混凝土的 k_e 值可取 0.9 左右，而掺矿渣粉混凝土的 k_e 值可取 0.3 左右。

表 6-7　氯离子扩散系数环境修正系数 k_e 值

编号	混凝土种类	计算方式	k_e 值				C_v
			t=870	t=1 260	t=2 430	t=4 980	
1	硅酸盐水泥	现场/RCM 法	4.15*	1.67	1.58	1.67	0.032
		现场/浸烘	1.27	0.70	1.33	2.29	0.472
2	掺粉煤灰	现场/RCM 法	0.88	0.93	0.25*	—	0.040
		现场/浸烘	0.23	0.37	0.22	—	0.291
3	掺矿渣粉	现场/RCM 法	0.31	0.28	0.32	—	0.067
		现场/浸烘	0.044	0.061	0.098	—	0.405

* 离差较大，C_v 计算时数据省略。

6.3　混凝土寿命预测

混凝土寿命预测公式种类繁多，有涉及微积分的，还有使用概率论方法预测的，但都没有一个公认的寿命预测标准方法。2012 年，交通运输部行业标准《海港工程高性能混凝土质量控制标准》(JTS 257—2—2012)发行，该标准对盐碱环境混凝土使用寿命计算方法进行了规定，因此本书中对不同环境混凝土寿命预测主要参考该行业标准中列出的方法。

盐碱环境下混凝土结构钢筋锈蚀劣化进程所经历的时间可分为三个阶段：混凝土中钢筋开始锈蚀阶段(t_i)、混凝土保护层锈胀开裂阶段(t_c)、混凝土功能明显退化阶段(t_d)，混凝土结构使用年限(t_e)是这三个阶段时间和。即

$$t_e = t_i + t_c + t_d \tag{6-19}$$

其中，

$$t_i = \frac{C^2}{4D_i\left[erf^{-1}\left(1-\frac{C_{cr}-C_0}{\gamma C_s - C_0}\right)\right]^2} \tag{6-20}$$

c——混凝土保护层厚度(mm)；

D_t——混凝土氯离子有效扩散系数($\times 10^{-12}\,m^2/s$)；

erf——误差函数；

C_{cr}——混凝土中钢筋开始发生锈蚀的临界氯离子浓度(%)；

C_0——混凝土中的初始氯离子浓度(%)；

γ——氯离子双向渗透系数，角部区取 1.2，非角部区取 1.0；

C_s——混凝土表面氯离子浓度(%)。

计算 t_c 用公式(6-21)：

$$t_c = \frac{0.012\frac{c}{d} + 0.00084 f_{cuk} + 0.018}{\lambda_1} \tag{6-21}$$

式中：c——混凝土保护层厚度(mm)；

d——钢筋原始直径(mm)；

f_{cuk}——混凝土立方体抗压强度标准值(MPa)；

λ_1——保护层开裂前钢筋平均腐蚀速度(mm/a)。

计算 t_d 用公式(6-22)：

$$t_d = \left(1 - \frac{3}{\sqrt{10}}\right) \cdot \frac{d}{2\lambda_2} \tag{6-22}$$

式中：t_d——自保护层开裂到钢筋减小到原截面积 90%所经历的时间(a)；

d——钢筋原始直径(mm)；

λ_2——保护层开裂后钢筋平均腐蚀速度(mm/a)。

6.3.1 中等腐蚀环境下推荐配合比寿命预测

处于中等腐蚀环境下的沿海某工程部分工点地质勘探结果和根据《混凝土结构耐久性设计规范》(GB/T 50476—2008)规定的混凝土最大水胶比如表 6-8 所示，对于中等腐蚀环境下的混凝土推荐配合比如表 6-9 所示。

表 6-8 处于中等腐蚀环境下的标段及最大水胶比

工点序号	主要腐蚀介质浓度/(mg/L)				腐蚀环境等级	最大水胶比
	Cl^-	SO_4^{2-}	Mg^{2+}	侵蚀性 CO_2		
1	35～405	20～60	3～115	10～25	Ⅳ-C、Ⅴ-C	0.40
2	38～392	34～55	1～16	0～12	Ⅳ-C	0.40
3	25	52	2	20	Ⅴ-C	0.40

表 6-9 中等腐蚀环境下的推荐混凝土参考配合比

编号	水胶比	粉煤灰/%	矿渣粉/%	减水剂/%	引气剂/‰	水+水泥+粉煤灰+矿渣粉+砂+石/(kg/m^3)
S40	0.40	20	40	0.7	0.11	150+150+75+150+730+1 048

1. 有效扩散系数 D_t

处于中等腐蚀环境下推荐配合比的抗压强度和实测氯离子扩散系数如表 6-10 所示。

表 6-10 推荐混凝土参考配合比抗压强度和氯离子扩散系数

编号	抗压强度/MPa				氯离子扩散系数/($\times 10^{-12} m^2/s$)		
S40	7 d	28 d	56 d	90 d	28 d	56 d	90 d
	28.8	42.3	49.6	51.8	3.56	1.84	—

混凝土有效扩散系数按公式(6－18)计算，该配比中加入粉煤灰和矿粉，因此取D_{ref}为 56 d 实测值，经计算D_t值为 0.161×10^{-12} m^2/s。

2. 钢筋混凝土结构使用年限t_e计算

t_i的计算依据公式(6－20)进行，其中参数C_{cr}、γ、C_s按交通运输部发布的行业标准(JTS 257—2—2012)规定取值，参数c依据工程实际情况取值，参数D_t、C_0在混凝土试验基础上计算得出。各参数取值见表 6－11。

表 6－11　t_i计算参数取值表

编号	c/mm	D_t/(×10^{-12} m^2/s)	C_{cr}/%	C_0/%	γ	C_s/%	t_i/a
S40	50	0.161	0.5	0.01	1.0	5.4	87

t_c的计算依据公式(6－21)进行，其中参数c、d依据工程实际情况取值，f_{cuk}依据混凝土试验得出，λ_1经计算得出。各参数取值见表 6－12。

表 6－12　t_c计算参数取值表

编号	c/mm	d/mm	f_{cuk}/MPa	λ_1/(mm/a)	t_c/a
S40	50	22	49.6	0.002 9	29

t_d的计算依据公式(6－22)进行，各参数取值见表 6－13，其中λ_2按交通运输部规范(JTS 257—2—2012)规定取值。

表 6－13　t_d计算参数取值表

编号	d/mm	λ_2/(mm/a)	t_d/a
S40	22	0.06	9

因此推荐配合比在中等腐蚀环境下使用年限$t_e = t_i + t_c + t_d = 87 + 29 + 9 = 125$(年)，能够满足使用 100 年要求。

6.3.2　氯盐非常严重环境下推荐配合比寿命预测

处于氯盐非常严重环境下的沿海某工程部分工点地质勘探结果和根据《混凝土结构耐久性设计规范》(GB/T 50476—2008)规定的混凝土最大水胶比如表 6－14 所示，对于氯盐非常严重条件下的混凝土推荐配合比如表 6－15 所示。

表 6－14　处于氯盐非常严重腐蚀环境下的标段及其最大水胶比

工点	主要腐蚀介质浓度/(mg/L)				腐蚀环境等级	最大水胶比
	Cl^-	SO_4^{2-}	Mg^{2+}	侵蚀性 CO_2		
1	800～10 200	300～650	40～810	2～10	Ⅳ－E、Ⅴ－C	0.38
2	826	226	43	8	Ⅳ－D、Ⅴ－C	0.38
3	1 442～109 553	79～869	2～359	0～22	Ⅳ－E、Ⅴ－C	0.38

表 6－15 氯盐非常严重腐蚀环境下的推荐混凝土参考配合比

编号	水胶比	粉煤灰/%	矿渣粉/%	减水剂/%	引气剂/‰	水＋水泥＋粉煤灰＋矿渣粉＋砂＋石/(kg/m^3)
S38	0.38	20	40	0.7	0.11	150＋158＋79＋158＋714＋1 047

1. 有效扩散系数 D_t

处于氯盐非常严重环境下推荐配合比的抗压强度和 RCM 法实测氯离子扩散系数如表 6－16 所示。

表 6－16 推荐混凝土参考配合比抗压强度和氯离子扩散系数

编号	抗压强度/MPa				氯离子扩散系数/(×10^{-12}m^2/s)		
S38	7 d	28 d	56 d	90 d	28 d	56 d	90 d
	34.2	47.3	54.6	57.7	3.37	1.68	—

混凝土有效扩散系数按公式(6－23)计算：

$$D_t = D_{ref} \times \exp\left[\frac{U}{R}\left(\frac{1}{T_0}-\frac{1}{T}\right)\right] \times \left(\frac{t_{ref}}{t}\right)^n \tag{6-23}$$

式中：D_t——混凝土氯离子有效扩散系数(×10^{-12}m^2/s)；

D_{ref}——快速试验方法测定的混凝土氯离子扩散系数(×10^{-12}m^2/s)；

t_{ref}——参考试验时间(a)；

t——混凝土氯离子扩散系数衰减期(a)，取 20 a；

n——混凝土氯离子扩散系数的衰减系数，取 0.55；

U——混凝土氯离子扩散过程的活化能(J/mol)，取 35 000 J/mol；

R——理想气体常数，取 8.314 J/(K·mol)；

T_0——参考温度(K)，取 293 K；

T——环境温度(K)。

该计算公式中的参数 t、n、U、R、T_0 依据交通运输部发布的行业标准《海港工程高性能混凝土质量控制标准》(JTS 257—2—2012)规定取值，同时由于配比中加入粉煤灰和矿粉，因此取 D_{ref} 为 56 d 实测值，经计算 D_t 值为 0.147×10^{-12}m^2/s。

2. 混凝土中的初始氯离子浓度 C_0

对水胶比 0.33、0.38、0.43 三组混凝土试块在标准养护条件下本体氯离子含量进行了测试，测试结果如图 6－8。在 0～5 mm 深度之间，氯离子浓度逐渐减小，这可能是由于在混凝土表面的浮浆引起，在 5 mm 深度之后，氯离子含量趋于稳定，可以认为虽然水胶比不同，但氯离子含量的平均值大约为 0.01%。

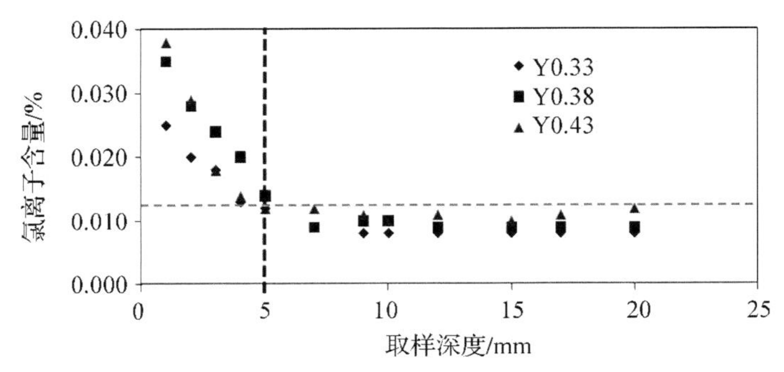

图 6-8 混凝土本体氯离子含量

3. 钢筋混凝土结构使用年限计算 t_e

t_i 的计算依据公式(6-20)进行,其中参数 C_{cr}、γ、C_s 按交通运输部行业标准《海港工程高性能混凝土质量控制标准》(JTS 257—2—2012)规定取值,参数 c 依据工程实际情况取值,参数 D_t、C_0 在混凝土试验基础上计算得出。各参数取值见表 6-17。

表 6-17 t_i 计算参数取值表

编号	c/mm	D_t/($\times10^{-12}$ m^2/s)	C_{cr}/%	C_0/%	γ	C_s/%	t_i/a
S38	55	0.147	0.5	0.01	1.0	5.4	115

t_c 的计算依据公式(6-21)进行,其中参数 c、d 依据工程实际情况取值,f_{cuk} 依据混凝土试验得出,λ_1 经计算得出。各参数取值见表 6-18。

表 6-18 t_c 计算参数取值表

编号	c/mm	d/mm	f_{cuk}/MPa	λ_1/(mm/a)	t_c/a
S38	55	22	54.6	0.002 9	32

t_d 的计算依据公式(6-22)进行,各参数取值见表 6-19,其中 λ_2 按交通运输部行业标准(JTS 257—2—2012)规定取值。

表 6-19 t_d 计算参数取值表

编号	d/mm	λ_2/(mm/a)	t_d/a
S38	22	0.06	9

因此推荐配合比在氯盐非常严重环境下使用年限 $t_e=t_i+t_c+t_d=115+32+9=156$(年),能够满足使用 100 年要求。

6.3.3 承受拉力条件下混凝土寿命预测

承受拉力条件下混凝土与非承载条件下混凝土的主要差别是氯离子的有效扩

散系数 D_t，混凝土所承受的拉应力不同，有效扩散系数 D_t 也存在较大差异。对氯盐腐蚀非常严重条件下的推荐配合比 S38 和配合比 Y33 测试了其在承受 40%和 60%极限拉应力条件下不同深度处氯离子的百分数，依据所测数据与不承受拉力条件下数据比值，可以计算出承受拉力条件下混凝土氯离子的有效扩散系数。

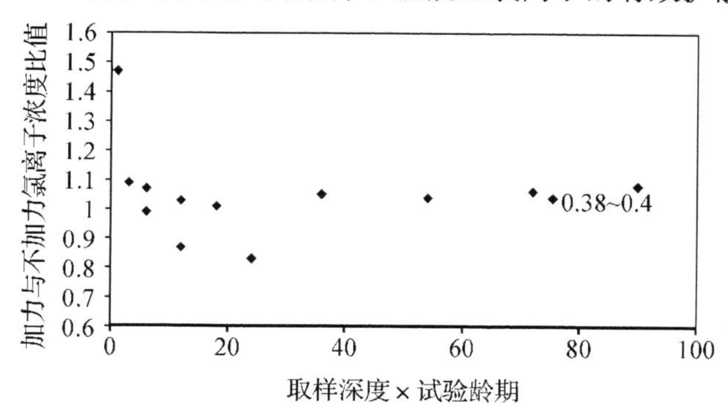

图 6-9　承载 40%极限拉应力氯离子含量与不承载力比值(水胶比 0.38)

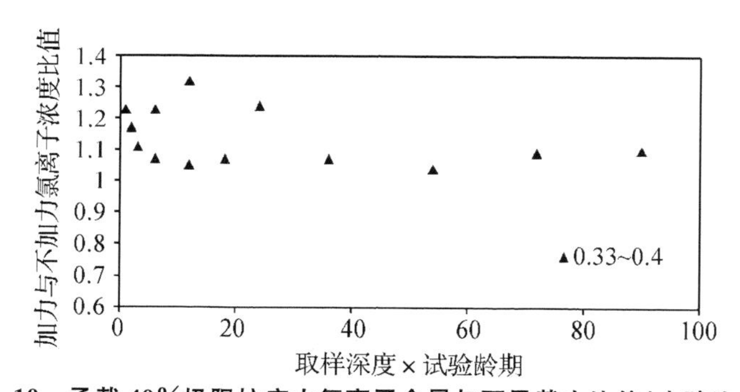

图 6-10　承载 40%极限拉应力氯离子含量与不承载力比值(水胶比 0.33)

图 6-9 和图 6-10 是承载 40%极限拉应力氯离子含量与不承载力比值，其中横坐标是取样深度(mm)与试验龄期(月)的乘积。依据氯离子扩散系数的变化规律，试验时间越长，试验所测的氯离子扩散系数越接近于有效扩散系数。从图 6-9 中可以看出横坐标数值越大，承载 40%极限拉应力氯离子含量与不承载力比值越趋近于一个固定值。试验经验与计算结果表明承载力与不承载力条件下 SO_3 关系如下：在试验龄期为 1 个月时，加载 40%极限拉应力试件中 SO_3 含量较不加载力试件增加 4%，在试验龄期为 18 个月时，加载 40%极限拉应力试件中 SO_3 含量较不加载力试件增加 6%。承载力与不承载力条件下 MgO 含量关系如下：在试验龄期为 1 个月时，加载 40%极限拉应力试件中 MgO 含量较不加载力试件增加 2.8%，在试验龄期为 18 个月时，加载 40%极限拉应力试件中 MgO 含量较不加载力试件增加 3.6%。根据以上试验结果确定承载 40%极限拉应力氯离子含量与不承载力比值最终趋向于 1.05，即承载 40%极限拉应力氯离子有效扩散系数是非承载条件下的 1.05 倍。

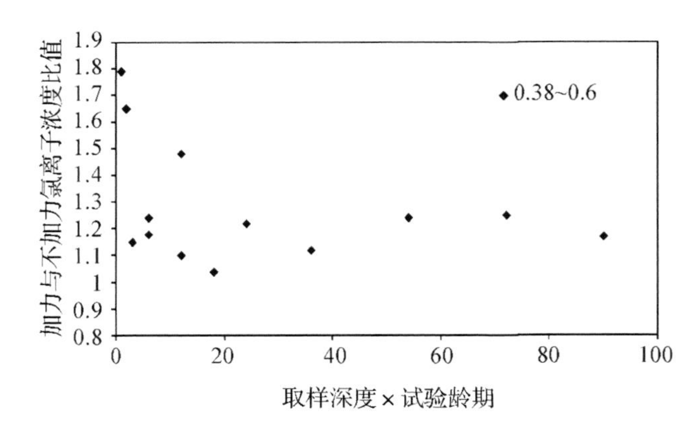

图 6-11 承载 60%极限拉应力氯离子含量与不承载力比值(水胶比 0.38)

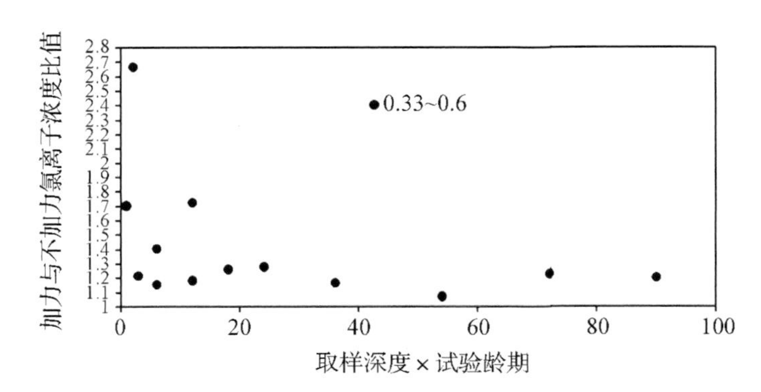

图 6-12 承载 60%极限拉应力氯离子含量与不承载力比值(水胶比 0.33)

图 6-11 和图 6-12 是承载 60%极限拉应力氯离子含量与不承载力比值,其中横坐标是取样深度(mm)与试验龄期(月)的乘积。依据氯离子扩散系数的变化规律,试验时间越长,试验所测得的氯离子扩散系数越接近于有效扩散系数;另一方面,当试件承受 60%极限拉应力时,试件表面已出现少数微裂纹,加速了氯离子扩散速度。

从图 6-11 和图 6-12 中可以看出,横坐标数值越大,承载 60%极限拉应力氯离子含量与不承载力比值越趋近于一个固定值,依据图 6-11 和图 6-12 确定承载 60%极限拉应力氯离子含量与不承载力比值最终趋向于 1.20,承载 60%极限拉应力氯离子有效扩散系数是非承载条件下的 1.20 倍。

1. 氯盐非常严重条件下 t_e 计算

t_i 的计算依据公式(6-20)进行,其中参数 C_{cr}、γ、C_s 按交通运输部行业标准(JTS 257—2—2012)规定取值,参数 c 依据工程实际情况取值,参数 D_t、C_0 在混凝土试验基础上计算得出。各参数取值见表 6-20。

表 6-20　t_i 计算参数取值表

编号	c/mm	D_t/($\times 10^{-12}$ m²/s)	C_{cr}/%	C_0/%	γ	C_s/%	t_i/a
S38-0.4	55	0.154	0.5	0.01	1.0	5.4	109
S38-0.6	55	0.176	0.5	0.01	1.0	5.4	96

t_c 和 t_d 的计算依据公式(6-21)和(6-22)进行，由于两者的条件没有变化，因此使用年限与 6.3.2 节相同，因此推荐配合比在氯盐非常严重环境下，承载 40%和 60%极限拉应力时使用年限分别为 150 年和 137 年，能够满足使用 100 年要求。

2. 中等腐蚀条件下 t_e 计算

t_i 的计算依据公式(6-20)进行，其中参数 C_{cr}、γ、C_s 按交通运输部发布的行业标准(JTS 257—2—2012)规定取值，参数 c 依据工程实际情况取值，参数 D_t、C_0 在混凝土试验基础上计算得出。各参数取值见表 6-21。

表 6-21　t_i 计算参数取值表

编号	c/mm	D_t/($\times 10^{-12}$ m²/s)	C_{cr}/%	C_0/%	γ	C_s/%	t_i/a
S40-0.4	50	0.169	0.5	0.01	1.0	5.4	83
S40-0.6	50	0.193	0.5	0.01	1.0	5.4	72

t_c 和 t_d 的计算依据公式(6-21)和(6-22)进行，由于两者的条件没有变化，因此使用年限与 6.3.1 节相同，因此推荐配合比在氯盐非常严重环境下，承载 40%和 60%极限拉应力时使用年限分别为 121 年和 110 年，能够满足使用 100 年要求。

推荐高性能混凝土配合比在不同环境下寿命预测见表 6-22。

表 6-22　推荐高性能混凝土配合比寿命预测

配合比	应用环境		寿命预测/a
S38	氯盐腐蚀非常严重	—	156
	氯盐腐蚀非常严重	40%极限拉应力	150
	氯盐腐蚀非常严重	60%极限拉应力	137
S40	中等腐蚀环境	—	125
	中等腐蚀环境	40%极限拉应力	121
	中等腐蚀环境	60%极限拉应力	110

注：表 6-22 中氯离子扩散系数通过 RCM 法测定得到。

6.3.4　杂散电流条件下混凝土锈蚀起始年限预测

通过分层取样试验测试了普通水泥混凝土 P38 和高耐腐蚀混凝土 S38 在氯盐干湿循环试验条件下不同杂散电流密度的氯离子扩散系数。依据不同的氯离子扩散系数，计算不同杂散电流密度下的混凝土使用寿命。

6.3.5 普通混凝土锈蚀起始年限预测

1. 普通水泥混凝土 P38 混凝土抗压强度和实测氯离子扩散系数如表 6－23 所示。

表 6－23 配合比 P38 抗压强度和氯离子扩散系数

编号	抗压强度/MPa		氯离子扩散系数/($\times 10^{-12}$ m²/s)		
			杂散电流密度/(mA/dm²)		
P38	7 d	28 d	0	15	75
	37.2	50.4	9.50	10.23	17.72

2. 钢筋混凝土锈蚀起始年限 t_i 计算

t_i 的计算依据公式(6－20)进行，其中参数 C_{cr}、γ、C_s 按交通运输部发布的《海港工程高性能混凝土质量控制标准》(JTS 257—2—2012)规定取值，参数 c 依据工程实际情况取值，参数 D_t、C_0 在混凝土试验基础上计算得出。各参数取值见表 6－24。

表 6－24 t_i 计算参数取值表

编号	杂散电流密度/(mA/dm²)	c/mm	D_t/($\times 10^{-12}$ m²/s)	C_{cr}/%	C_0/%	γ	C_s/%	t_i/a
P38	0	55	3.008	0.5	0.01	1.0	4.5	6
	15	55	3.239	0.5	0.01	1.0	4.5	5
	75	55	5.612	0.5	0.01	1.0	4.5	3

6.3.6 高耐腐蚀混凝土锈蚀起始年限预测

1. 高耐腐蚀混凝土 S38 混凝土抗压强度和实测氯离子扩散系数如表 6－25 所示。

表 6－25 配合比 S38 抗压强度和氯离子扩散系数

编号	抗压强度/MPa			氯离子扩散系数/($\times 10^{-12}$ m²/s)		
				杂散电流密度/(mA/dm²)		
S38	7 d	28 d	56 d	0	15	75
	34.2	47.3	54.6	3.37	4.25	4.80

2. 钢筋混凝土锈蚀起始年限 t_i 计算

t_i 的计算依据公式(6－20)进行，其中参数 C_{cr}、γ、C_s 按交通运输部发布《海港工程高性能混凝土质量控制标准》(JTS 257—2—2012)规定取值，参数 c 依据工程实际情况取值，参数 D_t、C_0 在混凝土试验基础上计算得出。各参数取值见表 6－26。

表 6－26 t_i 计算参数取值表

编号	杂散电流密度/(mA/dm^2)	c/mm	D_t/($\times10^{-12}$ m^2/s)	C_{cr}/%	C_0/%	γ	C_s/%	t_i/a
S38	0	55	0.229	0.5	0.01	1.0	5.4	74
	15	55	0.253	0.5	0.01	1.0	5.4	67
	75	55	0.287	0.5	0.01	1.0	5.4	59

普通混凝土和高性能混凝土在杂散电流条件下钢筋锈蚀年限预测见表 6－27。

表 6－27 普通混凝土和高性能混凝土在杂散电流条件下钢筋锈蚀起始年限预测

配合比	应用环境		钢筋锈蚀起始年限/a
P38	氯盐腐蚀非常严重	杂散电流密度 0 mA/dm^2	6
	氯盐腐蚀非常严重	杂散电流密度 15 mA/dm^2	5
	氯盐腐蚀非常严重	杂散电流密度 75 mA/dm^2	3
S38	氯盐腐蚀非常严重	杂散电流密度 0 mA/dm^2	74
	氯盐腐蚀非常严重	杂散电流密度 15 mA/dm^2	67
	氯盐腐蚀非常严重	杂散电流密度 75 mA/dm^2	59

注：表 6－27 中氯离子扩散系数通过试验分层取样实测氯离子含量计算得出。

6.4 小结

(1) 普通混凝土(无掺和料)采用非稳态快速法(RCM 法)所得的扩散系数经时衰减系数 α 值为 0.2 左右，粉煤灰和矿渣的掺入提高了其值，且随着掺和料的掺量增加而增加。

(2) 不同试验环境下得到的 α 值规律如下：采用现场暴露试验和室内浸烘循环所得扩散系数经时衰减系数整体较为接近；而非稳态快速法(RCM 法)所得的 α 值与现场暴露试验有一定的差异，整体偏小；常温浸泡下拟合的扩散系数经时变化系数 α 和其他值相比，明显偏大。由此表明，采用室内浸烘循环试验可在一定程度上模拟现场暴露试验的氯离子渗透经时变化规律，但是本试验结果显示，由于室内试验得到的初始扩散系数和现场暴露试验的扩散值之间的差异，会导致长龄期拟合的氯离子扩散系数与现场暴露试验有明显区别。

(3) 模拟大气区试验结果表明，对于纯硅酸盐水泥、掺粉煤灰和硅粉的混凝土，扩散系数位置修正值平均为 0.8～0.9，说明随试件离水面高度增加，这类混凝土中的氯离子扩散系数降低；而掺加矿渣粉后，无论是单掺还是和粉煤灰复掺，修正值明显增加。

(4) 模拟水下区试验结果表明,随着温度升高,混凝土氯离子扩散系数明显提高。对于纯硅酸盐水泥的混凝土,扩散系数温度修正值较低,1 a 龄期时平均值为 1.1 左右,2 a 时为 3.2 左右;掺加粉煤灰、矿渣粉或硅粉后,各龄期的温度修正值显著增加。

(5) 混凝土耐久寿命的综合评估表明,在氯盐腐蚀非常严重环境作用等级下,推荐的最大水胶比 0.38 高耐腐蚀钢筋混凝土预测寿命为 156 年。

混凝土碳化明显阻碍了氯离子的渗透,在 CO_2 和氯离子复合环境中,使用氯离子扩散的数学模型来预测混凝土寿命,可得到较单纯氯盐环境更长时间的寿命值;在氯离子以及拉应力作用条件下,各配合比以碳化模型预测寿命,均满足 100 年的耐久性设计要求。

在氯盐干湿循环试验条件下,随着混凝土内钢筋中杂散电流密度的增加,水胶比 0.38 的普通混凝土中钢筋锈蚀起始年限由 6 年降低至 3 年;推荐的最大水胶比 0.38 高耐腐蚀混凝土中钢筋锈蚀起始年限由 74 年降低至 59 年,高耐腐蚀混凝土中钢筋锈蚀起始年限较同水胶比普通混凝土提高近 20 倍。

随着混凝土构件受拉应力增加,钢筋混凝土预测寿命降低,40%极限拉应力和 60%极限拉应力钢筋混凝土构件的钢筋锈蚀起始年限由 115 年分别降低至 109 年和 96 年。

参考文献

[1] 方璟. 海港高桩码头破坏状况及耐久性对策与建议[R]. 南京:南京水利科学研究院,1989.
[2] 陆采荣,陈迅捷. 厦门海沧大桥有关混凝土项目的专题研究报告[R]. 南京:南京水利科学研究院,1997.
[3] Buenfeld N R,Newman J B. Examination of three methods for studying ion diffusion in cement pastes,mortars and concrete[J]. Materials and Structure,1987,20(115):3-11.
[4] Mangat P S,Molloy B T. Prediction of long term chloride concentration in concrete[J]. Materials Structures,1994(27):338-346.
[5] 范志宏,杨福麟,黄君哲,等. 海工混凝土长期暴露试验研究[J]. 水运工程,2005(9):45-48.
[6] Boddy A,Bentz E,Thomas M D A,et al. An overview and sensitivity study of a multimechanistic chloride transport model[J]. Cement and Concrete Research,1999,29 (6):827-837.
[7] 王仁超,朱琳,杨弢,等. 综合机制下氯离子扩散迁移模型及敏感性研究[J]. 海洋科学,2006,30(7):21-26.
[8] 洪定海. 混凝土中钢筋的腐蚀与保护[M]. 北京:中国铁道出版社,1998.
[9] Frederiksen J M,Nilsson L O,Poulsen E,et al. A system for estimation of chloride ingress into concrete,Theoretical background[R]. The Danish Road Directorate,1997.
[10] Goltermann P. Chloride ingress in concrete structures:extrapolation of observations[J]. ACI Materials Journal,2003(2):114-119.

[11] Tang L P, Gulikers J. On the mathematics of time-dependent apparent chloride diffusion coefficient in concrete[J]. Cement and Concrete Research, 2007, 37(4): 589 - 595.

[12] Bamforth P B. The derivation of input data for modeling chloride ingress from eight-year UK coastal exposure trials[J]. Magazine of Concrete Research, 1999, 51(2): 87 - 96.

[13] 田俊峰,潘德强,赵尚传. 海工高性能混凝土抗氯离子侵蚀耐久寿命预测[J]. 中国港湾建设, 2002(2): 1 - 6.

[14] CCES 01—2004 混凝土结构耐久性设计与施工指南[S]. 北京:中国建筑工业出版社, 2005.

[15] Polder R B. Durability of marine concrete structures-field investigations and modeling[J]. HERON, 2005, 50(3): 133 - 153.

[16] 余红发,孙伟,鄢良慧,等. 混凝土使用寿命预测方法的研究Ⅰ:理论模型[J]. 硅酸盐学报, 2002, 30(6): 686 - 690.

[17] Roelfstra P, Bijin J, SaletT. Modeling Chloride Penetration into Ageing Concrete [J]. Rehabilitation and Protection, 1996, 11: 245 - 255.

[18] Seatta A, Scotta R, Vitaliani R. Analysis of Chloride Diffusion into Partially Saturated Concrete[J]. American Concrete Institute Materials Journal, 1993, 90(5): 441 - 451.

[19] Chatterji S. On the Application of Fick's Second Law to Chloride Migration through Portland Cement Concrete[J]. Cement and Concrete Research, 1995, 25: 299 - 303.

[20] ClearK C. Time to Corrosion of Reinforcing Steel in Concrete Slabs[J]. American Concrete Institute Materials Journal, 1991, 86(2): 241 - 251.

[21] Tumidajski P J. Boltzmann-matano Analysis of Chloride Diffusion into Blended Cement Concrete[J]. Journal of Materials in Civil Engineering, 1996, 8(4): 195 - 200.

[22] Dhir R K, Jones M R. Prediction of Total Chloride Content Profile and Concentration time Dependent Diffusion Coefficients for Concrete[J]. Magazine of Concrete Research, 1998, 50 (1): 37 - 48.